潜油电机设计及多物理场耦合计算

徐永明　著

U0287105

科 学 出 版 社

北 京

内 容 简 介

　　潜油电机驱动的潜油电泵适用于丛式井、斜井及水平井的深井采油，尤其是海上油田开采。潜油电机特殊的结构及运行环境导致其在电磁设计、流体流动及传热、制造工艺和试验等方面均与普通电动机有所不同。本书深入系统论述了潜油电机在设计、温升预测、多物理场耦合分析等方面的相关基础理论及应用现状，为潜油电机电磁设计、流体流动、温升预测、电机内多物理场耦合研究等构建了较为完善的理论体系。本书内容主要包括潜油电机的研究现状及发展趋势、潜油电机设计、潜油电机优化设计、潜油电机分段处电磁参数计算、潜油电机分段处多场耦合计算、潜油电机三维稳态传热特性研究、基于流体网络解耦的潜油电机温升预测、热网络法在潜油电机温度预测中的应用、潜油电机温升试验和潜油电机温升降低措施。

　　本书可作为电机设计及制造机构从事电机研发、安装及运行维护的工程技术人员的参考资料，亦可供高等院校和科研院所中电机电气温升预测及热管理领域的研究生和教师学习参考。

图书在版编目（CIP）数据

潜油电机设计及多物理场耦合计算 / 徐永明著. -- 北京 ： 科学出版社, 2024. 11. -- ISBN 978-7-03-079318-8

Ⅰ. TM358

中国国家版本馆 CIP 数据核字第 2024V4K613 号

责任编辑：张　庆　郝　聪 / 责任校对：王萌萌
责任印制：赵　博 / 封面设计：无极书装

科 学 出 版 社 出版
北京东黄城根北街 16 号
邮政编码：100717
http://www.sciencep.com
固安县铭成印刷有限公司印刷
科学出版社发行　各地新华书店经销
＊
2024 年 11 月第 一 版　开本：720 × 1000　1/16
2024 年 11 月第一次印刷　印张：16 1/4
字数：328 000
定价：178.00 元
（如有印装质量问题，我社负责调换）

前　言

经过多年不断开采，我国石油资源目前已进入中后期，井况日趋恶劣，多为深层或砂油井，具有高温、高黏度的特性。潜油电机驱动的潜油电泵广泛适用于斜井、水平井、稠油井和含砂油井等。尤其对于海上油田，潜油电泵以其寿命长、节材节能、可适应各种复杂井况且可达井下 3500m 等优点，越来越受到行业青睐。潜油电机具有结构细长、气隙充油、立式工作等特点，且定子分段处装有隔磁段，转子还是多点支撑的扶正轴承，显然普通三相感应电动机的设计方法不再完全适合潜油电机。本书根据国内外潜油电机设计的研究现状，结合其结构特点，运用电磁场理论、流体理论等对潜油电机的设计方法进行了深入具体研究。

在电磁设计方面，本书对采用分段式细长结构的潜油电机的端部漏抗计算方法进行了适当改进；采用分层法对潜油电机转子圆形槽的集肤效应进行计算；采用辛普森算法计算转子齿磁通密度；以错槽解决电机细长难以采用斜槽的问题；以流体力学原理并结合潜油电机稳态运行时止推轴承（动块、静块）和扶正轴承的摩擦损耗经验公式来实现机械损耗的准确计算；定义了潜油电机特有的隔磁段漏抗的概念并以能量法求解得到不同功率等级、隔磁段宽度的曲线族；以转子扶正轴承附加损耗的涡流场解法求解得到不同功率等级、隔磁段宽度的曲线族。通过上述手段并结合现有设计方法，本书总结了潜油电机专用设计方法，还给出了多极数低速潜油电机、分数槽集中绕组潜油电机和异步启动永磁潜油电机的设计方法及设计实例，完善了潜油电机的设计谱系并基于免疫遗传算法进一步对潜油电机的设计方法进行优化。

同时，电机的发热冷却技术严重制约着电机容量及性能，始终是电机领域的重点研究方向之一。潜油电机内以"气隙→转轴的轴孔→转轴的上端出口→气隙"为闭合回路充油，起到润滑及降低温升的作用。但是，由于重力作用，内充油往往沉积在电机底部，上部的扶正轴承在运转过程中得不到有效润滑及散热，再加上电机整体温度高，使相关零部件始终处在超负荷超高温的条件下，这将直接导致电机过热烧毁。因此，研究潜油电机内部的全域温度分布及流体传热机理对优化潜油电机电磁负荷分布、改善电机散热结构、控制温升具有重要意义。

于是，在结构设计方面，本书针对潜油电机的特殊结构并结合潜油电机内循环油路中各部分流体的流速及压力的数量级特点，对潜油电机全域流体场进行分区解耦，构建潜油电机全域流体网络；在局部典型区域进行多物理场耦合分析；

在整体上则考虑电机的轴向分段及重复性，通过所建立的流体网络研究潜油电机的全域流动及传热效应，最终形成基于流体网络解耦的潜油电机全域流体场及热效应研究方法。局部流体场分析准确获取了油隙内流体的阻力损耗随流体密度、速度、黏度和温度等因素的变化规律，给出了流体重力对各区域解耦流体场和全域流体场的影响规律。本书还在潜油电机分段处建立了"电磁-热-力"耦合特性模型并对其进行多场耦合分析，研究了不同金属或合金材料的特性耦合作用机理，得到受力约束条件下的隔磁段和扶正轴承的大小对电机涡流损耗和温度分布及热传递的影响规律；同时，还研究开发了潜油电机立式工作的专用测试平台，试验验证了研究方法的准确性，最后从设计和生产工艺等方面提出了降低潜油电机温升的相关措施。

本书是在国家自然科学基金项目（项目编号：51207036 和 52077047）和其他科研项目的资助下，作者及研究团队近二十年在潜油电机设计及多物理场耦合研究方面取得成果的总结，其中部分成果分别于 2012 年和 2019 年获黑龙江省科技进步奖二等奖。

本书作者原为哈尔滨理工大学教授、博士生导师，现为常州工学院教授。本书的出版工作得到了哈尔滨理工大学特种电机设计及 CAD 课题组和大庆油田力神泵业有限公司等的大力支持。孟大伟教授、温嘉斌教授、邓辉研究员级高级工程师、刘宇蕾高级工程师给予了细心指导，艾萌萌、徐子逸、王延波、张妨、蒋治国、史孝轩、刘智慧、康彦婷、赵永武等研究生给予了热情帮助，在此一并表示感谢！

由于作者水平有限，书中难免存在不足之处，恳盼读者批评指正。

徐永明

2023 年 11 月

目　　录

第1章　潜油电机的研究现状及发展趋势

潜油电机驱动潜油电泵的采油方式以其寿命长、适应各种复杂井况、高扬程、大排量等优点越来越受到各国油田的青睐，目前潜油电机驱动潜油电泵的市场占有量达40%以上。我国从1964年开始研制潜油电机，但从1980年后才开始推广使用，早期主要依靠引进斯伦贝谢有限公司、美国贝克休斯公司（Backer Hughes）生产的潜油电机，这些电机均为三相异步电动机。我国潜油电机发展到今天已经比较成熟，相关企业逐渐开发出各种型号系列的适用于不同油井温度、压力及含砂的新一代潜油电机。

1.1　潜油电机的结构及特点

1.1.1　潜油电机的基本结构

潜油电机就本质而言仍为三相异步电动机，只是结构与工作环境特殊。潜油电机工作在油井下几千米深的地方，是潜油电泵的动力机，驱动潜油电泵抽取地下的原油。特殊的工作环境决定了潜油电机具有特殊的结构构成。潜油电机是一种立式工作的三相异步电动机，它采用定转子分段的细长结构，各定子段之间轴向用非磁性材料连接，各转子段之间有扶正轴承，定转子之间充满专用润滑油，其结构如图1-1所示。

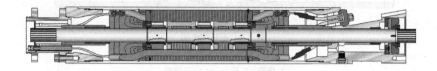

图1-1　潜油电机结构示意图

1. 定子

潜油电机的定子铁心主要由硅钢片和铜片组成。铜片按一定要求放置于两节硅钢片之间，称为隔磁段。考虑到潜油电机的细长结构，为下线方便，定子绕组采用单层同心式；机壳为一个细长的钢筒，采用有弹性的钢质合金的圆管精加工而成，用以固定和支撑定子铁心和连接上下接头。图 1-2 为定子铁心冲片，图 1-3 为定子结构。

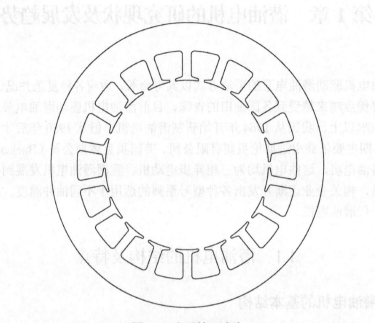

图 1-2　定子铁心冲片

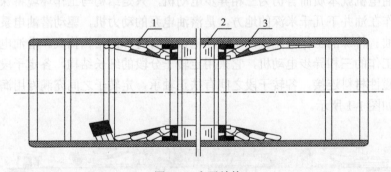

图 1-3　定子结构

1-机壳；2-铁心；3-定子绕组

2. 转子

潜油电机转子结构如图 1-4 所示。各小节转子采用鼠笼结构，转子冲片采用圆形闭口槽，转子绕组采用铜导条，如图 1-5 所示。扶正轴承由铜套（内套）和钢套（外套）两部分构成，用以在定子内腔中支撑每节转子，使之不与定子内腔表面摩擦，保证定转子之间气隙均匀，提高电机的运行可靠性，如图 1-6 所示。

转轴为空心，其上有按一定间隔开通至转轴中心空腔的轴孔，作为润滑油润滑扶正轴承内外套的流道。

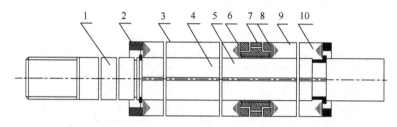

图 1-4　潜油电机转子结构

1-转轴；2-卡簧；3-转子总成；4-转子键；5-转子轴承键；6-垫片；7-扶正轴承；8-端环；9-绝缘垫片；
10-两半环

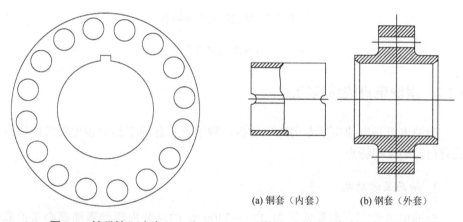

图 1-5　转子铁心冲片　　　　　　图 1-6　潜油电机转子扶正轴承结构

(a) 铜套（内套）　　　(b) 钢套（外套）

3. 上下接头

潜油电机的上接头又叫电机头，用来安装止推轴承，限制转子的轴向运动及引出电机定子绕组与电缆连接的引出线；下接头主要用来密封电机内腔及连接星点或测试引出线。

4. 止推轴承

潜油电机是一种立式悬垂电机，为了承受整个转子的重量，电机转子在固定位置上正常工作，在电机的上接头里装有一个滑动轴承，它除了承受转子的重量，还可以承受由于转轴的偏置而产生的径向拉力，这个轴承就是止推轴承。它也是由两部分组成，即静块和动块。固定在电机上接头里的部分是静块，与转轴固定在一起且共同旋转的是动块，如图 1-7 所示。止推轴承正常工作磨损较少，但如果设计不合理、组装不正确、定转子铁心未对齐，将会受到单边磁拉力，磨损往往很严重，甚至可能在极短时间内完全烧毁。

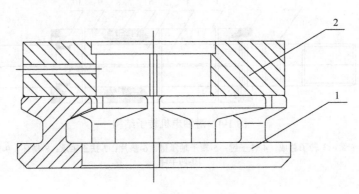

图 1-7 潜油电机止推轴承

1-静块；2-动块

1.1.2 潜油电机的结构特点

潜油电机是潜油电泵专用的电动机，除了具有普通三相异步电动机的特点，又有自己的结构特点。

1. 细而长的结构

潜油电机要下到套管内径为 127～340mm 的油井内驱动潜油离心泵抽取原油，因而其外径受到限制。众所周知，当电机的外径确定后，其功率的大小将由长度来决定。因此，为保证潜油电机具有一定的负载能力，使其有足够的输出功率，只能增加电机的长度。普通异步电动机定子铁心长径比一般为 1 左右，而潜油电机的定子铁心长径比为 50 左右，甚至更高，最长的潜油电机长度可达 10m 以上。

2. 定转子分段

由于潜油电机细长的结构特点，必须加强转子的支撑。另外，潜油电机多为 2 极，转速很高，为保证转子运转的可靠性并考虑到制造细长整体转子的困难，以及电机气隙均匀、定转子不会摩擦，潜油电机转子采用多支点的径向支承，支承点就是扶正轴承。整个转子由多段相同的小转子串联组成，每段转子就是一个小电机，每两段之间放置扶正轴承。每段转子的长度取决于转轴的挠度。

潜油电机的定子铁心也具有分段的特点，由磁性材料硅钢片和非磁性的铜片交替叠压而成，并压入细长的机壳内。根据转子段和扶正轴承的长度，每叠压一段硅钢片后，就叠压一段铜片，以保证对应扶正轴承处是无磁性区域。

3. 特殊的油路循环系统

潜油电机长期工作于油井中，环境温度高，转子采用多点径向支承，径向支承大多位于定转子之间，轴承空隙很小，因此潜油电机各部分的散热和润滑就显得十分重要和必要，必须加强各部件的冷却和润滑。因此，潜油电机中设计了一个特殊的油路，以对它进行冷却和润滑。

1）油路循环系统的组成

油路循环系统主要由循环动力源、油道、流体介质等组成。在最初的潜油电机设计中，油路循环系统的循环动力源是由设置在上部或下部与转轴固定在一起的特殊的打油叶轮提供的。随着潜油电机设计的更新换代，到 20 世纪 80 年代，其循环动力源是由上部改进后的止推轴承提供的，油路循环的油道是由转轴的空心腔、径向轴孔及气隙连通而成的。其流体介质是特殊的潜油电机润滑油，这种润滑油不仅要具有一定的黏度，还要具有较高的绝缘强度等级。

2）油路循环过程

潜油电机正常运行时，密封在电机内部的润滑油随着转子带动止推轴承的动块（或专门的打油叶轮）高速旋转，将气隙中的电机润滑油通过转轴的径向油孔压入其空心腔内，再从转轴上端出口流回气隙中，形成了"气隙→转轴的轴孔→转轴的上端出口→气隙"这一油路循环闭合回路，在润滑电机内部各运动部件的同时，又把内部的热量通过电机两端及定子铁心传给机壳散到油井的井液中，达到了润滑和冷却的双重目的。

4. 潜油电机的串联运行

由于电机的细长结构，要整体制造大功率的潜油电机，其长度是可想而知的，不但给电机的有关部件（如转轴、机壳）的制造带来工艺上难以实现的困难，而且给安装、运输带来很多不便，因此大功率的潜油电机是由相同规格的两台或是多台功率相同或不同的潜油电机串联来实现的。定子绕组之间的连接多采用插入式连接方法，轴与轴之间采用花键套连接，首尾则采用法兰连接。

5. 潜油电机的保护器

在潜油电机的上部（或电机头的上部）装有一个特殊的保护器，用来严格密封转动的部件以防止井内液体侵入潜油电机内腔，平衡潜油电机启停引起的润滑油膨胀和收缩导致的电机内外压力差，同时也承受离心泵剩余轴向推力。

1.2 潜油电机的研究现状

潜油电机在结构和工作环境上与普通电机有很大的区别,为了保证机组安全可靠地运行、提高机组效率,国内外的学者在潜油电机的电磁设计与计算、基于多物理场耦合的温升预测、基于多物理场耦合的力学分析等方面进行了深入的研究。

1.2.1 潜油电机电磁设计

目前市场上绝大多数潜油电机是 2 极异步潜油电机,在实际运行中通过减速器驱动潜油电泵在井下进行采油工作。除此之外,潜油电机也有永磁潜油电机和低速潜油电机等形式。而低速潜油电机又分为常规绕组 4 极和 6 极异步潜油电机、分数槽集中绕组低速潜油电机和低速大扭矩永磁直驱潜油电机。

1. 异步潜油电机

异步电机因结构简单、运行安全可靠而被应用于潜油电机中。潜油电机工作在高温井液中,采用分段式的细长结构,在每段定转子之间有隔磁段和扶正轴承,气隙中充满润滑油,这使得潜油电机设计在参数计算、损耗计算、绝缘结构以及散热结构等方面都与普通电机有很大区别。

哈尔滨理工大学的孟大伟教授、温嘉斌教授、徐永明教授所在的哈尔滨理工大学特种电机设计及 CAD 课题组是国内对潜油电机的电磁设计、优化设计、流体流动、发热冷却及试验等方面研究最为深入且系统化的研究团队。徐永明等在潜油电机的设计中考虑了转子与润滑油的摩擦损耗、扶正轴承的摩擦损耗以及止推轴承动块、静块之间的摩擦损耗,给出了这部分损耗的计算公式[1]。孟大伟等通过试验的方式研究了隔磁段与扶正轴承对潜油电机的影响,分别制造了两台 6kW 的潜油电机,电机分为两段,一台样机分段处采用隔磁段和扶正轴承连接,另一台样机分段处采用卡簧连接。团队还使用三维有限元对两台电机的漏磁场和漏抗进行计算,结合试验结果证明了因为隔磁段与扶正轴承的存在,电机的漏抗出现了一定程度增大[2];此外,还进一步综合了潜油电机隔磁段与扶正轴承对漏抗的影响以及润滑油对机械损耗的影响,改进了电机设计方法[3]。

Ahmed 等研究了气隙中填充流体所产生的黏性损耗与气隙长度、温度以及转子转速之间的关系,计算流体力学的分析结果表明,黏性损耗与转子转速成正相关,与气隙长度和温度成负相关。当转子转速由 2000r/min 提升到 8000r/min 时,黏性损耗增大了约 35 倍,当气隙长度由 0.017in(约为 0.43mm,1in = 25.4mm)

增大到 0.08in（约为 2mm）时，黏性损耗降低了约 63%，当温度由 20℃增大到 250℃时，黏性损耗约降低到原来的 8%，这可能会与电磁性能的优化方向相冲突[4]。徐永明等采用三维有限元分析了潜油电机由于隔磁段与扶正轴承的存在而漏磁场增大的问题，计算了这部分漏磁场的分布并且改进了漏抗的计算公式，给出了端部曲线漏抗族，并通过试验进行了验证[5]。同时，改进了潜油电机的设计方法，除了上述提到的漏磁与机械损耗，还考虑了扶正轴承中的附加涡流损耗[6]。

刘成设计了 YQY188-300kW 大功率潜油电机，针对大功率潜油电机的特点，改进了电机设计方法和制造工艺。在电磁设计中，考虑了转子分段对漏抗的影响以及气隙内润滑油对机械损耗的影响，并且采用转子交替连接的方式等效斜槽。在结构上，188 系列新型电机采用了分节定位的方式，每节转子前后各有一个限位卡簧，并且卡簧之间留有足够的膨胀间隙，全面采用了耐高温的绝缘材料，采用了新型的扶正轴承、星点、油过滤装置以及双层"O"形橡胶密封圈。最后试制了样机并进行了试验，结果表明设计合理，能够满足要求[7]。

由于油井大多采用蒸气辅助重力泄油技术，潜油电机工作在地下数千米的由油-水-气混合物构成的井液中，井液的温度在 70~160℃甚至更高，并且井液中含有泥沙等大量杂质，在这样的环境下，电机的"O"形橡胶密封圈及保护器容易老化失效，绕组以及线缆的绝缘材料性能降低，寿命缩短，从而导致电机故障甚至烧毁。杨洪涛等针对渤海 K 油田潜油电泵机组进行了技术改进，解决了在井温度为 130~160℃时机组运转寿命短、检修作业频繁的问题。其中，针对潜油电机的改造包括绝缘系统和润滑系统，主要采用超 C 级的复合绝缘绕包烧结电磁线、端部绝缘板、"O"形橡胶密封圈、槽绝缘、绝缘漆、接引线等均使用耐温 260℃的材料，浸漆工艺改为"四烘三浸"，将原来的油浸式润滑系统改为强制式润滑系统，在电机头与轴之间安装油循环增压器，在电机轴尾部增加叶轮，导轴承采用双向螺旋油槽，加快油路循环。实际应用表明，改造以后的机组能够长期稳定运行[8]。

当潜油电机采用变频供电以后，电机可以运行在更高的频率和转速下，在功率和径向尺寸保持不变的情况下，能够有效缩短电机的轴向尺寸，采用变频调速也可以提高电机的启动和运行性能，减少启动时对负载的冲击以及在不同的负载情况下避免"大马拉小车"的现象。然而，变频供电也会带来一系列问题，变频器的输出电压中含有丰富的高频谐波，这些谐波会增大电机的铜耗、铁耗以及稳定运行时的转矩波动。另外，潜油电机通常安装在地下 1000~3000m 的深处，变频器和电机之间需要长线电缆连接，电缆存在分布电容和分布电感，当电缆的特性阻抗与电机的特性阻抗不匹配时，电机端会出现过电压的现象，这会增大绕组的绝缘压力，加速绝缘老化，严重时甚至会烧毁电机。

李莹等采用有限元法对某台潜油感应电机在变频供电下的铜耗和铁耗进行了

计算，结果表明变频电源中的高次谐波使铜耗增长了 4.29%，铁耗增长了 11.6%，效率降低了 0.72%[9]。王姗姗等采用 MATLAB 分析了潜油电机采用变频供电导致电机端过电压的问题，计算结果表明电机在长线传输的情况下端电压可能会达到 2 倍的额定电压，在电机端添加 RLC 滤波器（由电阻（R）、电感（L）和电容（C）组成的滤波器）能够有效减少这一现象的发生，此外，采用谐振软开关逆变电路也能解决该问题[10]。

2. 永磁潜油电机

永磁电机相比于异步电机，调速范围宽，过载能力强，效率和功率因数高，并且在相同体积的情况下，永磁电机的体积更小，功率密度更高。但是永磁电机需要搭配变频器才能实现自启动，这使得永磁电机的成本更高，永磁体也容易因高温问题发生不可逆退磁，从长远来看，在采油系统中使用永磁电机代替异步电机，仍然可以获得更高的经济效益。

Brinner 等在实验室中对用于潜油电泵的电机进行了测试，在相同尺寸下，永磁电机相比于潜油电机平均节能 20%[11]。尹姝昕设计了一台低速螺杆泵永磁潜油电机，该电机采用大小齿交替的不等齿宽设计，可以提高电机 14.3% 的电磁转矩，但空载反电动势谐波以及转矩波动有所增加，另外通过在转子上开设气隙调制槽的方式削弱了转矩波动[12]。

杨帅针对传统潜油电机容易发生转子功率分布不均导致转差率不同步的问题，提出了一种组合式的永磁潜油电机，针对该电机的电磁性能和温升进行了计算和校核。该电机由若干单元电机通过花键连接，从而实现机械串联、电气并联。其转子由磁极扇形块、永磁体、挡片、隔磁套和转子卷筒组成，磁极扇形块由扇形磁极冲片叠压并在两端夹上夹板组成，磁极扇形块使用紧固螺丝固定在转子轴表面，相邻的两个扇形块中间为永磁体，挡片在转子两端起防止永磁体轴向窜动的作用[13]。

Rabbi 等提出了一种用于磁滞内置式永磁同步电动机的等效电路模型，该电机作为深海电潜泵的驱动电机，混合了磁滞电机自启动、高启动转矩、中等启动电流以及永磁电机工作范围广、效率高等优点，其定子与传统三相电机基本相同，转子上有由 36% 钴钢合金制成的实心磁滞环，磁滞环内有径向弧形冲磁的 Nd-B-Fe 永磁体，并且由非导磁的铝套筒支撑。通过与有限元以及试验结果的对比，证明了该等效模型考虑了磁滞效应[14]。

直线潜油电泵是使用潜油永磁直线电机直接驱动潜油柱塞泵进行采油的新一代无杆采油设备。永磁直线电机可以看成沿径向剖开，再将圆周展开成一条直线的旋转电机，在控制系统的作用下将旋转运动转换为往复直线运动。由于省略了传动机构，永磁直线电机的结构更加紧凑；同时直线电机具备流量调节方便、推力大等优点。Yashin 等针对由直线电机驱动柱塞泵的潜油电泵系统进行了调查，给出了潜油电泵整体效率、产液率与摆动频率、泵直径之间的关系以及直线电机效率和输出功率之间的关系，其中潜油电泵整体效率、产液率都随着摆动频率以及泵直径增大而增大，直线电机效率则随着输出功率增大而先增大后减小，最大效率出现在额定功率的 25% 左右[15]。

纪树立等设计开发了适合海上油田的潜油电泵，该电泵采用 80kW 的 143 系列潜油永磁直线电机，根据海上油田的特点，定子采用了整体密封结构，动子永磁体设计成环状，外表面采用不锈钢材料进行满焊封装，采用了更加耐高温的钐钴永磁体。在两口油井投产应用以后，检泵周期分别由原来的 99 天和 181 天提高到了 676 天和 1010 天[16]。张锋设计并制造了一台 9 槽 10 极的圆筒形永磁同步直线电机，该电机的定子由工字形硅钢片制成的四个相同的定子模块组合而成，动子采用了轴向充磁的永磁体，空载与负载试验表明，该电机推力较高，但是电机的运行效率很低，最高不超过 40%[17]。曹卉设计了一台潜油永磁直线电机，该电机的效率为 45%，同样存在效率低的问题[18]。

3. 低速潜油电机

在潜油电泵系统中，泵的转速普遍在 100~500r/min，而常规两极潜油异步电机的同步转速普遍在 3000r/min，泵和电机需要通过减速器进行连接。受到减速器传动效率以及密封性的影响，当电机直接驱动泵时，能够有效降低成本，提高机组运行效率与可靠性。

温嘉斌等设计了一台 4 极的异步启动永磁潜油电机，该电机定子槽数为 24，采用半闭口槽结构，转子采用圆形槽，永磁体采用内置径向式的钕铁硼永磁材料。二维有限元的分析结果表明，该电机能够实现自启动，但是电机稳态时的转矩波动很大[19]。潘雅缤设计了一台 30kW 的 6 极永磁同步电动机，该电机定子槽数为 18，采用了整数槽绕组，转子为表面插入式转子结构。该电机与普通永磁电机不同的地方主要包括漏抗的计算以及在斜槽时采用了分段倒装的方式，即相邻两段转子之间相差一定的角度，彼此交错安装，以保证由齿槽产生的定位力矩彼此相互抵消[20]。

孟大伟等提出了一种 24 槽 10 极的双分数槽集中绕组感应电动机，该电机绕组由两套 12 槽 10 极绕组在空间中彼此错开一定的角度构成，与传统的 12 槽 10 极的分数槽集中绕组相比，气隙磁场中的谐波含量有所降低，其 1 次、7 次和 17 次气隙磁场谐波得到了很大程度的削弱，而 29 次谐波有所增加[21]。

常志祥设计并且分析了一台低速大扭矩潜油永磁电机，该电机为 18 槽 16 极，采用了分数槽集中绕组，能够有效降低永磁电机的齿槽转矩，并且反电动势的波形更好，缺点是分数槽集中绕组含有大量分数次谐波[22]。崔俊国等采用二维有限元研究了分数槽绕组潜油永磁同步电动机在外形尺寸相同、输出能力相同的情况下四种不同极槽配合（15 槽、18 槽、24 槽、36 槽和 10 极）的电磁性能，结果表明 36 槽使气隙磁通密度畸变最小、18 槽时反电动势谐波畸变最小、15 槽和 36 槽时的齿槽转矩最小，除 24 槽外，其他三种槽数的转矩波动均较小[23]。

1.2.2　　潜油电机多物理场耦合

　　潜油电机是一个涉及电磁、温度、流体、力的多物理场耦合系统，因此潜油电机的设计是包括电磁性能计算、流体与温升计算、散热结构设计、机械强度设计和转子动力学分析的多学科交叉耦合问题。潜油电机的多物理场耦合分析能够指导电机设计，为潜油电机的安全运行提供了基础。

1. 基于多物理场耦合的温升预测

　　基于电磁-流体-温度耦合的多物理场耦合温升预测是电机分析中的经典问题，相比于采用通风冷却的普通电机，潜油电机的情况则更加复杂。潜油电机通常工作在地下数千米的深处，机壳外流动着高温油水混合物，同时电机内部填充有润滑油，润滑油在止推轴承或者打油叶轮的作用下在油道中循环流动，从而形成了"气隙→转轴的轴孔→转轴的上端出口→气隙"的内循环油路。这种特殊的工作环境、独特的结构以及复杂的内循环油路使潜油电机的温升预测十分困难。

　　孟大伟等针对一台 YQY114p-2、31kW 的潜油电机，计算了转子三维稳态温度场分布。首先，通过二维电磁场计算得到电机的转子铜耗、杂散损耗（转子表面损耗、转子绕组中的高频损耗以及由谐波引起的转子表面损耗）、机械损耗（润滑油与转子的摩擦损耗、扶正轴承的摩擦损耗）；然后建立电机单节转子沿轴向的 1/2 模型，同时假设定转子之间没有热传递，转子的表面损耗、电机绝缘油与转子铁心外表面摩擦的机械损耗全部集中在转子表面，忽略转子铁心的铁损耗，转子铜条横截面、铁心横截面、扶正轴承横截面和转轴横截面为绝热面，转子外表面、转轴内表面为对流换热面。计算各部分传导与对流换热系数，最后使用有限元法求解模型得到电机转子的温度分布[24]。文献[25]使用类似的方法计算了 YQY114 系列电机完整的定转子温度场分布。

　　杨洋针对潜油电机的流体传热特性进行了研究，以 YQY143 系列 40kW 潜油电机为研究对象，选择半段定子、半段转子、半段扶正轴承、半段隔磁段，以及对应的气隙和机壳为求解区域，计算了不同入口流速下的温度分布。同时，搭建了潜油电机的温度测试平台，包括电机外水循环系统、热电偶测温系统以及测功机等，能够有效模拟电机在实际运行中的情况[26]。

　　杨雪采用等效热网络法计算了潜油电机的热点和温升，热网络法相比于数值法，使用简单、计算速度快。具体的做法是将电机的求解域划分为若干节点和网格，根据材料和流体属性计算不同传热情况下的等效热阻，将电机的损耗等效为热源，最后通过循环迭代得到满足边界条件的解。与试验结果的对比证明了该方法对于热点温度计算的准确性[27]。

Xu 等采用热网络法对潜油电机的温度和传热特性进行了分析和计算。在常规热网络法的基础上引入了接触热阻。由于热阻、热容等参数是温度的函数，采用Guass-Seidel（高斯-赛德尔）迭代来考虑流体和温度的耦合。结合热力学第二定律，对各个节点的熵和烟进行了计算和分析，给出了引入旁通泵提高井液流速的改进措施，并对电机的定子外径和长度进行了优化，最后用试验证明了计算的准确性[28]。针对潜油电机，他们还提出了全域流体场温升预测方法。在目前的潜油电机温度计算中，大多只建立了单节电机的求解模型，没有考虑电机端部止推轴承和打油叶轮等的影响。针对这一问题，该方法通过将单节电机端部之间连接处的压降和流速作为接口条件，将电机的全域流体场解耦作为局部流体场，在假设扶正轴承转速为 0 的情况下，建立了单节电机的 1/2 流固耦合模型，通过电磁场计算电机内各种损耗，将各部分损耗加载到温度场模型中，求解了电机内流体和温度的分布，通过试验证明了该方法的有效性[29]。除此之外，徐永明等进一步使用该方法分析了潜油电机内循环油路对电机传热的影响，分别计算了电机内不包含内循环油路、包含内循环油路情况下内部油路中扶正轴承油孔与转轴在垂直和重合时的流体流动和温度分布，计算结果表明，内循环油路能够促进电机定转子之间的热量传递，使温度最高的区域由转子部分转移到定子上，与试验结果的对比证明了假设合理，计算准确[30]。

2. 基于多物理场耦合的力学分析

在电机运行的过程中，影响电机可靠性和稳定性的因素主要包括电机径向电磁力引起的电磁振动，切向电磁力引起的轴系振动，电机转轴受到拉应力、剪切应力以及单边磁拉力引起的拉伸和扭转等，因此在电机设计的过程中，除了进行电磁性能的计算，还应该进一步对电机进行必要的受力分析。

徐永明等针对潜油电机分段处的电磁-热-力耦合特性进行了研究。首先利用电磁场计算得到分段处的漏抗以及扶正轴承中的涡流损耗，然后使用温度场计算不同材料（40Cr、镍铁合金、钛合金和铝合金）扶正轴承的温度分布，最后在考虑温度的情况下计算不同材料扶正轴承的应力和形变。综合考虑，由 40Cr 制成的扶正轴承效果最佳[31, 32]。

冯桂宏等采用弱磁固耦合的方式研究了潜油永磁电机的电磁振动，即将电磁场计算的电磁力加载到定子上，在不考虑形变对电机性能影响的情况下，计算电机的振动位移、声场以及模态，然后分析了不同极槽配合、气隙长度以及极弧系数对径向电磁力的影响[33]。

张炳义等针对潜油螺杆泵直驱永磁电机转轴扭转变形对电磁转矩的影响进行

了分析。当转轴在转矩的作用下发生扭转变形时，假定转轴形变量也一同传递给转子部件，转轴扭转变形对电磁转矩的影响可以近似等效为斜极对电磁转矩的削弱作用。通过三维有限元静力分析得到电机的扭转角，根据扭转角建立三维电磁场模型得到电机的电磁转矩。结果表明，对于长度超过 10m 的潜油电机，其最大转矩因为扭转降低了 6.6%[34]。

冉晓贺对一台 16 极 18 槽的潜油永磁电机转轴的动力学特性进行了研究。首先对电机转轴进行了模态分析，计算了前六阶转轴的固有频率和振型，将距离两端 1/2 全长处的一个扶正轴承改进为距离两端全场 1/3 处的两个扶正轴承以提升一阶谐振频率，然后对转轴进行了应力分析，求解了转轴的等效应力分布和等效应变分布，确保最大应力和最大形变在允许范围内，最后计算因偏心所导致的单边磁拉力对电机转轴的形变应力，确保电机的挠度在允许的范围内[35]。

黄居言通过理论分析给出了因转子偏心以及极槽配合导致的定子拓扑结构不对称所产生的单边磁拉力的计算公式，并对轴伸处作用力以及单边磁拉力所产生的挠度进行了分析和计算，结果表明电机的长径比对转轴挠度的影响最大[36]。

1.3　潜油电机的发展趋势

目前，潜油电机在电机设计和分析方面的发展主要集中在以下几个方面。

1. 永磁潜油电机

目前在国内的油井中，永磁潜油电机所占的比例正在逐渐提升，相比于异步电机，永磁电机具备更高的效率以及功率因数，功率密度更高，同时永磁电机更适合制成多极结构，从而直接驱动泵类负载，省略减速器等传动机构，进一步提升机组效率。

由于受油井直径限制，永磁潜油电机的外径受到严格的制约，转子没有足够的空间安装启动槽，因此永磁潜油电机很少采用异步起动的转子形式，而是以采用表贴式或者内嵌式的磁极形式为主。定子绕组采用分数槽集中绕组的低速大扭矩直驱永磁潜油电机是目前国内外潜油电机厂家的发展目标。基于永磁直线电机直接驱动柱塞泵的机电一体化设备也在低流量的深井中展现出了巨大的应用潜力。

2. 高温潜油电机

温度是制约潜油电机向大功率和高功率密度发展的重要因素，一方面潜油电机工作在高温环境中，另一方面，细长的密闭结构限制了电机的散热能力，因此通过优化电磁性能减小损耗、使用耐高温的材料以及改进散热结构来提升电机在高温下的稳定性是潜油电机发展的重要方向。

以大庆油田和中原油田为例，深层油井和稠油井环境温度都在 120℃以上，加上潜油电机自身约 35K 的温升，要求潜油电泵机组在井下能够达到 180℃的耐温等级。而国内潜油电机的出口市场主要是印度尼西亚、俄罗斯、苏丹、乍得和伊拉克等国的油田。上述国家油田井下温度明显高于国内油田，尤其是印度尼西亚油田，其井下温度达 150℃左右，对电机绝缘和耐温等级提出了更高的要求：高温下的绝缘材料、电机硅钢片和绕组用铜的材料及电气性能、传热特性以及高温下定转子形变对电机受力、发热及冷却的影响等都会发生变化，需要深入研究。因此，适应高温井况的潜油电机也是发展趋势之一。

3. 系统机电耦合特性及匹配研究

潜油电泵属于流固耦合设备，在不同运行工况下其振动特性复杂，由此引起的流体压力脉动、振动脉动，以及电动机油流循环系统的流量脉动和电机内基波磁场、谐波磁场相互作用所产生的各次电磁力波共同作用极易导致驱动电动机转矩脉动，影响系统的稳定性，甚至引发事故。

转矩脉动的大小直接影响电动机的电磁转矩，而电磁转矩又受电动机结构形式制约，需要准确计算脉动转矩，合理优化电动机结构。此外，电动机的径向电磁力波对负载噪声可能产生调制放大，进而使系统噪声显著增加；周向电磁力波和电机轴系油流压力脉动转矩可能产生的谐振，加上负载与电机可能的共振，会进一步影响系统运行的稳定性。

选用永磁电机驱动时，定子开槽和谐波所致转矩脉动又不同于异步电机，使上述情况变得更为复杂。因此，潜油电机及潜油电泵间的机电耦合特性对提高系统的稳定运行性能至关重要，必须对其深入研究并寻找切实可行的耦合分析方法。另外，在不同负载工况及变频调速运行状态下潜油电机的实际工作点极易偏离额定点，导致负载和电机性能参数不匹配，出现"小马拉大车"或"大马拉小车"现象，导致电机烧毁或功率利用不充分。研究负载和电机的性能匹配也是提高系统效率和可靠性亟须解决的关键问题之一。

4. 分节均压的问题

原油生产现场所需的大功率潜油电机是由完全相同的两台潜油电机串联来实现的，由此引发了电机间的均压问题，相同的潜油电机串联运行，实际中并不一定会同时启动同时达到稳态运行，这就使得先启动的电机和后启动的电机在电压分配和电磁参数上不再相等，电机的运行就会出现不同步，严重时一台电机启动并达到稳态后，另一台电机却不能启动，就没有实现预期的两台电机串联以达到大功率的状态。因而对现场串联运行的潜油电机来说，分压的问题也应深入研究。

5. 多物理场双向耦合分析

潜油电机分析是一个复杂的多物理场耦合问题。目前在多物理场耦合研究预测温升及优化冷却结构方面取得了丰硕的成果，但仍存在明显不足。求解模型多为局域模型而非全域模型，边界条件的确定多采用假设，如假设冷却流体垂直进入径向通风沟，这与实际情况严重不符，难以真正反映电机内流体流动及传热情况；而采用全域模型研究时，对磁、流和热多场耦合计算又多为单向研究，即磁场计算损耗之后作为热源求解流体场和温度场。实际上电机的多场耦合为双向耦合，应进一步分析温升反作用于磁场和流体场内绕组、冷却流体的材料特性参数对损耗分布及流体流动特性的影响，进而分析对温度分布的影响。此外，还应考虑电机内各处损耗分布对其温升分布的影响。

例如，对潜油电机进行磁-流-热-力多场双向耦合求解时，需将双向耦合求解拆分成"正向"和"反向"两个方面。"正向"耦合求解是将变频、正常运行状态下磁场分析得到的损耗特性作为热源，考虑电机内部各处流速与流量的分配，进行流体场、温度场、力场求解，获取电机内温度分布和受力振动情况；"反向"耦合求解是研究不同温度分布下导热系数和绕组电阻率等材料特性参数的变化规律，以及材料参数变化所致流体特性、损耗的改变对温度分布的影响，确定温度分布、流体传热对电动机气隙处定转子的热变形所致气隙变化对电动机的受力、温度分布的影响。将二者叠加并通过循环迭代，实现磁-流-热-力多场双向耦合求解，掌握各场变化规律及耦合机理。在此基础上准确预测潜油电机温升及分布，优化其电磁负荷分布及内充油循环结构，以有效控制其温升。

第 2 章　潜油电机设计

本章针对目前潜油电机设计中存在的问题，对现有潜油电机端部漏抗、转子圆形槽集肤效应、转子齿磁通密度、错槽代斜槽、机械损耗、隔磁段漏抗及扶正轴承附加损耗等方面进行改进，形成潜油电机设计方法，并在此基础上进一步给出多极数低速潜油电机、分数槽集中绕组潜油电机、异步启动永磁潜油电机和永磁潜油电机的设计方法。

2.1　潜油电机设计概述

2.1.1　潜油电机设计流程

潜油电机设计包括电磁设计和结构设计两个相辅相成的组成部分。电磁设计是根据产品技术要求并考虑制造、运行的经济合理性和可靠性，来决定电机的定转子冲片和铁心的各种尺寸以及绕组数据的。电磁设计包括电磁方案设计、计算和设计数据调整等内容，应通过若干方案的分析、比较来选定较优的设计。

在进行电磁设计前，应根据使用要求，先确定电机的总体结构形式，包括密封、安装形式以及绕组绝缘等级和绝缘结构。电磁设计决定的有关尺寸和数据是结构设计的主要依据之一，它们最终将在产品及其零件的结构上体现出来。

1. 潜油电机技术要求

1）额定数据

潜油电机额定数据主要有额定输出功率、额定运行时电源线电压、额定运行时电源频率、额定转速。

2）性能指标

潜油电机性能指标主要有效率、功率因数、启动电流、启动转矩、最大转矩和温升等。其中，效率与功率因数统称为电机的力能指标，直接影响其有效材料的用量和运行期间的电能损耗。按较高力能指标设计的电机在运行期间的电能损耗较多，而有效材料的用量较少。

2. 主要尺寸的确定

潜油电机定子铁心内径 D 和定子铁心有效长度 l_{ef} 称为主要尺寸。因为这两个尺寸在选择材料和结构形式时，对电机传递功率的大小有重要影响，即对电机总结构尺寸、材料消耗、运行性能等都有重要影响。

$$\frac{D^2 l_{\text{ef}} n_{\text{N}}}{P'} = \frac{6.1}{\alpha_i K_{\text{W}} A B_\delta} \tag{2-1}$$

式中，D 为定子铁心内径，也可以写成 D_{i1}；n_{N} 为额定转速（r/min）；P' 为计算功率；α_i 为计算极弧系数；K_{W} 为波形系数 K_{NM} 和绕组系数 K_{dp1} 的积；A 为电负荷；B_δ 为磁负荷。

3. 电磁负荷的选择

电磁负荷是由各方面的因素决定的，负荷值 A 与 B_δ 不仅影响电机的主要尺寸，而且与电机的参数、运行性能和使用寿命等都有密切关系，必须全面考虑，才能正确选择。若电负荷 A 和磁负荷 B_δ 一定，则电机的主要尺寸或者电机的体积随电机额定功率增加而增加，随电机转速增加而减少。对于同一功率和转速的电机，电负荷 A 和磁负荷 B_δ 值越高，电机的尺寸越小，材料越省，因此设计中总是希望选用较高的电磁负荷。但是若 A 和 B_δ 值取得过高，将导致电机过热和性能指标变差，A 和 B_δ 值只能在一定范围内取值。

选用较高的磁负荷 B_δ，可以节省有效材料，缩小电机体积，但 B_δ 选得过高会产生如下影响。

（1）由于铁耗增加，降低了电机效率，引起温升增高。

（2）由于气隙所需磁势 F_δ 增高和磁路过于饱和，磁化电流显著增加，从而降低了功率因数。

（3）使电机的其他电气性能发生变化，如漏抗减小，引起启动电流增大等。

同样，选取较高的电负荷 A，虽然可以缩小电机的体积，减轻重量，特别是减少钢材的消耗，但过高的电负荷也将带来如下不利的影响。

（1）增加了电机定子绕组的用铜量、铜耗和温升。这是因为电机尺寸缩小后，在 B_δ 不变的情况下，每极磁通就要减少，而电机定子绕组的外施电压不变，要求与它平衡的绕组感应电势也基本不变，这时必须增加每槽导体数，也就是较多的线匝，定子绕组的用铜量和铜耗将要增加。定子绕组产生的热量主要通过定子铁心向外散发，A 值增大后定子绕组产生的热量增加了，而铁心散热面积不但没有增加，反而由于电机主要尺寸减小而减小，定子绕组有一部分热量不能及时散发出去，因此温升将要升高。

（2）增加了漏电抗，使电机的最大转矩和启动转矩有所降低，启动性能变差。

综上所述，随着 B_δ 增加，电机的体积缩小，因此可以节约材料和减少工费，对制造成本来说是经济的。但是由于铜耗、铁耗相应增加和效率、功率因数的降低，在整个运行期间将增加电能消耗，这对运行费用来说是不经济的，同时由于损耗增加和散热面积减小，影响了电机的绝缘寿命和使用年限。因此，设计中必须根据国家标准、行业使用部门要求，以及综合考虑电机制造和运行的整个技术经济指标，来选择适当的 A 和 B_δ 值。

由此可见，电磁负荷的选择涉及许多问题。在设计时，电磁负荷主要依据制造和运行的实践经验积累的数据来选取。

4. 长径比的选择

在选择了电负荷 A 和磁负荷 B_δ 以确定电机主要尺寸之后，还存在长径比 λ 的选择和气隙长度的确定。

$$\lambda = \frac{l_{ef}}{\tau} = \frac{l_{ef}}{\dfrac{\pi D}{2p}} \tag{2-2}$$

式中，τ 为极距；p 为电机的极对数。

电机长径比就是铁心有效长度与极距之间的比例。λ 值的选择与电机的运行性能和经济性、工艺性有密切关系。当 λ 值较大时，说明电机比较细长。绕组端部长度占整个绕组的比例较小，从而提高了绕组铜的利用率。同时，单位功率的材料用量也减少了。由于电机体积未变，在同一磁通密度下铁耗不变，但是定子绕组的用铜量减少了，在相同电流密度情况下铜耗减少，因此电机的总损耗下降，效率有所提高。由于绕组端部短，端部漏抗在总漏抗中占的比例较小，一般使总漏抗减小，从而提高电机过载能力和启动转矩；此外，电机细长，也增加了散热面积，散热效果好。

如果 λ 值较大，电机也会存在一些缺点。首先，电机细长，内部冷却条件变坏，绕组温度易升高，必须采取措施改造冷却系统。其次，电机细长，需要的铁心冲片数目多，增加了冲剪、叠压的工时。此外，由于异步电动机的气隙很小，为了保证转子有足够的刚度，需要加粗转轴。

潜油电机由于油田条件限制，λ 值选择较大，为 50 左右，因而也存在上述缺点。

5. 气隙长度的确定

在异步电动机设计中，正确选择气隙的大小非常重要，它对电机的性能影响很大，为了减小磁化电流以改善功率因数，应该使气隙变小，但气隙不能太小，气隙太小给电机的制造和运行都增加了困难，而且使某些电气性能变差。

从结构上来看，气隙的最小值主要取决于定子内径的大小、轴的直径和轴承间的长度。因为定子内径的大小决定了机座、端盖、铁心等的加工偏差，从而决定了电机的偏心大小；而轴的直径和轴承间的长度决定轴的挠度。从工艺上看，零件加工同心度、不圆度及装配的偏心，以及轴承间隙及其磨损等都影响着气隙的大小。从电气性能来看，气隙也不能太小。气隙越小，谐波漏抗越大，导致最大转矩、启动转矩和启动电流减小，杂散损耗增大。根据潜油电机的特点，其气隙值一般为0.4～1mm。

6. 定转子槽数

定子槽数的选择就是每极每相槽数的选择。选用较大的每极每相槽数，定子槽数增多，可以获得较好的磁势、电势波形，电机性能有所提高。槽数增多，绕组就分散，绕组接触铁心的散热面积就增加，对散热有利。但槽数增多将导致槽绝缘材料和工时增加，槽利用率降低，对冲模的制造和使用也不利。因此，选择每极每相槽数的大小时，要根据生产实践经验进行全面考虑，一般可在2～6选择，而且应尽量选取整数。

选取潜油电机转子槽数时，必须与定子槽数有恰当的配合，这就是通常的定转子槽配合问题。若选择不当，则会引起较大的杂散损耗、附加转矩、噪声、振动等，对潜油电机的性能有着较大的影响。

7. 绕组设计

选择定转子槽数之后，接着要设计定子和转子绕组。绕组是电机中进行能量转换的关键部件之一，正确设计绕组对提高电机的技术经济指标有着重大意义。绕组设计主要包括选择绕组形式、节距、确定匝数、线规等。

潜油电机通常采用单层同心式绕组，其优点如下：①槽内无层间绝缘，槽的利用率较高；②同一槽中的导线都属于同一相，在槽内不可能发生相间击穿；③嵌线较方便，能提高劳动生产率。其主要缺点是单层绕组一般为整距绕组，对削弱高次谐波不利。

定子绕组电流密度的大小与电机的导线材料、绝缘等级、结构形式、冷却条件、转速和运转情况等有关。根据井下条件及本身结构特点，潜油电机电流密度选为 $6\sim 7\mathrm{A/mm^2}$。

8. 定转子开槽及槽满率

电机定转子开槽通常有两种方法，即"电开槽、磁校核"和"磁开槽、电校核"。前者针对选用硬线圈的中大型电机的矩形开口槽，设计好绕组后，根据所选定的线规、并绕根数、每槽导体数确定槽内绕组排列，再考虑下线时所需的工艺要求设计槽宽和槽高，给出槽尺寸。这种开槽方式不需要计算槽满率，但需要核算齿部和轭部的磁通密度是否满足要求，因而称为"电开槽、磁校核"。而"磁开槽、电校核"是指选好槽型后，根据经验先假设齿部和轭部的磁通密度，再计算确定的槽尺寸，这种情况需要核算槽满率，以检验根据磁通密度开的槽能否放下所设计的绕组，因此称为"磁开槽、电校核"。常规感应潜油电机的定转子开槽多用这一开槽方式。

潜油电机定子最常用的槽型为半闭口的梯形槽和梨形槽。槽型的选择与绕组形式关系密切。采用半闭口槽可以减少表面损耗和脉振损耗，还可以减小有效气隙长度以改善功率因数。这两个槽型的齿部都是上下等宽的，称为平行齿。

定子槽下线时，用槽满率来表示槽内导线的填充程度。槽满率是导线有规则排列所占面积与槽有效面积之比。槽满率越高，越节省材料，易于散热，因此槽满率要在设计中根据具体情况选取。细长结构的潜油电机的槽满率一般选在 65%左右。

选定槽型和槽满率后，便可以确定槽型尺寸。确定槽型尺寸时主要考虑：要有足够大小的槽面积，满足槽内安放线圈绝缘的需要，并且嵌线不太困难；齿部和轭部的磁通密度要适当，齿部要有足够的机械强度。槽型尺寸对电机参数也有很大的影响，调整方案时通常在槽型上进行改动来满足性能要求。

鼠笼转子的槽型和大小显著影响转子漏磁通的大小和启动时的集肤效应，也就是显著影响启动和运行参数，从而影响电机的最大转矩、功率因数，尤其是启动性能。因此，选择转子槽型和大小首先应考虑这些性能的要求，此外，转子齿部、轭部的磁通密度和导条电流密度应在合适的范围内，并考虑制造工艺的要求。

潜油电机鼠笼转子槽型最常用的是圆形槽，非平行齿，闭口槽。其优点是可以简化冲模制造困难和减少电机的杂散损耗，缺点是增加了转子的漏电抗，影响了电机的性能。

9. 潜油电机设计流程

在上述步骤的基础上，所设计潜油电机的全部尺寸均已确定，之后需要进行电磁性能的核算，如磁路计算（即定转子及气隙的磁压降计算）、定转子电阻电抗参数计算、各损耗计算、启动性能和运行性能计算等。潜油电机设计计算流程图如图 2-1 所示。

2.1.2　潜油电机设计特点

1. 端部漏抗计算

电机绕组端部漏抗是相应于绕组端部匝链的漏磁场的电抗。电机绕组端部形状十分复杂，并且随着绕组形式不同而有较大的差别，其邻近金属构件对漏磁场的分布影响很大，而构件本身又随电机形式的不同而异，因此准确计算电机端部漏抗的比漏磁导是比较困难的。大多是在前人研究经验公式的基础上进行校正。

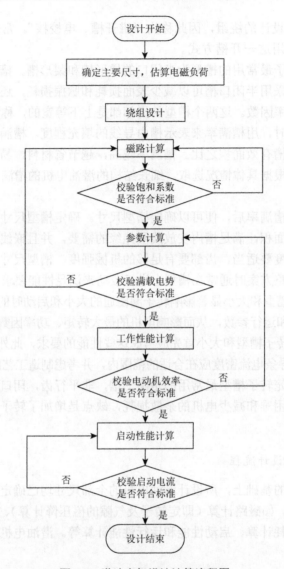

图 2-1   潜油电机设计计算流程图

在计算端部漏抗时可以将电机的两端部合二为一（即假设把铁心"移走"），再把整个端部电流代之以两个等效电流（轴向与周向），分别计算由这两个电流所产生的磁场及其相应电抗。其中轴向电流分量激发了类似气隙中的旋转磁场，同时也影响了感生电势和电抗。把两端的两个周向电流看成两根平行的输电线，再根据电工基础直线段的电感计算中的有关概念导出电抗，最后进行叠加和化简，其系数采用了某些试验的统计平均值[37]。

对于细长结构的潜油电机，为下线方便，端部重叠层数较少、便于布置，且散热性能好，大多采用单层同心式。再考虑到分组的单层同心式绕组更能节省端部，因此潜油电机的定子绕组一般采用分组的单层同心式，如图 2-2 所示。另外，分组同心式绕组的端部比漏磁导比不分组的小约 30%[38]。

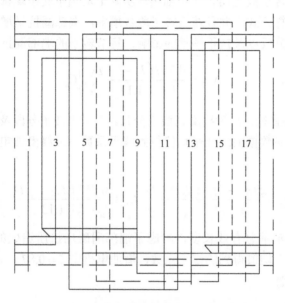

图 2-2　潜油电机定子分组单层同心式绕组

图中数据表示槽的编号

不考虑段与段之间的影响，潜油电机每段定子的端部漏抗为

$$X_{E1} = 0.47 \frac{l_E - 0.64\tau}{l_{ef} K_{dp1}^2} C_x \qquad (2\text{-}3)$$

式中，K_{dp1} 为基波绕组系数；l_E 为线圈端部平均长；C_x 为漏抗系数。

基波绕组系数为

$$K_{dp1} = \frac{\sin(q\alpha/2)}{q\sin(\alpha/2)} \sin\left(\frac{y_1}{\tau} 90°\right) \qquad (2\text{-}4)$$

式中，q 为每极每相槽数；α 为槽距角；y_1 为定子绕组节距；τ 为极距。

漏抗系数为

$$C_x = \frac{0.263(N_1 K_{dp1})^2 l_{ef} P_N}{p U_{N\phi}^2} \times 10^{-3} \qquad (2\text{-}5)$$

式中，$U_{N\phi}$ 为相电压有效值；P_N 为电机的额定功率；N_1 为每相串联匝数。

潜油电机定子段与段之间是用非磁性材料（铜片）隔开的，从磁路的角度看，整个定子铁心的长度可通过把各段铁心长度叠加求得，铁心的有效长度等于总轴长度减去因隔磁段而引起的损失宽度再加上两个气隙长度，即

$$l_{\text{ef}} = l - n_{v1}b_{v1} + 2\delta \tag{2-6}$$

式中，l 为总轴长度；n_{v1} 为定子隔磁段数；b_{v1} 为隔磁段损失宽度；δ 为气隙长度。

　　潜油电机各转子段之间有扶正轴承，实际上增加了转子端部，不能再采用普通异步电机的计算公式，并且随着转子段数增多，端部漏抗呈增加趋势。

　　不考虑转子分段以及扶正轴承的影响，每节转子的端部漏抗为

$$X_{\text{E2}}' = \frac{0.757}{l_{\text{ef}}}\left(\frac{l_{\text{B}} - l}{1.13} + \frac{D_{\text{R}}}{p}\right)C_{\text{x}} \tag{2-7}$$

式中，D_{R} 为端环直径；l_{B} 为线圈直线部分长。当考虑转子分段及扶正轴承的影响时，分析大量试验数据的统计平均值得到修正系数，最终潜油电机转子的端部漏抗为

$$X_{\text{E2}} = \frac{\xi(n_{v2}+1)+1}{n_{v2}+1}\frac{0.757}{l_{\text{ef}}-l_2'}\frac{D_{\text{R}}}{p}C_{\text{x}} + \frac{0.757}{l_{\text{ef}}-l_2'}\left(\frac{l_{\text{B}}-l}{1.13}+\frac{D_{\text{R}}}{p}\right)C_{\text{x}} \tag{2-8}$$

式中，l_2' 为扶正轴承总有效长度，考虑了端部漏磁场挤压造成的总长度减小；ξ 为通过试验统计平均值得到的修正系数，潜油电机中 $\xi = 0.87$；n_{v2} 为潜油电机转子中的扶正轴承数。

2. 转子槽集肤效应计算

　　大容量的潜油电机为提高其启动性能，一般采用圆形槽。这时其启动电阻增加系数与漏抗减小系数就不能再按照传统的经验公式计算了。本书采用分层法并且考虑集肤效应来进行更为精确的计算。将潜油电机转子圆形槽内铜条的截面看成上下堆叠的多层不等宽矩形截面导体在出槽处并联所成，如图 2-3 所示。求出各并联导体内的电流后，即可足够准确地确定其电阻增加系数和电抗减小系数。

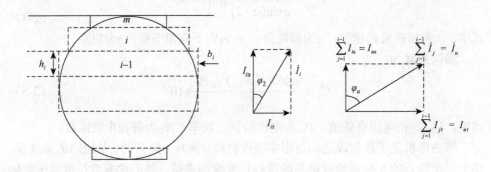

图 2-3　潜油电机转子圆形槽集肤效应计算

设 h_i 和 b_i 表示槽内第 i 层导体的高与宽，X_i 和 g_i 表示该层导体的电抗和电导，I_i、I_{ia}、I_{ir} 分别表示该层电流的有效值及其有功和无功分量，则 m 层导体内总的有功损耗为

$$P_a = \sum_{i=1}^m P_{ai} = \sum_{i=1}^m \frac{I_i^2}{g_i} = \sum_{i=1}^m \frac{I_{ia}^2 + I_{ir}^2}{g_i} \tag{2-9}$$

槽中 m 层导体内磁场能量时间平均值的总和为

$$W_m = \sum_{i=1}^m W_{mi} = \frac{1}{2}\sum_{i=1}^m \left\{ L_i \left[\left(\sum_{j=1}^{i-1} I_{ja}\right)^2 + \left(\sum_{j=1}^{i-1} I_{jr}\right)^2 + I_{ia}\left(\sum_{j=1}^{i-1} I_{ja}\right) + I_{ir}\left(\sum_{j=1}^{i-1} I_{jr}\right) + \frac{1}{3}\left(I_{ia}^2 + I_{ir}^2\right) \right] \right\} \tag{2-10}$$

式中，$L_i = \mu_0 \dfrac{h_i}{b_i} l_t$，$l_t$ 为铁心的轴向长度；I_{ja} 和 I_{jr} 分别为第 j 层电流的有功和无功分量。

当不考虑存在集肤效应时，槽内各层导体中的电流密度、相位相同，即

$I_i = I\dfrac{g_i}{\sum\limits_{i=1}^m g_i}$，$\varphi_i = \varphi_u$，$I = \sqrt{\left(\sum\limits_{i=1}^m I_{ia}\right)^2 + \left(\sum\limits_{i=1}^m I_{ir}\right)^2}$，将其代入式（2-9）和式（2-10）

中分别得到

$$P_{a0} = \frac{\left(\sum\limits_{i=1}^m I_{ia}\right)^2 + \left(\sum\limits_{i=1}^m I_{ir}\right)^2}{\sum\limits_{i=1}^m g_i} \tag{2-11}$$

$$W_{m0} = \frac{\dfrac{1}{2}\left[\left(\sum\limits_{i=1}^m I_{ia}\right)^2 + \left(\sum\limits_{i=1}^m I_{ir}\right)^2\right]\sum\limits_{i=1}^m\left\{L_i\left[\left(\sum\limits_{j=1}^{i-1} g_j\right)^2 + g_i\left(\sum\limits_{j=1}^{i-1} g_j\right) + \dfrac{1}{3}g_i^2\right]\right\}}{\left(\sum\limits_{i=1}^m g_i\right)^2} \tag{2-12}$$

于是得到电阻增加系数为

$$K_F = \frac{P_a}{P_{a0}} = \frac{\sum\limits_{i=1}^m \dfrac{I_{ia}^2 + I_{ir}^2}{g_i}\sum\limits_{i=1}^m g_i}{\left(\sum\limits_{i=1}^m I_{ia}\right)^2 + \left(\sum\limits_{i=1}^m I_{ir}\right)^2} \tag{2-13}$$

电抗减小系数为

$$K_X = \frac{W_m}{W_{m0}} = \frac{\sum\limits_{i=1}^{m}\left\{L_i\left[\left(\sum\limits_{j=1}^{i-1}I_{ja}\right)^2 + \left(\sum\limits_{j=1}^{i-1}I_{jr}\right)^2 + I_{ia}\left(\sum\limits_{j=1}^{i-1}I_{ja}\right) + I_{ir}\left(\sum\limits_{j=1}^{i-1}I_{jr}\right) + \frac{1}{3}\left(I_{ia}^2 + I_{ir}^2\right)\right]\right\}\left(\sum\limits_{i=1}^{m}g_i\right)^2}{\left[\left(\sum\limits_{i=1}^{m}I_{ia}\right)^2 + \left(\sum\limits_{i=1}^{m}I_{ir}\right)^2\right]\sum\limits_{i=1}^{m}\left\{L_i\left[\left(\sum\limits_{j=1}^{i-1}g_j\right)^2 + g_i\left(\sum\limits_{j=1}^{i-1}g_j\right) + \frac{1}{3}g_i^2\right]\right\}}$$

$$(2\text{-}14)$$

式（2-12）和式（2-13）中的 I_{ia} 和 I_{ir}（ $i=1,2,3,\cdots,m$ ）可通过对各层导体的电压方程来求解。对第 i 层和第 $i+1$ 层导体列电压方程，并考虑并联的各层导体之间的端电压相等，再进行化简将实部和虚部分别列式得到，即

$$\begin{cases} R_{i+1}I_{(i+1)a} + \dfrac{1}{6}X_{i+1}I_{(i+1)r} = R_iI_{ia} + \dfrac{1}{6}X_iI_{ir} - \dfrac{1}{2}(X_i + X_{i+1})\sum\limits_{j=1}^{i}I_{jr} \\[3mm] -\dfrac{1}{6}X_{i+1}I_{(i+1)a} + R_{i+1}I_{(i+1)r} = -\dfrac{1}{6}X_iI_{ia} + R_iI_{ir} + \dfrac{1}{2}(X_i + X_{i+1})\sum\limits_{j=1}^{i}I_{ja} \end{cases} \quad (2\text{-}15)$$

式中，R 为电阻；X 为电抗。

解此联立方程，即得

$$\begin{cases} I_{(i+1)a} = \dfrac{AI_{ia} - BI_{ir} - C\left(R_{i+1}\sum\limits_{j=1}^{i}I_{jr} + \dfrac{1}{6}X_{i+1}\sum\limits_{j=1}^{i}I_{ja}\right)}{D} \\[5mm] I_{(i+1)r} = \dfrac{BI_{ia} + AI_{ir} + C\left(R_{i+1}\sum\limits_{j=1}^{i}I_{ja} - \dfrac{1}{6}X_{i+1}\sum\limits_{j=1}^{i}I_{jr}\right)}{D} \end{cases} \quad (2\text{-}16)$$

由此，若已知 I_{1a}、I_{1r}，则由式（2-16）依次递推就可得到由集肤效应引起的电阻增加系数 K_F 和电抗减小系数 K_X。而且 I_{1a}、I_{1r} 可任选一非零值而不影响最终求得的 K_F 和 K_X。其求解的计算流程如图2-4所示。

其中，

$$\begin{cases} A = R_iR_{i+1} + \dfrac{1}{36}X_iX_{i+1} \\[3mm] B = \dfrac{1}{6}(R_iX_{i+1} - X_iR_{i+1}) \\[3mm] C = \dfrac{1}{2}(X_i + X_{i+1}) \\[3mm] D = R_{i+1}^2 + \dfrac{1}{36}X_{i+1}^2 \end{cases} \quad (2\text{-}17)$$

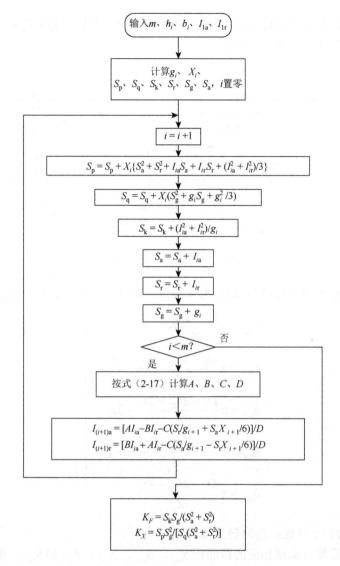

图 2-4 潜油电机转子圆形槽集肤效应的计算流程

3. 转子齿磁路计算

在进行普通异步感应电动机设计时，大多采用近似的简便公式来计算。当电机的齿不饱和以及齿宽沿其高度上的变化不大时，采用"离齿最狭部分 $\frac{1}{3}$ 齿高处"的那个截面中的齿磁通密度 $B_{t\frac{1}{3}}$ 作为计算用的齿磁通密度。

因潜油电机特殊的结构和特殊的工作环境，要求其设计必须尽可能地精确，另外圆形槽转子齿宽变化很大，为保证其设计要求，在转子齿磁路的设计计算中，采用辛普森算法，如图 2-5 所示。

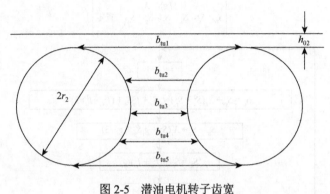

图 2-5　潜油电机转子齿宽

将转子圆形槽的直径 $2r_2$ 均分为 4 等份，求出 b_{tu1}、b_{tu2}、b_{tu3}、b_{tu4} 和 b_{tu5}，即

$$
\left.
\begin{aligned}
b_{tu1} &= \pi \frac{D_2 - 2h_{02}}{Z_2} \\
b_{tu2} &= \pi \frac{D_2 - 2h_{02} - 2r_2}{Z_2} - \sqrt{3}r_2 \\
b_{tu3} &= \pi \frac{D_2 - 2h_{02} - 2r_2}{Z_2} - 2r_2 \\
b_{tu4} &= \pi \frac{D_2 - 2h_{02} - 1.5r_2}{Z_2} - \sqrt{3}r_2 \\
b_{tu5} &= \pi \frac{D_2 - 2h_{02} - 4r_2}{Z_2}
\end{aligned}
\right\}
\tag{2-18}
$$

式中，D_2 为转子外径；Z_2 为转子槽数。

根据齿宽便可求得相应的截面积 S_{tu1}、S_{tu2}、S_{tu3}、S_{tu4} 和 S_{tu5}，即

$$
S_{tui} = K_{Fe} l_{2t} Z_{p2}
\tag{2-19}
$$

式中，$i = 1,2,3,4,5$；K_{Fe} 为铁心叠片系数；l_{2t} 为转子铁心长；Z_{p2} 为转子每极槽数。

根据截面积可求出相应的齿磁通密度 B_{tu1}、B_{tu2}、B_{tu3}、B_{tu4} 和 B_{tu5}，即

$$
B_{tui} = F_s \frac{\Phi_{ui}}{S_{tui}}
\tag{2-20}
$$

式中，$i = 1,2,3,4,5$；F_s 为波幅系数；Φ_{ui} 为对应的齿部磁通。

从材料的磁化曲线上查找对应的磁场强度 H_{tu1}、H_{tu2}、H_{tu3}、H_{tu4} 和 H_{tu5}，便可得到平均磁场强度为

$$H_{tu} = \frac{H_{tu1} + 4H_{tu2} + 2H_{tu3} + 4H_{tu4} + H_{tu5}}{12} \tag{2-21}$$

转子齿磁压降为

$$F_{tu} = H_{tu} r_2 \tag{2-22}$$

4. 斜槽的设计与计算

潜油电机与普通三相异步电动机一样，由于受齿谐波感应电动势产生的齿谐波磁场的影响，易产生附加转矩和噪声。

一般普通感应电动机为削弱齿谐波磁场的影响，常采用斜槽，即把转子槽相对定子槽沿轴向向上扭斜一个角度。这样就会使作用于某一轴向位置处的定子叠片上的力与作用于其他轴向位置处的铁心叠片上的力有所不同。换言之，采用斜槽使得不同轴向铁心位置处的径向力之间存在相位差。因此，作用于一根导条上的径向力以及振动和噪声级都将因采用斜槽而降低。通常斜槽宽度恰好等于一个定子齿距，可以有效地消除齿谐波电动势。

潜油电机作为一种特殊的三相异步电动机，显然也受到齿谐波磁场的影响，也必须采用斜槽来加以削弱。但是细长结构的潜油电机若采用直接斜槽会使铁心叠压工艺十分复杂，因而采用变通的方法，即转子圆形槽的中心线与键槽的中心线不在一条直线上，而是成一定角度。

潜油电机在制造装配时，转子分段，中间有扶正轴承。一个扶正轴承所连接的两段转子是不同的，一段转子槽中心线与键槽中心线的夹角在转子槽中心线的右边，另一段转子槽中心线与键槽中心线的夹角在其左边，如图 2-6 所示，这样两种转子节交替连接，从整个潜油电机来看就起到了斜槽的作用。

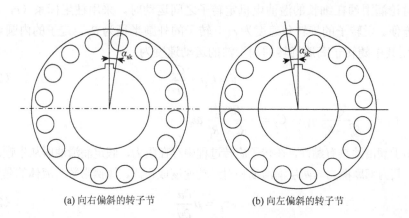

(a) 向右偏斜的转子节　　　　　　　　(b) 向左偏斜的转子节

图 2-6　潜油电机转子铁心冲片

采用斜槽之后，定转子绕组之间的电磁耦合系数减小了，也就是说由定子电流产生的基波磁场有一部分不与转子导条起耦合作用，反之也是。这相当于减小了定转子之间的互感电抗，而增加了定子之间的漏抗。这种由斜槽引起的附加漏抗就称为斜槽漏抗。潜油电机中斜槽的计算方法与普通电机相似，只是斜槽的扭斜宽度 b_{sk} 通过转子槽中心线与键槽中心线的夹角 α_{sk} 等效得到，即

$$b_{sk} = D_2 \sin \alpha_{sk} \tag{2-23}$$

斜槽漏抗为

$$X_{sk} = 0.5 \left(\frac{b_{sk}}{t_2} \right)^2 X_{\delta 2} \tag{2-24}$$

式中，t_2 为转子齿距；$X_{\delta 2}$ 为转子谐波漏抗。

5. 机械损耗计算

潜油电机定转子之间充满专用润滑油，黏性较大，再加上潜油电机所特有的扶正轴承和止推轴承，使之机械损耗的计算变得很复杂，一直没有较为准确的计算方法。其机械损耗主要由三部分组成，即转子与润滑油的摩擦损耗、扶正轴承的摩擦损耗和止推轴承动静块的摩擦损耗，其中起主要作用的是转子与润滑油的摩擦损耗。通过分析潜油电机专用润滑油的特性，运用流体力学的基本原理，通过求解黏性流体运动的纳维-斯托克斯方程和伯努利方程求得转子与润滑油的摩擦损耗，再结合传统经验公式较为准确地求得潜油电机的机械损耗。

1）转子与润滑油的摩擦损耗

在转子与润滑油的摩擦损耗求解时假定定子内表面和转子外表面光滑，油摩损耗就可以等效为两个光滑圆柱之间的润滑油随内圆柱旋转的黏滞损耗问题，可以通过近似的解析表达式来计算得到。

讨论润滑油在细长的潜油电机定转子之间运动时，采用柱坐标系（r，θ，z）最为方便。设转子的旋转角速度为 ω_0，转子的外圆半径为 R_2，定子的内圆半径为 R_1，则其中随转子高速旋转的润滑油的运动速度为

$$u = C_1 r + \frac{C_2}{r} \tag{2-25}$$

式中，$C_1 = -\dfrac{R_1^2}{R_2^2 - R_1^2} \omega_0$；$C_2 = -\dfrac{R_1^2 R_2^2}{R_2^2 - R_1^2} \omega_0$。

由于润滑油具有黏性，在转子旋转过程中存在阻力，假定润滑油服从牛顿内摩擦定律，其内部摩擦力与两层润滑油相对运动速度成正比，比例常数为流体的黏度，则

$$\tau_F = \mu \frac{\partial u}{\partial n} \tag{2-26}$$

式中，τ_F 为剪切应力；μ 为黏度；n 为转速。

润滑油的运动速度只有圆周分量，在柱坐标系中，

$$\tau_F = \mu \left(\frac{\partial u}{\partial r} - \frac{u}{r} \right) \tag{2-27}$$

将式（2-26）代入式（2-27）中得到

$$\tau_F = -2\mu \frac{R_1^2 R_2^2 \omega_0}{\left(R_1^2 - R_2^2 \right) r^2} \tag{2-28}$$

转子表面的切应力即为摩擦力，其表达式为

$$\tau_{r=R_2} = -\frac{2\mu R_1^2 \omega_0}{R_1^2 - R_2^2} \tag{2-29}$$

式中，负号说明润滑油作用于转子表面上的力与其旋转方向相反。

润滑油作用在转子上的阻力矩为

$$M = \tau_{r=R_2} 2\pi R_1 R_2 h_a = -\frac{4\pi \mu h_a R_1^2 R_2^2 \omega_0}{R_1^2 - R_2^2} \tag{2-30}$$

式中，h_a 为润滑油在转子表面的轴向长度，即电机的铁心长度。

由于电机的气隙长度 δ 很小，$\delta = R_1 - R_2 \ll R_1$，$R_1^2 - R_2^2 \approx 2\delta R_1$、$R_1^2 R_2^2 \approx R_2^4$，式（2-30）就可以近似地写成

$$M = \frac{2\pi \mu R_2^3 \omega_0}{\delta} \tag{2-31}$$

润滑油与转子之间摩擦产生的黏滞损耗，即油摩损耗为

$$P_0 = M\omega_0 = \frac{2\pi \mu R_2^3 \omega_0^2}{\delta} \tag{2-32}$$

可见油摩损耗与润滑油的黏度成正比，与转子旋转角速度的平方成正比，与气隙长度成反比，与转子的外圆半径的立方成正比。

2）扶正轴承及止推轴承的摩擦损耗

潜油电机的扶正轴承由铜套和钢套一内一外两部分构成，它的作用是在定子内腔中支撑各节转子，使转子不与定子内腔表面摩擦，保证定转子之间气隙均匀，提高电机的运行可靠性。

潜油电机在装配时，由于零件公差和人为因素，不可避免地使电机定转子气隙存在一定的不均匀，造成定转子相对偏心，产生单边磁拉力，使得扶正轴承受一定的负荷，产生扶正轴承摩擦损耗 P_f。笼形转子感应电机单边磁拉力 F_{M0} 为

$$F_{M0} = \frac{\beta \pi D_2 l_{ef}}{\delta} \cdot \frac{B_\delta^2}{2\mu_0} e_0 \tag{2-33}$$

式中，β 为经验系数，对于潜油电机 $\beta = 0.003$；e_0 为初始偏心，可取 0.01δ；μ_0 为真空磁导率。

单边磁拉力所产生的扶正轴承摩擦损耗 P_f 为

$$P_f = \frac{1}{102} F_{M0} f_m \frac{d}{2} \omega_0 \qquad (2\text{-}34)$$

式中，f_m 为摩擦系数，对于潜油电机 $f_m = 0.004 \sim 0.005$；d 为扶正轴承直径（m）。

止推轴承是一个滑动轴承，在潜油电机的上接头里，它的作用是承受整个转子的重量，使电机转子在固定位置上正常工作，另外还能承受由于转轴的偏置而产生的径向拉力。它由两部分组成，即静块和动块。静块固定在电机上接头里，是由一种较软且耐磨的锡磷青铜合金材料制成的，有时还在其表面浇铸一层巴氏合金；动块与转轴固定在一起且共同旋转，是由钢质材料经表面淬火精磨而制成的，其表面硬度很高，组装时与转轴用键固定在一起。

潜油电机在正常工作时，转子与止推轴承之间由于摩擦而产生损耗，这也是整个机械损耗中的一部分。这种摩擦损耗主要是由于止推轴承的静块承受整个转子的重量而产生的，而静块是六片锡磷青铜止推瓦。止推轴承的摩擦损耗 P_z 与承推力负荷（即转子重量）、电机润滑油的黏度、止推瓦的圆周速度以及止推瓦的平均单位压力有关[39]。

$$P_z = 0.98 K_\lambda G \sqrt{\frac{Z v^3}{10 P_{ZT} l_{ZT}}} \qquad (2\text{-}35)$$

式中，K_λ 为摩阻系数，对于潜油电机 $K_\lambda = 3.6$；G 为转子重量（kg）；v 为止推瓦的平均圆周速度（rad/s）；P_{ZT} 为止推瓦的平均单位压力（N）；l_{ZT} 为止推瓦的长度（m）；Z 为潜油电机专用润滑油黏度。

将上面所求得的转子与专用润滑油的油摩损耗 P_0、扶正轴承的摩擦损耗 P_f 和止推轴承的摩擦损耗 P_z 相加，就得到潜油电机的总机械损耗 P_{fw}：

$$P_{fw} = P_0 + P_f + P_z \qquad (2\text{-}36)$$

2.2　6 极潜油电机设计

一般潜油电机均为 2 极异步电动机，多极数潜油电机设计的困难之处在于电机径向尺寸受套管空间限制，直径较小，因此定子设计空间较小，定转子槽数及槽配合均受到限制；此外，潜油电机均采用多节串联的结构，其设计具有特殊性。本节以 114 系列潜油电机进行 6 极设计。

2.2.1　定转子槽数及绕组的设计

1. 定子槽数的确定

通常在尺寸允许的情况下，定子槽数的确定有多种选择，本节设计中，6 极潜油电机的最大外径只有 114mm，径向尺寸的窄小使得定子槽数受到限制。按照通用的电机设计规则计算定子槽数。

$$Z_1 = 2pm_1q_1 \tag{2-37}$$

式中，Z_1 为定子槽数；p 为电机的极对数；m_1 为电机相数；q_1 为每极每相槽数。

若 $q_1 = 1$，由式（2-37）确定的三相 6 极电机定子最小槽数为 18 槽，这也是目前 2 极潜油电机（外径 $D_1 = 114.3mm$，$138.6mm$，$143mm$）所采用的定子槽数。如果每极每相槽数为整数，即定子采用整数槽绕组时，定子槽数为 36 槽（$q_1 = 2$）、54 槽（$q_1 = 3$）等，但是受 6 极潜油电机外径所限，采用 36 槽定子也显困难，因此在本次设计中，最大槽数即为 36 槽。

若考虑分数槽的情况，即每极每相槽数不为整数的情况下，计算每极每相槽数。

$$q_1 = \frac{Z_1}{2pm_1} = b + \frac{c}{d} \tag{2-38}$$

定子槽数由 18 槽至 36 槽时，每极每相槽数如表 2-1 所示。

为了能使 3 次谐波的合成磁动势为零，定子绕组应该是三相对称的。对于分数槽绕组，必须满足以下对称条件：

$$\begin{cases} \text{双层分数槽绕组，} & \dfrac{Z_1}{m_1t_1} = \text{整数} \\[2mm] \text{单层分数槽绕组，} & \dfrac{Z_1}{2m_1t_1} = \text{整数} \end{cases}$$

式中，t_1 为定子槽数 Z_1 与极对数 p 的最大公约数。

由对称条件得出，在表 2-1 中，只有 $Z_1 = 27$ 时的双层分数槽绕组能够实现三相对称。

表 2-1　每极每相槽数表

Z_1	$q_1 = b + \dfrac{c}{d}$			Z_1	$q_1 = b + \dfrac{c}{d}$		
	b	c	d		b	c	d
19	1	1	18	28	1	5	9
20	1	1	9	29	1	3	5
21	1	1	6	30	1	2	3
22	1	2	9	31	1	5	7
23	1	2	7	32	1	7	9
24	1	1	3	33	1	5	6
25	1	2	5	34	1	8	9
26	1	4	9	35	1	17	18
27	1	1	2				

2. 接线方式的确定

潜油电机的定子通常采用细长的结构，嵌入式的绕线方法并不适用，通常采用穿插的方法进行绕线。采用穿插的方法进行绕线时，工艺较为复杂，因此选用绕组方式时要首选单层绕组，其次为双层绕组（难度很大）。

当 $Z_1 = 18$、$q_1 = 1$ 时，无法构成单层同心式绕组，只能采用单层链式绕组；当 $Z_1 = 27$、$q_1 = 1\frac{1}{2}$ 时，只能采用双层叠式绕组；当 $Z_1 = 36$、$q_1 = 2$ 时，可以采用单层同心式、单层链式和双层叠式等多种绕组方式。这三种情况下定子线组接线图如图 2-7～图 2-9 所示。

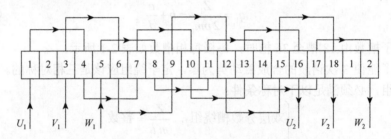

图 2-7　$Z_1 = 18$、$q_1 = 1$ 时定子单层链式绕组接线图

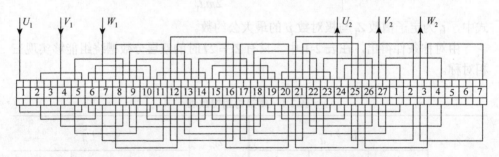

图 2-8　$Z_1 = 27$、$q_1 = 1\frac{1}{2}$ 时定子双层叠式绕组接线图

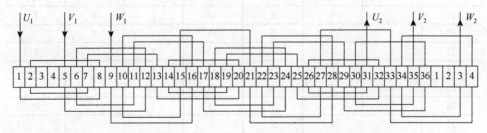

图 2-9　$Z_1 = 36$、$q_1 = 2$ 时定子单层同心式绕组接线图

定子槽数及绕组方式确定后，相关参数也得以确定，具体如表 2-2 所示。

表 2-2　6 极潜油电机定子绕组相关参数

定子槽数 Z_1	每极每相槽数 q_1	绕组极距 τ /槽	每槽电角度 α /(°)	并联支路数 a	绕组系数 K_{dp1}
18	1	3	60	1	1
27	$1\frac{1}{2}$	$4\frac{1}{2}$	40	1	0.955
36	2	6	30	2	0.966

3. 转子槽数的确定

潜油电机的转子通常为铜条笼形转子，且转子槽数的确定受到定子槽数的约束。不合理的定转子槽数配合会引起附加谐波转矩增大，在转矩特性曲线上形成同步谷或异步谷，影响电机性能；此外，不合理的定转子槽数配合也会使谐波磁场产生电磁噪声等其他问题。因此，在选择转子槽数时，需满足以下条件。

（1）转子槽数接近且少于定子槽数，以减少齿谐波磁通产生的损耗。

（2）考虑到定子、转子一阶齿谐波的相互作用可能产生附加转矩及电磁噪声，确保：

$$\begin{cases} Z_2 \neq Z_1 \pm i \\ Z_2 \neq Z_1 \pm 2p \pm i \end{cases}, \quad i = 0, 1, 2, 3$$

式中，Z_2 为转子槽数。

（3）考虑到转子一阶齿谐波与定子相带谐波作用可能产生附加转矩及电磁噪声，确保：

$$\begin{cases} Z_2 \neq 2pm_1k \pm i \\ Z_2 \neq 2pm_1k \pm 2p \pm i \end{cases}, \quad i = 0, 1, 2, 3; \ k \ 为正整数$$

（4）考虑到定子、转子二阶齿谐波的相互作用可能产生附加转矩及电磁噪声，确保：

$$\begin{cases} Z_2 \neq Z_1 \\ Z_2 \neq Z_1 \pm p \pm i \end{cases}, \quad i = 0, 1, 2, 3$$

（5）参考 $\dfrac{Z_2}{p} \leqslant 0.75 \dfrac{Z_1}{p}$，以使定子相带谐波磁势在转子中产生的附加损耗在转子基本铜耗的 10% 以内。

（6）转子斜槽可以降低定子磁势谐波在转子笼中产生的损耗，但斜槽可能造成相邻导条通过铁心硅钢片形成"横向"电流，产生附加损耗，因此确保槽数对斜槽无影响。

考虑到电机启动、运转及制动不同阶段的要求，按上述条件选择转子槽数时，应首先排除 $i=0$ 的情况，其次排除式中有"$+p$ 或$+2p$"的情况，再次排除式中有"$-p$ 或$-2p$"的情况，最后按其他条件选择。定子、转子槽数配合如表 2-3 所示。

表 2-3   定子、转子槽数配合表

序号	定子槽数 Z_1	转子槽数 Z_2		
1	18	14	16	—
2	27	18	20	22
3	36	26	28	33

2.2.2　主要结构尺寸确定

1. 主要尺寸计算

设计中为保证 6 极潜油电机壳体强度满足抗拉、抗扭的要求及最大轴功率，将直接采用 2 极潜油电机中定子壳体内外径尺寸等，而与励磁有关的部分结构尺寸及参数将作为参考。

6 极潜油电机主要尺寸参数选择如表 2-4 所示。

表 2-4   6 极潜油电机主要尺寸参数选择

序号	参数	选择值	序号	参数	选择值
1	$1-\varepsilon_L$	0.904	4	A /(A/m)	20000
2	α_i	0.68	5	B_δ /T	0.7
3	K_{Nm}	1.11	6	λ	16

2. 定子槽型选择及槽尺寸计算

6 极潜油电机的定子槽型选择为半闭口平底槽，其优点是槽开口小，可以减少铁心表面损耗和齿部脉振损耗，并使气隙系数减小，以减小励磁电流。与半闭口梨形槽相比，在定子内外径尺寸已定的情况下，其有更大的槽有效面积，更利于绕组下线。定子槽型尺寸如图 2-10 所示。

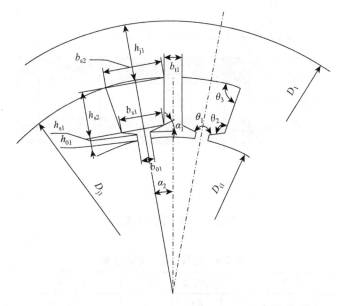

图 2-10　定子槽型尺寸

6 极潜油电机定子槽型尺寸参数选择值如表 2-5 所示。其中，B_{t1} 为定子齿部磁通密度，B_{j1} 为定子轭部磁通密度。

表 2-5　定子槽型尺寸参数选择值

序号	参数	选择值	序号	参数	选择值
1	K_{Fe}	0.925	4	h_{01} /mm	1
2	B_{t1} /T	1.5	5	b_{01} /mm	2.5
3	B_{j1} /T	1.4	6	α_1 /(°)	15

3. 转子槽及端环尺寸计算

潜油电机的转子通常为鼠笼式结构，导条通常为铜条，槽型采用圆形槽。在设计中依然采用相同结构，则槽面积与导条截面积近似相等。转子结构示意图如

图 2-11 所示。定转子设计中的参数如表 2-6 所示，6 极潜油电机最终设计方案如表 2-7 所示。

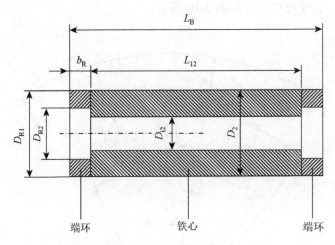

图 2-11　转子结构示意图

表 2-6　定转子设计中的参数

序号	参数	选择值	序号	参数	选择值
1	气隙长度/mm	0.3	5	B_{j2}/T	1
2	每线圈匝数	1	6	K_I	0.74
3	定子电流密度/(A/mm^2)	6	7	槽绝缘等级	B
4	转子导条电流密度/(A/mm^2)	4	8	轭部校正系数	0.25

注：K_I 是考虑定转子电流相位不同而引入的系数，I 表示电流。

潜油螺杆泵所用潜油电机的功率通常在 20～30kW，为了进一步验证本方案的可行性，利用结构参数，通过增加转子节数，增大定子长度，使额定功率达到 31.5kW。运算结果显示，效率达到 0.7314，功率因数为 0.6623，运行电流为 35.781A，达到设计要求。

表 2-7　6 极潜油电机最终设计方案

额定数据及主参数	额定功率/kW	31.5	定子参数	硅钢片型号	W470
	额定线电压/V	1050		槽型	梯形
	频率/Hz	50		槽数	18
	极对数	3		槽口形状	半闭口

续表

额定数据及主参数	定子内径/cm	6.9	定子参数	槽口宽/cm	0.25
	定子外径/cm	10.04		槽口高/cm	0.081
	气隙长度/cm	0.03		斜肩角/(°)	15
	转子内径/cm	4.3		槽宽/cm	0.921
	叠片系数	0.915		槽高/cm	0.859
	杂耗标幺值	0.025		槽绝缘厚度/cm	0.015
	齿部校正系数	2.5		槽楔厚度/cm	0.03
	轭部校正系数	2		槽底宽/cm	1.214
转子参数	槽型	圆形		中间隔磁宽度/cm	4.13
	槽数	16		绕组接法	星接
	槽口形状	闭口		绕组材料	铜
	槽口宽/cm	0		绕组形式	单层链式
	槽口高/cm	0.03		绕组电阻率	0.022
	键槽中心线夹角/(°)	5.583		平均节距/槽	3
	圆形槽半径/cm	0.33		并联支路数	1
	中间隔磁宽度/cm	4.13		槽内导体数	9
	导条材料	铜条		单边伸出长/cm	2
	端环厚/cm	1.02		绕线直径/cm	2.36
	端环内径/cm	4.84		绝缘绕线直径/cm	2.72
	端环外径/cm	6.84		并绕根数	1

2.3　分数槽集中绕组潜油电机设计

　　分数槽集中绕组一直用在永磁电机上，在改善电势波形和减小齿槽转矩上有着突出的贡献。由于分数槽集中绕组谐波含量很大，通常异步电机气隙较小，这就造成谐波漏抗占总漏抗的比例较大，对异步电机转矩的输出和转矩波动也会产生较大的影响，同时增大转子铜耗致使电机效率降低，因此分数槽集中绕组很少用在异步电机上。但是，分数槽绕组与整数槽绕组相比有其特有的优势，例如，加大了电机的短距效应和分布效应，对改善电机反电动势的波形有着显著的效果，尤其能够有效地削弱高次谐波特别是齿谐波。分数槽绕组具有降低齿槽转矩、减小转矩波动、提高电机性能和增加槽满率等优点，被广泛应用到小型同步电机中，特别是永磁无刷直流电机中。分数槽绕组以其节距小、端部短、节约用铜等优点著称,而其中节距 $y=1$ 的分数槽绕组更是特别值得关注的,这种节距 $y=1$ 的分数槽绕组称为分数槽集中绕组。本节针对潜油电机定子绕组采用分数槽集中绕组,以 12 槽 10 极电机为例进行介绍和分析,其他结构与传统潜油电机基本相同。电机的定子绕组排布如图 2-12 所示。

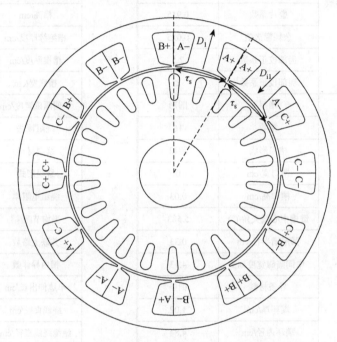

图 2-12　分数槽集中绕组潜油电机定子绕组排布

D_1 为定子铁心外径;D_{i1} 为定子铁心内径;＋和－表示线圈中电流的参考方向

2.3.1　分数槽集中绕组潜油电机电抗修正

在典型的分数槽集中绕组中,电机定子槽数 Z_1 与电机极对数 p 的关系为 $Z_1=2p\pm1$ 或 $Z_1=2p\pm2$。由关系式可知,此种电机的定子槽数与电机极数非常接近,因此很容易实现在不增加电机定子槽数和定子外径尺寸的情况下增加电机的极数,从而降低电机的同步转速,使得电机有望实现低速直驱运行,省去电机的减速传动装置,降低系统的成本,提高整个采油系统的效率。由于电机的槽数和极数很接近,并且电机的一个线圈绕在一个定子齿上,电机槽内绕组呈左右分布,这就导致电机传统的定子电抗参数计算公式不再适用于本章所设计的电机。电机的主要定子电抗参数的计算公式必须予以修正,而其他设计步骤与常规潜油电机相同。

以 12 槽 10 极双层分数槽绕组低速潜油电机为例，对电机的主要定子电抗参数进行推导和修正，该推导方法同样适用于其他槽极配合的分数槽集中绕组。

1. 主电抗的修正

为了计算励磁电抗，进行如下假设：①电枢槽部导体中电流集中在槽中心线上；②铁磁物质的磁导率 $\mu = \infty$；③槽开口的影响以气隙系数来计算；④气隙均匀，不计槽开口影响。

由于铁磁物质的磁导率 $\mu = \infty$，铁心的磁位降可以忽略不计。设电枢相电流有效值为 I，则双层整距绕组线圈的磁动势幅值为 $N_1\sqrt{2}I$（N_1 为每相每支路串联匝数），由于在磁通的路径上经过两次气隙，这些磁动势将转化成两个气隙的磁压降。由于以气隙系数来等效槽开口的影响，气隙各处的磁动势幅值应等于 $\left(N_1\sqrt{2}I\right)/2$。双层整距线圈所产生的周期性矩形磁动势波又可以分解为基波和一系列空间谐波，则基波幅值为矩形波幅值的 $4/\pi$，基波磁动势 F_{c1} 可以写成

$$F_{c1} = \frac{4}{\pi}\frac{N_1\sqrt{2}I}{2} = \frac{2N_1\sqrt{2}I}{\pi} \tag{2-39}$$

对于短距绕组每相基波磁动势又可以写成 $\dfrac{2N_1\sqrt{2}I}{\pi}K_{dp1}$。每相基波磁动势分布在定子每相槽数 $Z_{m1} = \dfrac{Z_1}{m}$ 个齿下，因此对应每相每齿距下的基波磁动势就可以写成

$$F_{t1} = \frac{2N_1 K_{dp1}\sqrt{2}I}{\pi}\frac{1}{Z_{m1}} \tag{2-40}$$

因此，多相电流产生的每齿距下电枢基波磁动势幅值为

$$F_{s1} = \frac{m}{2}\frac{2N_1 K_{dp1}\sqrt{2}I}{\pi}\frac{1}{Z_{m1}} \tag{2-41}$$

在上述条件下，当对称的三相电枢绕组中流过对称的三相电流后，定子电流所建立的气隙磁场的基波径向磁通密度幅值为

$$B_{\delta 1} = \mu_0 F_{s1}\frac{1}{\delta_{ef}} = \mu_0\frac{m}{2}\frac{2N_1 K_{dp1}\sqrt{2}I}{\pi}\frac{1}{Z_{m1}}\frac{1}{\delta_{ef}} \tag{2-42}$$

式中，δ_{ef} 为有效气隙长度。

每相电流所产生磁通的区域面积为 $\tau_s l_{ef}Z_{m1}$，因此每相磁通平均值为

$$\Phi_1 = \frac{2}{\pi}\tau_s l_{ef}Z_{m1}B_{\delta 1} \tag{2-43}$$

式中，τ_s 为定子齿距。

$$\tau_s = \frac{\pi D_{i1}}{Z_1} \tag{2-44}$$

则每相磁链为

$$\Psi_1 = \frac{2}{\pi}\tau_s l_{ef} Z_{m1} B_{\delta1} N_1 K_{dp1} \tag{2-45}$$

但是由于分数槽集中绕组电机的励磁磁场与整数槽电机的完全不同，每个齿上的电感线圈中的电流所产生磁场的位置有三个不同的组成部分：气隙、槽和绕组端部。其中，气隙的磁通 Φ 通过每个齿距所产生磁链与转子极距 τ 无关。因此，每齿距基波磁链幅值为

$$\Psi_s = \frac{2}{\pi}\tau_s l_{ef} B_{\delta1} N_1 K_{dp1} \tag{2-46}$$

将式（2-42）代入式（2-46）得

$$\Psi_s = \frac{2\mu_0 m}{\pi} \frac{\tau_s l_{ef}(N_1 K_{dp1})^2 \sqrt{2}I}{Z_{m1}\pi\delta_{ef}} \tag{2-47}$$

综上所述，可知每相绕组的主电抗（单位为 Ω）为

$$X_m = \frac{2\pi f \Psi_s}{\sqrt{2}I} = 2\pi f \frac{2\mu_0 m}{\pi} \frac{\tau_s l_{ef}(N_1 K_{dp1})^2}{Z_{m1}\pi\delta_{ef}} \tag{2-48}$$

在 f 和 m 确定的前提下，潜油电机的主电抗主要与绕组每相每支路串联匝数 N_1、基波绕组系数 K_{dp1}、电枢的轴向有效长度 l_{ef} 和 τ_s/δ_{ef} 有关。

式（2-48）也可以写成

$$X_m = 4\pi f \mu_0 \frac{N_1^2}{Z_{m1}} l_{ef} \lambda_m \tag{2-49}$$

式中，λ_m 为主磁路的比漏磁导。

$$\lambda_m = \frac{m}{\pi^2} K_{dp1}^2 \frac{\tau_s}{\delta_{ef}} \tag{2-50}$$

2. 定子槽漏抗的修正

分数槽集中绕组所建立的主磁场与传统的整数槽绕组电机有所不同。以电流所流经的路径来看，电流产生磁场的位置分别在气隙、定转子槽和电机绕组的端部，电机的绕组电流就会在这几个位置产生漏磁场。因此，新型绕组低速潜油电机绕组漏抗的计算归结为这几部分漏抗的计算，它们分别是槽漏抗、谐波漏抗和端部漏抗，最后将这几部分漏抗相加得出总漏抗。

1）双层整距绕组槽漏抗的计算

图 2-13（a）为一梯形开口槽，槽内左右两侧放置着两个线圈。设槽中总导体数为 N_s，左右两个线圈边各由 $N_s/2$ 个导体串联组成。槽漏感由左侧和右侧两个线圈的自感 L_a、L_b 以及它们的互感 $M_{ab}(=M_{ba})$ 组成，假设左右两侧的线圈边导体中通入有效值为 I 的正弦交变电流。槽部漏磁通需分成两部分计算，即通过 h_{s0} 和 h_{s1} 高

度上的漏磁通和通过 h_{s2} 高度上的漏磁通。第一部分漏磁通和槽内所有导体匝链，第二部分漏磁通随着槽的径向高度不同匝链的导体数不同。计算时做出如下假定：①电流均匀分布于导体截面上；②不计铁心饱和；③槽内磁力线与槽底平行。

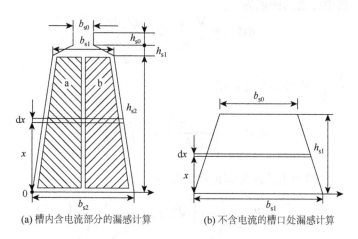

(a) 槽内含电流部分的漏感计算　　　　　(b) 不含电流的槽口处漏感计算

图 2-13　电机槽型示意图

（1）左侧线圈的自感 L_a 的计算。

在高度 h_{s0} 范围内由槽中全部电流产生的漏磁链的幅值为

$$\Psi_{as0} = \frac{N_s}{2} \frac{N_s}{2} \sqrt{2}I \frac{\mu_0 h_{s0} l_{ef}}{b_{s0}} = \left(\frac{N_s}{2}\right)^2 \sqrt{2}I \mu_0 l_{ef} \frac{h_{s0}}{b_{s0}} \tag{2-51}$$

在高度 h_{s1} 范围内同样由槽中全部电流产生漏磁链。如图 2-13（b）所示，从距离线圈底边 b_{s1} 高度为 x 的一根高度为 dx 的磁力管来看，其中的磁通幅值为

$$d\Phi_{asx1} = \frac{N_s}{2} \sqrt{2}I \frac{\mu_0 l_{ef} dx}{b_{s1} - \dfrac{(b_{s1} - b_{s0})x}{h_{s1}}} \tag{2-52}$$

这些磁通与所有导体匝链，则磁链的幅值为

$$d\Psi_{asx1} = \frac{N_s}{2} d\Phi_{asx1} = \left(\frac{N_s}{2}\right)^2 \sqrt{2}I \mu_0 l_{ef} \frac{dx}{b_{s1} - \dfrac{(b_{s1} - b_{s0})x}{h_{s1}}} \tag{2-53}$$

高度 h_{s1} 范围内由槽中电流产生漏磁链的幅值为

$$\Psi_{as1} = \int_0^{h_{s1}} d\Psi_{asx1} = \left(\frac{N_s}{2}\right)^2 \sqrt{2}I \mu_0 l_{ef} \int_0^{h_{s1}} \frac{1}{b_{s1} - \dfrac{(b_{s1} - b_{s0})x}{h_{s1}}} dx$$

$$\tag{2-54}$$

$$= \left(\frac{N_s}{2}\right)^2 \sqrt{2}I \mu_0 l_{ef} \frac{h_{s1}}{b_{s1} - b_{s0}} \ln \frac{b_{s1}}{b_{s0}}$$

在 h_{s2} 高度上，利用面积等效将梯形等效成同等高度的矩形，则矩形的宽为 $\dfrac{b_{s1}+b_{s2}}{2}$。如图 2-13（a）所示，先从距离线圈底部高度为 x 的一根高度为 $\mathrm{d}x$ 的磁力管来看，其中匝链的磁通为

$$\mathrm{d}\varPhi_{\mathrm{as}x2} = \frac{N_s}{2}\frac{x}{h_{s2}}\sqrt{2}I\frac{\mu_0 l_{\mathrm{ef}}\mathrm{d}x}{\dfrac{b_{s1}+b_{s2}}{2}} \tag{2-55}$$

这些磁通与 $\dfrac{N_s}{2}\dfrac{x}{h_{s2}}$ 匝导体交链，则

$$\mathrm{d}\varPsi_{\mathrm{as}x2} = \left(\frac{N_s}{2}\frac{x}{h_{s2}}\right)^2\sqrt{2}I\frac{\mu_0 l_{\mathrm{ef}}\mathrm{d}x}{\dfrac{b_{s1}+b_{s2}}{2}} \tag{2-56}$$

高度 h_{s2} 范围内由槽中电流产生漏磁链的幅值为

$$\varPsi_{\mathrm{as}2} = \int_0^{h_{s2}}\mathrm{d}\varPsi_{\mathrm{as}x2} = \left(\frac{N_s}{2}\right)^2\sqrt{2}I\mu_0 l_{\mathrm{ef}}\frac{1}{\dfrac{b_{s1}+b_{s2}}{2}}\frac{1}{h_{s2}^2}\int_0^{h_{s2}}x^2\mathrm{d}x$$

$$= \left(\frac{N_s}{2}\right)^2\sqrt{2}I\mu_0 l_{\mathrm{ef}}\frac{2h_{s2}}{3(b_{s1}+b_{s2})} \tag{2-57}$$

槽漏磁链总和为

$$\varPsi_{\mathrm{as}} = \varPsi_{\mathrm{as}0}+\varPsi_{\mathrm{as}1}+\varPsi_{\mathrm{as}2}$$

$$= \left(\frac{N_s}{2}\right)^2\sqrt{2}I\mu_0 l_{\mathrm{ef}}\left(\frac{h_{s0}}{b_{s0}}+\frac{h_{s1}}{b_{s1}-b_{s0}}\ln\frac{b_{s1}}{b_{s0}}+\frac{2h_{s2}}{3(b_{s1}+b_{s2})}\right) \tag{2-58}$$

左侧线圈的自感 L_a 为

$$L_a = \frac{\varPsi_{\mathrm{as}}}{\sqrt{2}I} = \left(\frac{N_s}{2}\right)^2\mu_0 l_{\mathrm{ef}}\lambda_a \tag{2-59}$$

$$\lambda_a = \frac{h_{s0}}{b_{s0}}+\frac{h_{s1}}{b_{s1}-b_{s0}}\ln\frac{b_{s1}}{b_{s0}}+\frac{2h_{s2}}{3(b_{s1}+b_{s2})} \tag{2-60}$$

式中，λ_a 为相应于左侧线圈自感的比漏磁导。

（2）右侧线圈边的自感 L_b 的计算。

由于左右两侧排列相同，右侧线圈边自感与左侧相同，即

$$L_b = \frac{\varPsi_{\mathrm{bs}}}{\sqrt{2}I} = \left(\frac{N_s}{2}\right)^2\mu_0 l_{\mathrm{ef}}\lambda_b \tag{2-61}$$

$$\lambda_b = \frac{h_{s0}}{b_{s0}}+\frac{h_{s1}}{b_{s1}-b_{s0}}\ln\frac{b_{s1}}{b_{s0}}+\frac{2h_{s2}}{3(b_{s1}+b_{s2})} \tag{2-62}$$

式中，λ_b 为相应于右侧线圈自感的比漏磁导。

（3）左右侧线圈的互感 $M_{ab}(=M_{ba})$ 的计算。

同理，左右侧线圈的互感为

$$M_{ab} = \left(\frac{N_s}{2}\right)^2 \mu_0 l_{ef} \lambda_{ab} \qquad (2\text{-}63)$$

式中，λ_{ab} 为相应于左右侧线圈互感的比漏磁导。

对于 λ_{ab}，其推导过程如下：在离开左侧线圈底部 x 处，由左侧线圈中的所有电流 I 在右侧 dx 高度内匝链的磁通为

$$d\Phi_{abx2} = \frac{N_s}{2}\sqrt{2}I \frac{\mu_0 l_{ef} dx}{\left(\dfrac{b_{s1}+b_{s2}}{2}\right)} \qquad (2\text{-}64)$$

这些磁通所匝链过的右侧线圈边的导体数为 $\dfrac{N_s}{2}\dfrac{x}{h_{s2}}$，则在 h_{s2} 范围内磁通对右侧线圈边的磁链为

$$\Psi_{abs2} = \int_0^{h_{s2}} d\Psi_{abx2} = \left(\frac{N_s}{2}\right)^2 \sqrt{2}I\mu_0 l_{ef} \frac{1}{\left(\dfrac{b_{s1}+b_{s2}}{2}\right)h_{s2}} \int_0^{h_{s2}} xdx$$

$$= \left(\frac{N_s}{2}\right)^2 \sqrt{2}I\mu_0 l_{ef} \frac{h_{s2}}{b_{s1}+b_{s2}} \qquad (2\text{-}65)$$

右侧线圈所匝链的磁链是左侧线圈中的所有电流 I 在 h_{s0} 和 h_{s1} 范围内产生的，因此匝链的磁链分别为

$$\Psi_{abs0} = \left(\frac{N_s}{2}\right)^2 \sqrt{2}I\mu_0 l_{ef} \frac{h_{s0}}{b_{s0}} \qquad (2\text{-}66)$$

$$\Psi_{abs1} = \left(\frac{N_s}{2}\right)^2 \sqrt{2}I\mu_0 l_{ef} \frac{h_{s1}}{b_{s1}-b_{s0}} \ln\frac{b_{s1}}{b_{s0}} \qquad (2\text{-}67)$$

因此，总的互感磁链为

$$\Psi_{abs} = \Psi_{abs0} + \Psi_{abs1} + \Psi_{abs2}$$

$$= \left(\frac{N_s}{2}\right)^2 \sqrt{2}I\mu_0 l_{ef} \left(\frac{h_{s0}}{b_{s0}} + \frac{h_{s1}}{b_{s1}-b_{s0}} \ln\frac{b_{s1}}{b_{s0}} + \frac{h_{s2}}{b_{s1}+b_{s2}}\right) \qquad (2\text{-}68)$$

由此得出相应于左右侧线圈互感的比漏磁导为

$$\lambda_{ab} = \frac{h_{s0}}{b_{s0}} + \frac{h_{s1}}{b_{s1}-b_{s0}} \ln\frac{b_{s1}}{b_{s0}} + \frac{h_{s2}}{b_{s1}+b_{s2}} \qquad (2\text{-}69)$$

2）双层短距绕组槽漏抗的计算

新型绕组低速潜油电机的定子采用了左右排布的双层短距绕组，表 2-8 为 12 槽 10 极潜油电机绕组左右排布表。

表 2-8 电机绕组左右排布表

槽号	绕组排布	槽号	绕组排布
1	A+	7	A−
1	A+	7	A−
2	A−	8	A+
2	B+	8	B−
3	B−	9	B+
3	B−	9	B+
4	B+	10	B−
4	C−	10	C+
5	C+	11	C−
5	C+	11	C−
6	C−	12	C+
6	A+	12	A−

由于电机的磁场是对称的，分析一半电机中的 A 相绕组即可，电机的绕组排布图如图 2-12 所示。

在电机半个圆周范围内，即 12、1、2、3、4、5 这六个槽内，以 A 相绕组为例，可得其磁链为

$$\dot{\Psi} = \left(\frac{N_{\mathrm{s}}}{2}\right)^2 \sqrt{2} I \mu_0 l_{\mathrm{ef}} \begin{bmatrix} (\dot{I}_{A+}\lambda_{\mathrm{a}} + \dot{I}_{A+}\lambda_{\mathrm{ab}}) + (\dot{I}_{A+}\lambda_{\mathrm{b}} + \dot{I}_{A+}\lambda_{\mathrm{ab}}) \\ + (\dot{I}_{A-}\lambda_{\mathrm{a}} + \dot{I}_{B+}\lambda_{\mathrm{ab}}) + (\dot{I}_{A-}\lambda_{\mathrm{b}} + \dot{I}_{C+}\lambda_{\mathrm{ab}}) \end{bmatrix} \quad (2\text{-}70)$$

式中，$\dot{I}_{A+}$、$\dot{I}_{A-}$ 为 A 相线圈中的电流；$\dot{I}_{B+}$ 为与 A 相线圈同在一个槽里的 B 相线圈正向电流；$\dot{I}_{C+}$ 为与 A 相线圈同在一个槽里的 C 相线圈正向电流。三相电流之间的关系如图 2-14 所示。

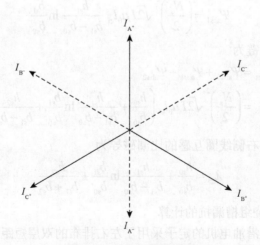

图 2-14 槽电动势星形图

由于 $\dot{I}_{\mathrm{A}} = \dot{I}_{\mathrm{A^+}} = \dot{I}_{\mathrm{B^+}} + \dot{I}_{\mathrm{C^+}}$，考虑到 $\lambda_{\mathrm{a}} = \lambda_{\mathrm{b}}$，即

$$\dot{\Psi} = \left(\frac{N_{\mathrm{s}}}{2}\right)^2 \sqrt{2}\dot{I}_{\mathrm{A}}\mu_0 l_{\mathrm{ef}}\dot{I}_{\mathrm{A}}3\lambda_{\mathrm{ab}} \tag{2-71}$$

若在整个电机范围内所有绕组线圈相互串联，则 A 相绕组的槽漏磁电感为 $L_{\mathrm{s}} = \dfrac{2\dot{\Psi}}{\sqrt{2}\dot{I}}$。如果绕组有 a 条并联支路，则每条支路的槽漏磁电感等于 $\dfrac{1}{a}\dfrac{2\dot{\Psi}}{\sqrt{2}\dot{I}}$，除以 a，即得到绕组每相槽漏磁电感为 $\dfrac{1}{a^2}\dfrac{2\dot{\Psi}}{\sqrt{2}\dot{I}}$，同时考虑到 $\dfrac{N_{\mathrm{s}}}{2} = \dfrac{aN_1}{Z_{m1}}$，得出

$$L_{\mathrm{s}} = 2\frac{N_1^2}{Z_{m1}^2}\mu_0 l_{\mathrm{ef}}3\lambda_{\mathrm{ab}} \tag{2-72}$$

每相槽漏抗为

$$X_{\mathrm{s}} = 2\pi f L_{\mathrm{s}} = 4\pi f \mu_0 \frac{N_1^2}{Z_{m1}} l_{\mathrm{ef}}\lambda_{\mathrm{s}} \tag{2-73}$$

由此集中分数槽绕组的槽比漏磁导 λ_{s} 为

$$\lambda_{\mathrm{s}} = K_{\mathrm{U1}}\lambda_{\mathrm{U1}} + K_{\mathrm{L1}}\lambda_{\mathrm{L1}} = \frac{3\lambda_{\mathrm{ab}}}{Z_{m1}}$$
$$= \frac{3}{Z_{m1}}\left(\frac{h_{\mathrm{s0}}}{b_{\mathrm{s0}}} + \frac{h_{\mathrm{s1}}}{b_{\mathrm{s1}} - b_{\mathrm{s0}}}\ln\frac{b_{\mathrm{s1}}}{b_{\mathrm{s0}}}\right) + \frac{3}{Z_{m1}}\frac{h_{\mathrm{s2}}}{b_{\mathrm{s1}} + b_{\mathrm{s2}}} \tag{2-74}$$

式中，λ_{U1} 为定子槽口比漏磁导，$\lambda_{\mathrm{U1}} = \dfrac{h_{\mathrm{s0}}}{b_{\mathrm{s0}}} + \dfrac{h_{\mathrm{s1}}}{b_{\mathrm{s1}} - b_{\mathrm{s0}}}\ln\dfrac{b_{\mathrm{s1}}}{b_{\mathrm{s0}}}$；$\lambda_{\mathrm{L1}}$ 为安放导体的槽下部的比漏磁导，$\lambda_{\mathrm{L1}} = \dfrac{h_{\mathrm{s2}}}{b_{\mathrm{s1}} + b_{\mathrm{s2}}}$；$K_{\mathrm{U1}}$ 为由于短距对槽口比漏磁导引入的节距漏抗系数，$K_{\mathrm{U1}} = \dfrac{3}{Z_{m1}}$；$K_{\mathrm{L1}}$ 为由于短距对槽下部比漏磁导引入的节距漏抗系数，$K_{\mathrm{L1}} = \dfrac{3}{Z_{m1}}$。

3. 定子谐波漏电抗的修正

与整数槽电机相比，分数槽电机的磁动势谐波含量很大。对于各个次数的谐波磁场，其极对数为

$$p_{\nu} = \nu p \tag{2-75}$$

式中，ν 为谐波次数。

相对于基波磁动势的转速 n_1，ν 次谐波的转速为

$$n_\nu = \frac{n_1}{\nu} \tag{2-76}$$

因此，各个次数的谐波磁场在定子的绕组中感应出的电动势的频率大小为 $f_\nu = p_\nu n_\nu = p n_1 = f_1$，即等于基波频率。因此，这些谐波就反映在定子回路的电势平衡方程中。由此可见，谐波磁场相当于电枢电流产生的气隙总磁场与基波磁场之差，因此也常将这些谐波磁场对应所产生的电抗称为差别漏抗。

计算谐波漏抗时需提出与计算主电抗相同的假设，并且忽略各次谐波磁场在对方绕组中感生的电流对它本身的削弱作用。

谐波漏抗的推导与主电抗的推导类似。谐波磁场的磁通密度幅值 B_ν、磁势幅值 F_ν、每齿距磁通 Φ_ν 分别为

$$B_\nu = \mu_0 F_\nu \frac{1}{K_\delta \delta} = \mu_0 F_\nu \frac{1}{\delta_{\mathrm{ef}}} \tag{2-77}$$

$$F_\nu = \frac{m}{2} \frac{2N_1 K_{\mathrm{dp}\nu} \sqrt{2} I}{Z_{m1} \pi} \frac{1}{\nu} \tag{2-78}$$

$$\Phi_\nu = \frac{2}{\pi} l_{\mathrm{ef}} \frac{\tau_{\mathrm{s}}}{\nu} B_\nu \tag{2-79}$$

式中，K_δ 为气隙系数，是最大气隙磁通密度与气隙磁通密度的比值，即 $B_{\delta\max} / B_\delta$；$I$ 为电枢绕组电流有效值；$K_{\mathrm{dp}\nu}$ 为 ν 次谐波的绕组系数。

绕组所匝链谐波磁场产生的磁链为

$$\Psi_\nu = \Phi_\nu N_1 K_{\mathrm{dp}\nu} \tag{2-80}$$

将式（2-77）～式（2-79）代入式（2-80），得

$$\Psi_\nu = 2\mu_0 l_{\mathrm{ef}} \frac{N_1^2}{Z_{m1}} \left(\frac{K_{\mathrm{dp}\nu}}{\nu} \right)^2 \frac{\tau_{\mathrm{s}}}{\delta_{\mathrm{ef}}} \frac{m}{\pi^2} \sqrt{2} I \tag{2-81}$$

相应于 ν 次谐波的谐波漏抗，即

$$X_\nu = \frac{2\pi f \Psi_\nu}{\sqrt{2} I} = 4\pi f \mu_0 l_{\mathrm{ef}} \frac{N_1^2}{Z_{m1}} \left(\frac{K_{\mathrm{dp}\nu}}{\nu} \right)^2 \frac{\tau_{\mathrm{s}}}{\delta_{\mathrm{ef}}} \frac{m}{\pi^2} \tag{2-82}$$

相应于所有各次谐波磁场的总的谐波漏抗为

$$X_\delta = 4\pi f \mu_0 l_{\mathrm{ef}} \frac{N^2}{Z_{m1}} \frac{\tau_{\mathrm{s}}}{\delta_{\mathrm{ef}}} \frac{m}{\pi^2} \sum_{\nu \neq 1} \left(\frac{K_{\mathrm{dp}\nu}}{\nu} \right)^2 = 4\pi f \mu_0 l_{\mathrm{ef}} \frac{N^2}{Z_{m1}} \lambda_\delta \tag{2-83}$$

式中，λ_δ 为谐波比漏磁导。

$$\lambda_\delta = \frac{\tau_s}{\delta_{ef}} \frac{m}{\pi^2} \sum_{\nu \neq 1} \left(\frac{K_{dp\nu}}{\nu} \right)^2 \tag{2-84}$$

分数槽集中绕组的每极每相槽数 $q = \dfrac{c}{d} = \dfrac{N_1}{d}$。本章中所研究的电机的定子槽数为 12 槽，电机极数为 10 极，因此 $q = \dfrac{12}{3 \times 10} = \dfrac{2}{5}$，即每极每相槽数的分母为奇数。因此，以下仅讨论 d 为奇数的情况。

当将单元电机周长作为基波周长时，$\nu' = \dfrac{p}{d} n'$，当 d 为奇数时，

$$X_\delta = 4\pi f \mu_0 l_{ef} \frac{N^2}{Z_{m1}} \frac{\tau_s}{\delta_{ef}} \frac{m}{\pi^2} A \tag{2-85}$$

式中，A 为系数，$A = d^2 \sum_{n' \neq d} \left(\dfrac{K_{dpn'}}{n'} \right)^2$，其中 n' 为系数，$n' = 1, 5, 7, \cdots$。

$$X_\delta = 4\pi f \mu_0 l_{ef} \frac{N_1^2}{Z_{m1}} \frac{\tau_s}{\delta_{ef}} \frac{m}{\pi^2} d^2 \sum_{n' \neq d} \left(\frac{K_{dpn'}}{n'} \right)^2 = 4\pi f \mu_0 l_{ef} \frac{N^2}{Z_{m1}} \lambda_\delta \tag{2-86}$$

式中，λ_δ 为分数槽集中绕组的谐波比漏磁导，$\lambda_\delta = \dfrac{\tau_s}{\delta_{ef}} \dfrac{m}{\pi^2} d^2 \sum_{n' \neq d} \left(\dfrac{K_{dpn'}}{n'} \right)^2$。

4. 定子端部漏电抗的修正

电机端部绕组位于铁心端部的外侧，与槽内绕组相比其周围环境大多是空气，与铁心距离甚远而与端盖距离较近，导致流经电机绕组端部的电流所产生的磁通只有极少部分能够流经铁心，其余大部分都通过空气和端盖闭合，这就产生了端部漏磁通，端部漏磁通与电机绕组端部匝链形成了端部漏抗。对于采用不同绕组形式的电机，其端部形状不同，导致电机端部漏抗不能像其他电抗那样有统一的计算公式，电机采用的是 12 槽 10 极双层分数槽集中绕组，电机端部绕组排布形状如图 2-15 所示。

由图 2-15 可以看出，电机端部绕组排布呈半圆形，每个线圈绕在一个定子齿上。为了便于计算，令：①槽中线圈电流用集中在线圈中心线处的集中电流所代替；②忽略铁磁物质的磁阻；③空气相对磁导率 $\mu_r = 1$。

已知电机绕组每相每支路串联匝数为 N_1，电机额定频率为 f，空气磁导率为 μ_r，电机铁心有效长度为 l_{ef}，则电机端部漏抗的表达式为

$$X_E = 4\pi f \mu_0 \frac{N_1^2}{p} l_{ef} \lambda_E \tag{2-87}$$

图 2-15　电机端部绕组排布形状

式中，λ_E 为端部比漏磁导，$\lambda_E = 2h_b\lambda_e + b_b\lambda_w$，其中 h_b 为低速潜油电机绕组端部的高度，b_b 为低速潜油电机绕组端部的宽度。

本章电机绕组端部宽度 b_b 与绕组的齿距 τ_s 接近，而系数 λ_e 和 λ_w 的大小与很多外界条件有关。例如，电机端部绕组的几何结构是单层绕组还是双层绕组，转子绕组是绕线还是鼠笼绕组，与这些都有关系。对于分数槽集中绕组，端部呈半圆形分布时取 $\lambda_e = 0.518\mathrm{m}^{-1}$ 和 $\lambda_w = 0.138\mathrm{m}^{-1}$ [40]。

2.3.2　分数槽集中绕组潜油电机性能分析

通过电磁计算程序得出的电机主要尺寸参数如表 2-9 所示。

表 2-9　所设计的潜油电机额定数据和主要尺寸参数

主要参数	参数值	主要参数	参数值	主要参数	参数值
额定功率/kW	1.1	气隙长度/mm	0.3	并联支路数	1
额定电压/V	245	定/转子槽数	12/20	槽楔厚度/mm	2
频率/Hz	50	定子外径/mm	175	槽绝缘厚度/mm	0.15
极对数	5	定子内径/mm	120	硅钢片型号	W470
铁心长度/mm	135	转子内径/mm	38	叠片系数	0.95

电机的定子槽型采用改进的梯形槽，即槽底不是半圆而是与电机内外径同心的圆弧，具体槽型及槽型尺寸如图 2-16 和表 2-10、表 2-11 所示。

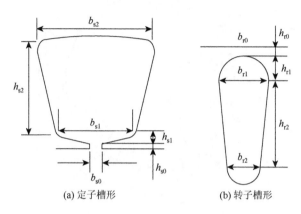

(a) 定子槽形　　　　　　(b) 转子槽形

图 2-16　定子、转子槽型尺寸

表 2-10　定子槽型尺寸　　　　　　（单位：mm）

参数	参数值	参数	参数值
槽口宽 b_{s0}	2.5	槽口高 h_{s0}	0.8
槽肩宽 b_{s1}	15.7	槽肩高 h_{s1}	1.34
槽底宽 b_{s2}	24.5	槽底高 h_{s2}	16.42
圆角	2	—	—

表 2-11　转子槽型尺寸　　　　　　（单位：mm）

参数	参数值	参数	参数值
槽口宽 b_{r0}	0	槽口高 h_{r0}	0.5
槽肩宽 b_{r1}	6	槽肩高 h_{r1}	3
槽底宽 b_{r2}	4	槽底高 h_{r2}	10

所设计的分数槽集中绕组潜油电机效率达到 0.7244，功率因数为 0.4049，额定功率转速为 559.45r/min。对其进行二维瞬态场仿真。图 2-17 为电机空载运行稳定后 0.4s 时的磁力线分布图，可以看出电机产生了均匀的 10 极旋转磁场。磁力线的走向是依次通过定子齿、气隙、转子齿、转子轭、气隙、定子齿、定子轭形成闭合回路的，即磁力线是通过每个齿距闭合的，这符合分数槽集中绕组的特点，同时证明了采用分数槽集中绕组的异步潜油电机是可行的。

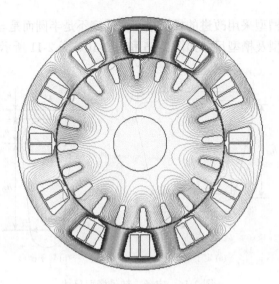

图 2-17　电机空载磁力线分布图

电机空载转速曲线和转矩曲线如图 2-18 和图 2-19 所示。从转速曲线可以看出，当电机运行在 200ms 时，转速趋于稳定。由于空载运行，在稳定运行时电机转速与同步转速非常接近。从转速曲线中可以看出，电机启动前 50ms 内，电机转速一直在 0r/min 附近波动，在 50～100ms 这段时间，转速虽然在上升，但是上升缓慢，且有较明显的波动。从转矩曲线中也能看到同样的情况，转矩在前 200ms 波动剧烈，200ms 以后逐渐趋于稳定，300ms 以后转矩稳定且波动小。

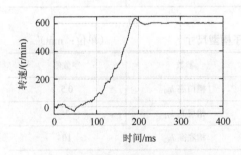

图 2-18　电机空载转速曲线

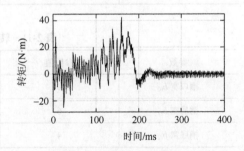

图 2-19　电机空载转矩曲线

机械特性是衡量电机带负载能力的重要指标，从机械特性上可知电机的启动转矩、最大转矩以及过载能力等力能指标。因此，求出该新型绕组低速潜油电机的机械特性尤为重要。根据机械特性的定义，给电机定子施加额定电压，测定不同转速下的电磁转矩。将转速与转矩的对应关系绘制成曲线，即本电机的机械特性曲线，如图 2-20 所示。

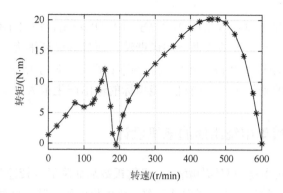

图 2-20   电机的机械特性曲线

从图 2-20 的机械特性曲线中分析可得，该电机的启动转矩非常小，只有 1.33N·m。电机转速在 160～200r/min 时转矩出现急速下降，电机存在异步寄生转矩，使得该电机在高转差率范围内转矩产生了急剧的下降，使整条曲线上出现转矩最小点，该电机的转矩最小点已经低于零点，其值为-0.2464N·m。从图中还可以看出，电机的最大转矩较大，达到 20N·m。该电机在转速为 300r/min 以上时机械特性很好，但是在此之前的机械特性很不稳定，很明显该电机存在的复杂谐波使得电机的机械特性不能满足输出要求。该电机存在不足，需要改进。

电机的磁势、转矩、附加损耗、振动和噪声等性能都与气隙中谐波磁场的分布有着密切的联系。图 2-21 为电机空载稳定运行时的气隙处磁场磁通密度分布情况以及进行傅里叶分解得到的各次谐波频谱分析图。其中，数值较大带尖顶的曲线为气隙磁通密度，其余为气隙磁通密度经傅里叶分解得到的各次谐波。对图 2-21 中的气隙磁通密度谐波分解的波形图和柱状图进行分析，发现：①沿电机气隙圆周形成了 10 极旋转磁场，验证了分数槽集中绕组应用在异步电机上的可行性；②在图 2-21（a）中可以看出气隙磁场接近矩形波，并且波形毛刺较

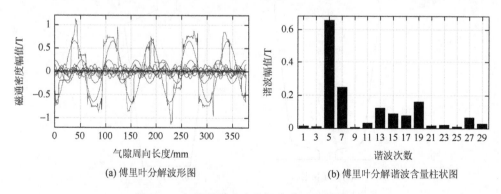

(a) 傅里叶分解波形图　　　　　　　　　　(b) 傅里叶分解谐波含量柱状图

图 2-21   气隙磁通密度空间分布以及频谱分析

多，电机谐波含量丰富；③从图 2-21（b）中可以看出，电机不仅含有高次谐波，还含有谐波次数低于主波的次谐波和齿谐波，而且含量还很大，其中 5、7、13、19 次谐波幅值都超过了 0.1T，这些谐波的存在严重影响了电机输出转矩的质量，使得电机的转矩波动很大，对电机力能指标的输出产生很大影响。

2.3.3 双分数槽集中绕组潜油电机设计

使用分数槽集中绕组来增加潜油电机的极数从而降低其转速是可行的，但是通过对电机机械特性和气隙磁场的分析可知，该电机的机械特性曲线上存在异步寄生转矩，使电机的机械特性不能满足输出要求；加之，电机的气隙磁场含有大量丰富的谐波，这些谐波不仅影响电机的附加损耗、振动和噪声等方面，而且对电机的磁势和转矩产生了很大的影响，同时对电机其他性能参数也有着很大的影响。为克服上述不利影响，对电机定子绕组结构进行改进，设计双分数槽绕组潜油电机。

本节重点介绍改进的新型双分数槽绕组低速潜油电机的绕组构成，以及通过对绕组磁势进行傅里叶分解来分析该绕组在削弱谐波上的优势。

1. 双分数槽绕组的构成原理

分数槽绕组具有在不增加电机定子槽数和定子外径尺寸的情况下能有效增加电机的极数、降低电机同步转速的优点，因此本节电机的定子绕组仍然采用该绕组。

图 2-22 和图 2-23 为双分数槽绕组潜油电机的定转子槽型及电机的结构示意图。改进的双分数槽绕组潜油电机主要由定子、转子、转轴等几部分组成。定子由定子铁心和定子绕组组成；转子由转子铁心和转子导条组成；定转子铁心的硅钢片型号为 W470；定子绕组为圆铜线，转子导条为铜条；由于采用了双分数槽集中绕组，将电机的定子槽数增加到 24 槽，鉴于槽配合的选取原则，本章设计电机的转子为 22 槽。

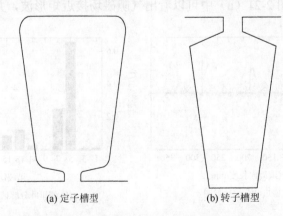

(a) 定子槽型   (b) 转子槽型

图 2-22 双分数槽绕组潜油电机定转子槽型

改进的新型双分数槽绕组潜油电机的主要特征体现在定子绕组结构上，其他结构与传统潜油电机基本相同。

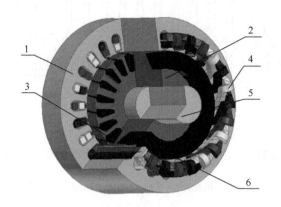

图 2-23　双分数槽绕组潜油电机的主要结构

1-定子铁心；2-转子铁心；3-转子导条；4-定子绕组；5-转轴；6-转子端环

在本节中改进的新型双分数槽绕组潜油电机的定子绕组组成原则为以下几点：①定子仍然采用分数槽集中绕组；②由两套完全一样的分数槽集中绕组组成；③两套绕组的连接方式为串联；④定子槽数由原来的 12 槽改成 24 槽，仍采用双层绕组，转子槽数为 22 槽；⑤两套绕组在空间错开特定的角度，即两套绕组的 A 相绕组在空间相距 5 个定子槽；⑥此双分数槽绕组的节距与传统分数槽集中绕组的节距不同，传统绕组节距为 1，而此绕组节距为 2，即一个线圈镶嵌在 2 个相隔的定子槽中，节距接近于极距。

图 2-24 为改进的双分数槽集中绕组潜油电机三相绕组构成图，图 2-25 为改进的双分数槽集中绕组潜油电机三相绕组排布图。

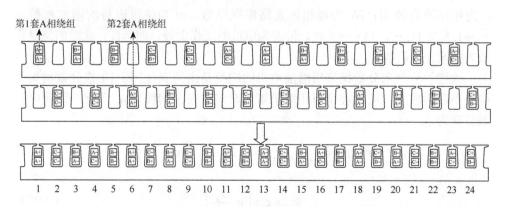

图 2-24　改进的双分数槽集中绕组潜油电机三相绕组构成图

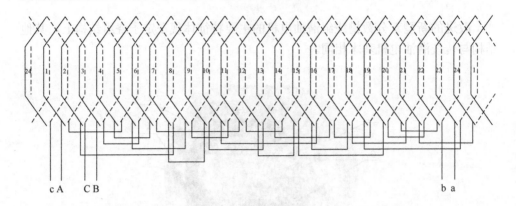

图 2-25　改进的双分数槽集中绕组潜油电机三相绕组排布图

大写字母表示流入纸面，小写字母表示流出纸面

2. 绕组的磁势分析

分数槽集中绕组一般用在永磁同步电机上，尤其是无刷直流电机。传统的 12 槽 10 极分数槽集中绕组的磁势表达式[41]为

$$F(x,t) = \sum_{\nu} \frac{3}{2} F_{\nu m} \cos\left(\omega t - \nu \frac{\pi}{\tau} x\right) \tag{2-88}$$

$$F_{\nu m} = \frac{2\sqrt{2} I N_1}{\pi \nu} K_{\mathrm{dp}\nu} \tag{2-89}$$

$$K_{\mathrm{dp}\nu} = \cos\left(\nu \frac{5}{6}\frac{\pi}{2}\right) \cdot \sin\left(\nu \frac{1}{6}\frac{\pi}{2}\right) \tag{2-90}$$

式中，$K_{\mathrm{dp}\nu}$ 为 ν 次谐波的绕组系数；$F_{\nu m}$ 为 ν 次空间谐波磁势幅值；ω 为角频率；I 为相电流有效值；N_1 为每相每支路串联匝数；ν 为绕组磁势的谐波次数，$\nu = 1, 5, 7, 11, \cdots$，当 $\nu = 5$ 时，谐波为电机的工作谐波，即基波，此时的绕组系数为基波绕组系数。

改进的新型双分数槽绕组潜油电机的绕组是由两套 12 槽 10 极分数槽集中绕组串联而成的，第 2 套绕组相对于第 1 套绕组在空间转过 α_w 角度，因此电机磁势变为

$$F(x,t) = \sum_{\nu} \frac{3}{2} k_{z\nu} F_{\nu m} \cos\left[\omega t - \nu\left(\frac{\pi}{\tau} x - \frac{\alpha_\mathrm{w}}{2}\right)\right] \tag{2-91}$$

$$k_{z\nu} = \cos\left(\nu \cdot \frac{\alpha_\mathrm{w}}{2}\right) \tag{2-92}$$

式中，k_{zv} 为两套绕组间的分布系数；$\alpha_w = k_Q \alpha_\tau$，其中 $k_Q = 1, 2, 3, \cdots, Z_1$，$Z_1$ 为定子槽数，α_τ 为电机的槽距角。

电机能否产生恒定电磁转矩与电机的定子空间磁势有着很大的关系。因此，对电机磁动势的研究是必不可少的。验证电机是否产生恒定的电磁转矩的方法就是看电机处于不同时刻的磁势幅值是否相等。

本节研究了电机在 $\omega t = 0$ 和 $\omega t = \pi/2$ 两个时刻的空间磁势分布，并对磁势进行傅里叶分解，如图 2-26 所示。

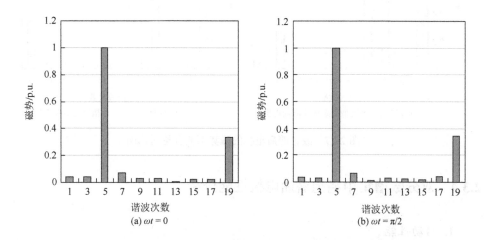

图 2-26 $\omega t = 0$ 和 $\omega t = \pi/2$ 时刻空间磁势的傅里叶分解

在图 2-26 中，5 次谐波为产生恒定转矩的工作谐波，即基波。从图中可以看出，空间基波磁势幅值的大小在 $\omega t = 0$ 和 $\omega t = \pi/2$ 两个时刻是相等的，即磁势幅值不随时间变化，该电机能够产生恒定的电磁转矩。若将电机的工作谐波（即 5 次谐波）定为谐波分解的基波，则分数槽绕组磁势各谐波次数均除以 5。由图 2-26 还可以看出，其绕组磁势谐波含量丰富，不仅包含整数次谐波还含有分数次谐波和次谐波，同时分数槽绕组的谐波幅值所占比例比普通异步电机的稍大。这是由于分数槽绕组谐波含量丰富，电机的谐波漏抗较大，加之潜油电机也是异步电机，电机气隙较小，谐波漏抗占总漏电抗的比例较大。

改进的新型双分数槽绕组潜油电机的气隙磁通密度的谐波含量与未改进的新型绕组低速潜油电机相比，电机的各次非工作谐波得到明显抑制，电机的磁场得到了良好的改善。图 2-27 为改进前电机与改进后电机的磁势谐波含量对比图。从图中可以看出，电机采用双分数槽绕组后，电机的磁势谐波含量得到了良好的改善。电机的 1、7、17 次谐波得到了有效抑制，但是该电机的 19 次谐波有了明显增加，原因在于 19 次谐波是电机的一阶齿谐波。19 次谐波可以采用转子斜槽或转子等效斜槽的方法来抑制。

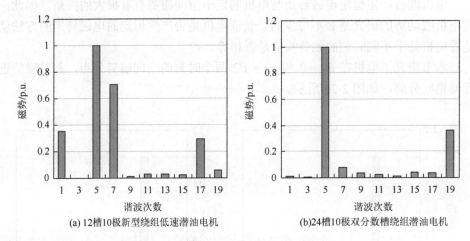

(a) 12槽10极新型绕组低速潜油电机　　　　(b)24槽10极双分数槽绕组潜油电机

图 2-27　改进前后电机的磁势谐波含量对比图

2.3.4　双分数槽集中绕组潜油电机性能分析

1. 启动性能

图 2-28 为该电机带不同负载运行时，从启动到稳定运行的转速随转矩的变化曲线。随着负载转矩增加，电机达到稳定运行所需要的时间越来越长，当电机轴端给定所能带起来的最大转矩（$T_2 = 3.6\text{N·m}$）时，电机达到稳定运行所需时间为1s。电机带不同负载时达到稳定运行所需要的时间对比表如表 2-12 所示，该表仅列出电机所带部分负载所需的时间的对应关系。

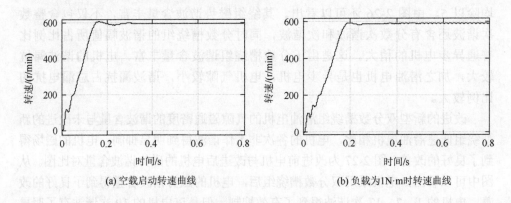

(a) 空载启动转速曲线　　　　　　　　(b) 负载为1N·m时转速曲线

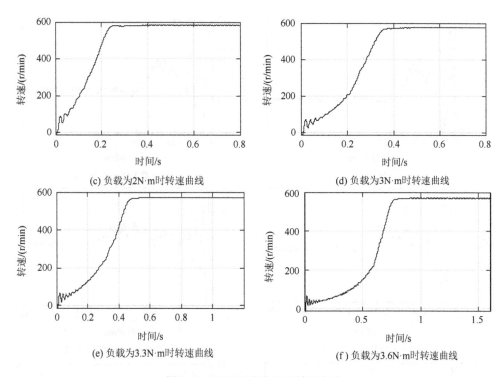

(c) 负载为2N·m时转速曲线　　　　　　　　(d) 负载为3N·m时转速曲线

(e) 负载为3.3N·m时转速曲线　　　　　　　(f) 负载为3.6N·m时转速曲线

图 2-28　不同负载启动时转速曲线

表 2-12　不同负载下的电机转速稳定所需时间表

负载 T_2/(N·m)	时间/s	负载 T_2/(N·m)	时间/s
0	0.3	3.1	0.5
0.5	0.3	3.2	0.55
1.0	0.3	3.3	0.6
1.5	0.35	3.4	0.65
2.0	0.38	3.5	0.7
2.5	0.4	3.6	0.9
3.0	0.45		

　　从图 2-28 和表 2-12 中可以看出，电机启动迅速、稳定。电机在启动初期转速有些波动，这种波动随着转轴上所带负载增大而加剧。负载转矩增加，致使电机在低转速时爬行的时间也随之增加，即电机转速达到稳定所需要的时间随之增加。

　　图 2-29 为电机带不同负载启动时电机的转矩随时间变化曲线。电机转矩达到稳定时所需的时间与所带负载的大小成正比。随着电机所带负载增加，电机转矩达到稳定时的转速波动情况逐渐加大。电机在额定负载附近，转矩波动与空载时相比，波动情况基本一致，该电机在带负载启动时具有足够的稳定性。

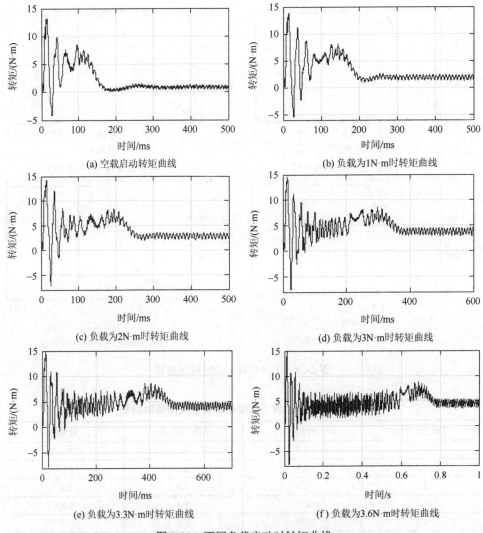

(a) 空载启动转矩曲线   (b) 负载为1N·m时转矩曲线

(c) 负载为2N·m时转矩曲线   (d) 负载为3N·m时转矩曲线

(e) 负载为3.3N·m时转矩曲线   (f) 负载为3.6N·m时转矩曲线

图 2-29   不同负载启动时转矩曲线

从图 2-29 中可知，电机带负载启动时，转轴上转矩波动较小，电机能够稳定地带载运行。当电机超出两倍额定负载启动时，电机的转矩波动开始变大。当电机所带的负载为 3.6N·m 时，电机的转矩波动最大，但能够稳定运行，且转速波动不大，可见电机的稳定性良好。

2. 机械特性

电动机是将电能转换成机械能的装置，即转换成轴端的转矩和转速来带动负载。因此，转矩和转速是衡量电动机输出能力的重要指标，所以分析电动机的转矩转差率曲线（即电动机的机械特性曲线）尤为重要。

　　利用有限元法对改进的双分数槽绕组潜油电机进行机械特性的模拟仿真，仿真出的转矩为电机的平均转矩，使电机在给定转速下运行，直至转矩的波动达到稳定状态。在转矩稳定以后的时间里，求取电机转矩的平均值。该电机的机械特性曲线如图 2-30 所示。

　　从图 2-30 中可见，该电机的额定负载为 2.5N·m，电机可带最大负载为 3.6N·m。可见，电机的过载能力很强，但是该电机的临界转差率较大，为 0.167，这是由于电机的损耗大、效率低。对于尺寸一定的 10 极电机，本身功率因数和效率就很低，因此出现这样的情况也属于正常现象。

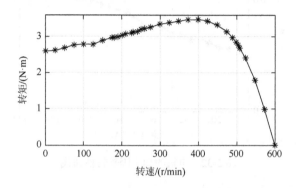

图 2-30　电机的机械特性曲线

3. 工作特性

　　利用有限元法，对该双分数槽绕组潜油电机的工作特性进行仿真计算，用以估计电机的工作性能，为今后电机的制造和生产做准备。

　　（1）效率。该电机的效率随输出功率的变化曲线如图 2-31 所示。从图中可以看出：随着输出功率增大，电机的效率增大；当电机输出功率达到 100W 左右时，电机的效率达到最大，此时电机的效率最大值为 48.37%。

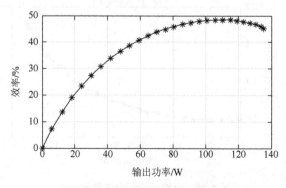

图 2-31　电机的效率特性曲线

（2）功率因数。由于电机的极数较大，并且电机的槽数不多，电机所需的励磁电流较大，电机的功率因数较小。图 2-32 为电机的功率因数随输出功率的变化曲线，图 2-32 所求的功率因数为电机在工作周期内的平均功率因数。从图中可以看出：开始时电机的功率因数随电机的输出功率增大而增大；当电机的输出功率接近 130W 时，电机的功率因数达到最大值，最大值为 0.6637；之后功率因数随着输出功率增大而减小。

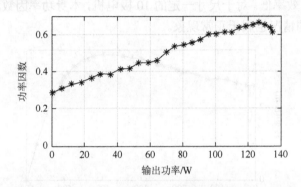

图 2-32　电机的功率因数特性曲线

（3）定子电流。对电动机来说，定子电流的变化对电机的效率、功率因数以及电机的发热等有着重要的影响。图 2-33 为电机定子电流随电机输出功率变化曲线。电机空载时的定子电流为 1.592A，随着电机输出功率增大，电机定子电流呈抛物线趋势增加。当电机达到额定功率 $P_N = 100W$ 时，电机的定子电流为 1.78A。可见，额定负载时电机的定子电流与空载电流相比没有很大变化，表明此时电机仍有很大部分电流用于激磁来产生 10 极旋转磁场，由于无功分量较大，电机的功率因数较小，这与图 2-32 的分析结果相符。

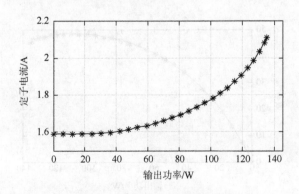

图 2-33　电机的定子电流特性曲线

（4）转速。对电动机来说，转速的下降速率（即转差率）是衡量电机稳定性的一个重要指标。同时，也能间接反映出电机的损耗和效率的变化情况。由电机设计的知识可知，电机的额定转差率为

$$s_N = \frac{p_{Cu2}^*}{1 + p_{Cu2}^* + p_{fw}^* + p_s^*} \tag{2-93}$$

式中，p_{Cu2}^* 为转子铜耗的标幺值；p_{fw}^* 为机械损耗的标幺值；p_s^* 为附加损耗的标幺值。由式（2-93）可见，转速的变化（即转差率的变化）与转子损耗有直接的关系，它能反映出转子损耗的相对多少。

图 2-34 为电机转子转速随电机输出功率的变化曲线，由图可知电机转子转速随电机输出功率增大而减小。当电机为额定功率时，电机的转速 $n = 535\text{r/min}$，此时电机的额定转差率 $s_N = 0.108$。普通感应电机的额定转差率的取值范围为 0.01～0.06，对该电机来说，电机的额定转差率偏大，说明电机的转子损耗较大，原因在于该电机的转速低，加之电机的谐波含量复杂且丰富，这些都使电机的额定转差率偏大。

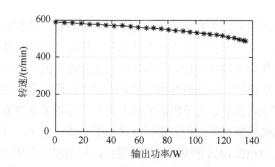

图 2-34　电机的转速特性曲线

（5）转矩。在进行工作特性的仿真时，认为电机运行在稳态。因此，该电机的电磁转矩随输出功率的变化大致是一条直线，如图 2-35 所示。

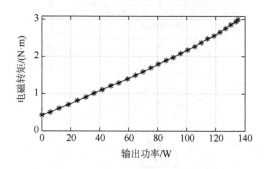

图 2-35　电机的电磁转矩特性曲线

从以上电机的工作特性曲线中初步估计该电机的工作效率可达到 48% 以上；电机的功率因数偏低，原因在于电机的极数多，所需励磁较大，功率因数较低，属于正常现象；电机转速下降的变化率即额定转差率较大，经过分析，也在合理范围内。因此，该电机工作特性良好。

2.4　异步启动永磁潜油电机设计

目前国内通用的潜油电机为 2 极、三相异步电动机，其转速较高，效率和功率因数较低，耗电量大，经济效益较低。异步启动永磁潜油电机与三相异步潜油电机相比具有运行效率高、功率因数高、运行稳定、能提高供电电缆的性能、能改善电网的质量、减少噪声污染等优点。本节将常规 2 极潜油电机进行异步启动永磁化 4 极设计。

2.4.1　永磁潜油电机设计特点

1. 主要尺寸的确定

异步启动永磁潜油电机主要尺寸的确定异于普通电机。当普通电机的电负荷和气隙磁通密度确定后，可初步计算出电机有效体积，根据经验公式选定主要尺寸比，再确定电机有效长度和定子冲片内径。异步启动永磁潜油电机主要尺寸比值远大于普通电机，因此确定方法也不同。先根据固定油井确定 4 极异步启动永磁潜油电机定子外径。由于电机气隙磁通密度、定子轭磁通密度和定子齿磁通密度变化范围较小，把它们看成常数。潜油电机槽有效面积较小，导致每槽导体数较小，可先假设电机的每槽导体数和通过定子相电流预估导线绝缘后的线径，利用程序先确定定子内径，程序的流程图如图 2-36 所示。给定初值，则可以计算出槽满率，异步启动永磁潜油电机的槽满率在 70% 左右。调整定子内径，直到槽满率达到要求为止。

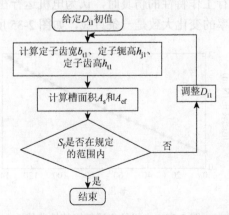

图 2-36　4 极异步启动永磁潜油电机定子内径计算流程图

2. 气隙长度的确定

当气隙长度的值取得较小时，可提高电机的功率因数和效率；但气隙过小会影响电机的机械性能，会增大谐波磁场和谐波漏抗，导致最大转矩减小、谐波转矩和附加损耗增大，进而造成较大的噪声和温升。对于感应潜油电动机，一般用经验公式来确定气隙长度 δ，即

$$\delta = 0.3\left(0.4 + 7\sqrt{D_{i1}l_i}\right) \times 10^{-3} \tag{2-94}$$

式中，l_i 为每段单元铁心长度。

异步启动永磁潜油电机的 δ 一般比同规格感应潜油电动机大 0.1～0.2mm，以抑制转子永磁体产生的气隙谐波磁场，降低电机振动与噪声，减小杂散损耗，提高电机的最大转矩倍数。

3. 定转子槽数的选择

在异步启动永磁潜油电机极数和相数一定的情况下，定子的槽数由每极每相槽数决定，中小型电动机一般选择 2～6。若每极每相槽数值太大，则定子槽数增加，冲片加工难度和绝缘材料用量增大，槽利用率降低。若选取分数槽，绕组磁势谐波含量较多，容易产生噪声和振动，电机性能变差。因此，每极每相槽数确定为整数 2，可得定子槽数为 24。

异步启动永磁潜油电机在转子槽数选择上与异步电动机稍有不同，拟设计异步启动永磁潜油电机采用内置径向式转子磁路结构，为了便于极弧系数的控制和提高转子磁路的对称性，在普通定转子槽配合原则允许范围内，电机转子槽数应确定为电动机极数的整数倍，同时考虑到少槽、近槽配合以及减少附加损耗，最终确定异步启动永磁潜油电机的转子槽数为 20。

4. 定转子槽型设计

4 极异步启动永磁潜油电机的定子槽数增加到 24，在 YQY114P 系列潜油电机的定子外径保持不变且依旧采用梯形槽的情况下，定子槽变窄，为保证定子绕组有足够的空间，则定子槽变深，根据槽较窄较深的特点，定子采用平底槽。定子槽变深，定子槽漏抗就会增大，电机最大转矩倍数将会变小。若定子采用闭口槽，可减小电机的齿磁导谐波引起的杂散损耗，提高电机效率，但闭口槽会增大电机的漏磁系数和槽漏抗，电机最大转矩倍数会降低。而提高最大转矩倍数是异步启动永磁潜油电机设计的重要目标之一，故定子冲片采用半闭口槽型槽。转子槽型仍采用圆形槽。

5. 永磁体设计

永磁材料种类多样，性能各不相同，异步启动永磁潜油电机的性能和设计的制造特点与永磁材料磁性能密切相关。因而在设计中首先要合理选择永磁材料品种和性能指标，选择原则主要有：①能保证规定的电机性能指标和足够大的气隙磁场；②能保证电机在规定的工作环境、温度等使用条件下的磁性能稳定；③方便加工和装配，有良好的机械性能；④良好的经济性。

钕铁硼永磁材料是一种高性能永磁材料，室温下矫顽力 H_c 高达 992kA/m，剩磁感应强度 B_r 高达 1.5T，最大磁能积可达 397.9kJ/m^3。根据永磁材料选用原则，选用钕铁硼永磁材料 NTPN35SH。

永磁同步电动机转子磁路结构主要有表面式、爪极式和内置式三种。表面式转子磁路结构因其成本低、工艺简单，主要用于矩形波永磁同步电机；但转子表面不能放置启动绕组，不能满足电机的自启动功能。爪极式转子磁路结构和工艺都较简单，但脉动损耗较大、磁性能较低且不具备自启动功能。内置式转子磁路结构的永磁体置于转子内部，能受到极靴的保护，而且可将有启动或阻尼作用的鼠笼条放置到极靴中。内置式转子磁路结构具有不对称性，能产生利于提高电机功率密度和过载能力的磁阻转矩，易于"弱磁"扩速，动态、稳态性能好，应用广泛。内置式转子磁路结构主要有切向式、径向式和混合式三种。切向式结构可提高气隙磁通密度，适用于极数多且气隙磁通密度要求高的永磁电机，但漏磁系数大。径向式结构具有漏磁系数小、不需隔磁措施、转子冲片机械强度高、易控制极弧系数、转子不易变形等优点，结构简单、运行可靠，近来应用广泛。混合式结构兼具切向式和径向式结构的优点，但制造工艺较复杂，成本较高。考虑到潜油电机的细长结构、自启动要求、便于工艺制造、可靠性和经济性，本次设计中采用内置径向式转子磁路结构。

永磁体尺寸包括轴向长度 L_M、磁化方向宽度 b_M 和长度 h_M。为了提高电机机械性能，永磁体的轴向长度 L_M 与电机的铁心轴向同长。通常通过调整磁化方向宽度 b_M 来调整电机性能，因为 b_M 直接决定了永磁体能提供多大的磁通量。在磁化方向宽度设计中，首先要保证异步启动永磁潜油电机的每相感应电动势接近并不超过外加电压；为了避免温升过高，同时应保证各部分磁通密度不超过限值。磁化方向宽度 h_M 的设计应使异步启动永磁潜油电机的直轴电抗合理。若 h_M 较大，则直轴电抗较小，直轴电抗变小能提高异步启动永磁潜油电机的启动性能。相反，若 h_M 较小，则直轴电抗较大，但 h_M 不能过小，否则会使永磁体易退磁且废品率上升。永磁体的工作点在很大程度上取决于 h_M，故设计 h_M 时应使永磁体工作在最佳工作点。潜油电机的工作温度较高，在本次设计中适当增加 h_M，保证永磁体不退磁。

本样机转子磁路结构采用内置径向式，永磁的尺寸根据内置切向式永磁体尺寸预估公式计算，永磁体磁化方向宽度为

$$b_{\mathrm{M}} = \frac{2\sigma_0 B_{\delta 1}\tau l_{\mathrm{ef}}}{\pi b_{\mathrm{M0}}B_{\mathrm{M}}K_{\varPhi}L_{\mathrm{M}}}$$（2-95）

式中，σ_0 为永磁体空载漏磁系数；$B_{\delta 1}$ 为空载气隙磁通密度基波幅值；$K_{\varPhi}$ 为气隙磁通波形系数；B_{M} 为永磁体计算剩磁密度；L_{M} 为永磁体轴向长度；b_{M0} 为永磁体空载工作点。

永磁体磁化方向长度为

$$h_{\mathrm{M}} = \frac{K_s K_a b_{\mathrm{M0}}\delta}{(1-b_{\mathrm{M0}})\sigma_0}$$（2-96）

式中，K_s 为电机饱和系数，取值范围为 1.05～1.3；K_a 为与转子结构相关系数，取值范围为 0.7～1.2；δ 为气隙长度；b_{M0} 为永磁体空载工作点。

2.4.2　4 极异步启动永磁潜油电机样机

4 极异步启动永磁潜油电机样机冲片模型如图 2-37 所示，表 2-13 给出了所设计的 4 极异步启动永磁潜油电机技术指标，图 2-38 为异步启动永磁潜油电机电磁设计流程图。

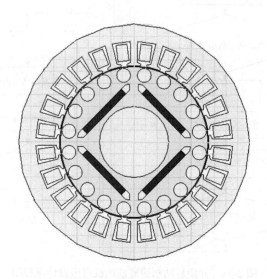

图 2-37　样机冲片模型图

表 2-13 4 极异步启动永磁潜油电机技术指标

参数	参数值	参数	参数值	参数	参数值	参数	参数值
额定功率/kW	30	气隙长度/mm	0.45	并联支路数	1	效率/%	90
额定电压/V	320	定/转子槽数	24/20	槽楔厚度/mm	0.3	功率因数	0.96
频率/Hz	50	定子外径/mm	100.4	槽绝缘厚度/mm	0.15	启动转矩倍数	2
极对数	2	定子内径/mm	65	硅钢片型号	W470	牵入转矩倍数	1.2
铁心长度/mm	437	转子内径/mm	30.2	叠片系数	0.95	失步转矩倍数	2

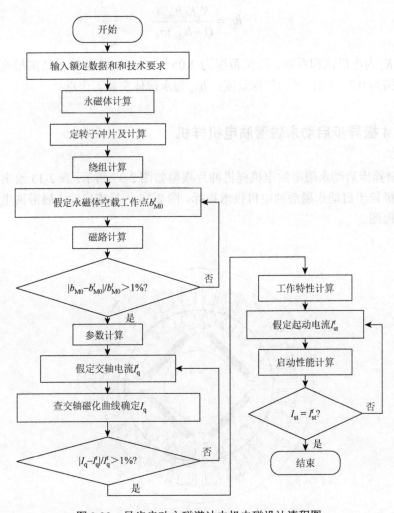

图 2-38 异步启动永磁潜油电机电磁设计流程图

2.5 6 极永磁潜油电机设计

6 极永磁潜油电机采用传统 2 极感应式潜油电机的细长分段结构，不同的是转子采用表面插入式永磁体，这样可在降低电机转速的同时提高电机的效率和功率因数，有效满足潜油电机的设计要求。

2.5.1 6 极永磁潜油电机结构

1. 总体结构

与普通电动机类似，6 极永磁潜油电机依然由机壳、定子、转子和绕组等组成。定转子铁心采用叠压而成的硅钢片以减小铁心损耗，但为满足潜油电机特殊的细长分段结构，在两节定子的硅钢片叠片中加入一定厚度的铜片叠片成为定子隔磁段。虽然定子叠片分段，但定子仍为一个整体，这给下线带来了一定的难度，定子绕组采用简单的同心式绕组，以人工穿线的形式下线。转子则与定子不同，它由多个独立的转子段构成，每段转子独立地安装在转轴上，每两段转子之间由扶正轴承连接。扶正轴承由内外两个套筒构成，在定子腔内起支撑作用，防止转子旋转时偏心导致的气隙不均匀或产生摩擦，提高稳定性。一般均采用空心轴，在其上开有均匀轴向分布的径向圆孔，使转轴内外相通，用以作为润滑剂的通道。

2. 转子磁极结构

6 极永磁潜油电机工作于立式悬垂的状态，电机的主要尺寸比（轴向长度与定子外径的比）很大，转子呈细长的分段结构，这使得电机设计时转子磁路结构不能太复杂，本节采用简单的表面式转子磁路结构。

采用表面贴磁式的永磁体一般均为圆弧形，圆弧弧度与转子铁心外圆一致，采用沿半径方向的充磁方向。这种结构在制造时相对容易，生产成本较低，适用场合广，缺点是转子表面由于装有永磁体，已经没有位置再安放绕组，没有异步启动能力，但 6 极永磁潜油电机采用变频启动，可以有效地克服这一缺点。

表面贴磁又可以分为永磁体直接安装在转子外径上的凸出式和将永磁体安装在转子所开槽中的插入式两种结构，对永磁电机而言，其永磁体的相对磁导率基本为 1，而转子铁心采用的是由磁导率很大的硅钢片叠压而成的，因此凸出式类似于隐极同步电机，而插入式类似于凸极同步电机。插入式结构的优点是可以提高电机的功率因数，同时与凸出式相比较，其动态性能也有所提高。并且插入式结构制造容易，可以得到较大的机械强度，保证电机稳定运行，常常被应用于变频调速电机中。

3. 隔磁措施

当电机采用表面插入式转子结构时，由于硅钢片导磁性能很好，两磁极端部漏磁较多，漏磁系数一般较大，为了减少电机漏磁导致的永磁材料浪费，需要在转子中增加适当的隔磁装置。一般在相邻两片永磁体之间开一个圆孔（即隔磁孔）以增加它们之间的磁阻，以达到隔磁的目的，如图 2-39 所示。

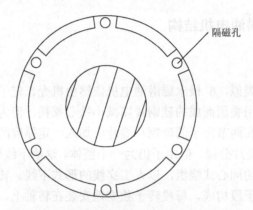

图 2-39　带有隔磁措施的表面插入式转子结构

2.5.2　转子斜极式设计及齿槽定位力矩计算

齿槽定位力矩是永磁同步电动机特有的一种力矩，它是指在电机绕组中没有任何电流的情况下，永磁体自身产生的磁场与定子铁心的齿槽相互作用而在电机旋转方向上产生的旋转力矩，该力矩会牵引永磁电动机的转子产生向定子齿槽对齐的趋势，进而会产生振荡导致永磁同步电动机运行不稳定，从而影响电机的性能[42]。当采用变速驱动时，如果齿槽定位力矩导致的电机振荡频率恰好等于电机本身的固有共振频率，电机的机械振动将会急剧增加，影响电机运行，甚至造成破坏。

1. 转子斜极式设计

为了抑制齿槽定位力矩产生的振动和噪声，一般中小型永磁同步电机采用斜槽的方式，其原理是当采用斜槽时，冲片按一固定角度安装，由于每片冲片上产生的力矩基本一致，但相互之间相差一定角度，这样由每片冲片共同合成的齿槽定位力矩为一条曲线，其幅值必然小于采用直槽时所合成直线的幅值，因此当采用斜槽时，齿槽定位力矩相对较小。但是由于潜油电机呈细长结构，本身定子绕组在下线时就较为困难，若再采用斜槽设计，必然会导致工艺难度增加。为了保证定子的完整性，本节提出一种新型的安装工艺来替代斜槽方法抑制齿槽定位力矩，即转子分段倒装。

为方便理解，可将电机定转子沿周向展开，如图 2-40 所示。当磁极位置超前于定子某一齿时，按照磁路定律，转子磁极将受到定子齿的牵引，使之达到最小磁阻闭合磁路的位置，受力情况如图 2-40（a）所示，该力即为齿槽定位转矩。为抑制齿槽定位力矩，最好的方法就是对其施加一个等大反向的力，使之相互抵消。由于永磁潜油电机采用分段安装的结构，如果相邻的两段之间所产生的齿槽定位力矩正好相差半个周期，那么就可以达到抑制齿槽定位力矩的目的。这就需要在下一段的转子上安装与上一段相对称的永磁体，即转子分段倒装，如图 2-40（b）所示。

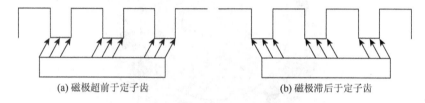

(a) 磁极超前于定子齿　　　　　　　　　(b) 磁极滞后于定子齿

图 2-40　定转子展开磁极受力方向示意图

在利用斜槽或斜极来抑制齿槽定位力矩时，通常斜槽宽度取一个或者半个齿距即可，而齿槽定位力矩在电机旋转一周时产生的次数是极数与定子槽数的最小公倍数，也就是对于 18 槽 6 极永磁潜油电机，每节转子旋转一周会产生 18 周期的齿槽定位力矩波形图，即 1 周期齿槽定位力矩在位置上对应 20°。当采用转子分段倒装时，为了实现相邻两段转子产生的齿槽定位力矩在波形上相差半个周期，可以使相邻两段转子磁极中心线相差半个周期所对应的角度，这里用 α_0 表示（对 18 槽 6 极永磁潜油电机来说，$\alpha_0 = 10°$）。为实现这种位置关系，需要使转子轴键槽的中心线与磁极中心线夹角成 $\alpha_0 / 2$，而由于相邻两段转子相互倒装，两段转子的磁极中心线分别在转子轴键槽中心线的左右两侧，即实现两段磁极的夹角为 α_0，如图 2-41 所示。

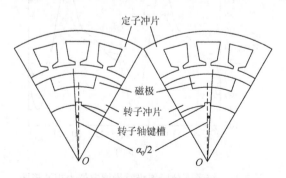

图 2-41　转子分段倒装示意图

2. 齿槽定位力矩及其仿真计算

依照以上安装方法并结合有限元法建立 6 极永磁潜油电机的物理模型，分别对相邻的两段电机（1 段和 2 段）齿槽定位力矩进行分析和计算，模型如图 2-42 所示。

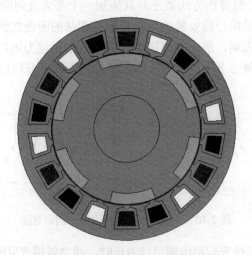

图 2-42　6 极永磁潜油电机物理模型

当转子正常安装即不采用分段斜极形式时，每节转子产生的齿槽定位力矩在位置上相同，以两节电机为例，其合成齿槽定位力矩波形如图 2-43 所示。图中 1 线为一节电机的齿槽定位力矩波形，2 线为两节电机叠加的齿槽定位力矩波形。由图中的波形可以看出，齿槽定位力矩波形的幅值较大，呈周期性变化，变化周期为 20°。

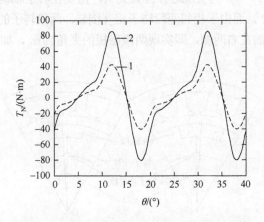

图 2-43　转子不分段斜极时齿槽定位力矩波形图

　　当转子分段倒装即相邻两段转子（1 段和 2 段）采用分段斜极形式时，将 1 段和 2 段视为独立的个体分析其齿槽定位力矩，1 段与 2 段的合成齿槽定位力矩为 1、2 两段的齿槽定位力矩的代数和，其波形如图 2-44 所示。

　　图 2-44 中 1、2 线分别为 1、2 两段电机独立的齿槽定位力矩波形，由于这两条波形正好相差半个周期，可以相互抵消，起到了很好的抑制作用。3 线为不采用转子分段倒装时合成的齿槽定位力矩，4 线为采用转子分段倒装后合成的齿槽定位力矩，从图中可以看出，4 线的幅值要小于其中任何一段，并且合成的波形周期也减小为 10°，达到了抑制齿槽定位力矩的目的。

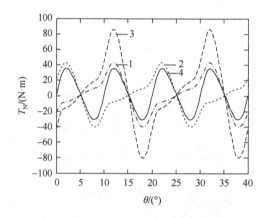

图 2-44　转子分段斜极时齿槽定位力矩波形图

　　从比较两种安装方式的合成定位力矩波形就可以看出，当转子采用分段倒装的斜极方法时，两段电机的齿槽定位力矩波形恰好在零点两侧，相互抵消，这样合成齿槽定位力矩的幅值大大减小，达到了利用斜极方法降低齿槽定位力矩的效果。

　　现将转子不采用分段斜极时齿槽定位力矩波形图曲线与转子采用分段斜极时齿槽定位力矩波形图曲线进行仿真谐波分析。分别取图 2-43 中两种情况下的合成齿槽定位力矩各一周期曲线，其谐波分析图如图 2-45 所示。在不采用分段斜极时（图 2-45）18 槽 6 极电机转子旋转一周，齿槽定位力矩变化的周期数为 18，即每当转子旋转 20°时齿槽定位力矩就变化一个周期，且齿槽定位力矩的谐波分量较大；而当转子采用分段斜极时（图 2-46），齿槽定位力矩的变化周期将减小一半，即每当转子旋转 10°时齿槽定位力矩就会变化一个周期，这样使得齿槽定位力矩的频率显著提高，并且所对应产生的谐波分量也大幅度减小，原有起主要影响的三次谐波分量基本完全去除，使永磁潜油电机的运行稳定性提高，工作性能得到改善。

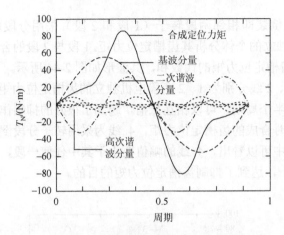

图 2-45　不斜极时齿槽定位力矩谐波

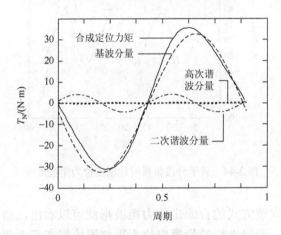

图 2-46　斜极时齿槽定位力矩谐波

2.5.3　空载漏磁系数计算

　　永磁潜油电机区别于传统的感应潜油电机，它采用永磁材料代替绕组电流励磁，因此具有高启动转矩、高效率、高功率因数等优点。在永磁潜油电机的设计过程中，准确地计算出空载漏磁系数 σ_0 是一个十分关键的环节。影响空载漏磁系数的因素较多，它与永磁体的材料、磁极的大小和结构、充磁方式、气隙及轴向长度等诸多因素有关，很难通过一般简单的方法准确获得。这里通过求解两个二维磁场进而得到空载漏磁系数[43]。

　　永磁潜油电机的空载漏磁可以分成两部分：一部分是极间漏磁，即铁心轴向长度内的漏磁；另一部分是端部漏磁，即电枢铁心轴向长度外的漏磁。而空载漏磁系数可由极间漏磁系数和端部漏磁系数表示，即

$$\sigma_0 = k(\sigma_1 + \sigma_2 - 1) \tag{2-97}$$

式中，k 为经验修正系数；σ_1 为极间漏磁系数；σ_2 为端部漏磁系数。

1. 极间漏磁系数

极间漏磁指的是在电机电枢铁心轴向长度范围内产生的漏磁，极间漏磁系数即铁心轴向长度范围内永磁体提供的总磁通 Φ_m 与穿过气隙进入定子的主磁通 Φ_σ 之比，求解极间漏磁系数的平面场域如图 2-47 所示，通过该模型，求解出相应点的磁矢位。

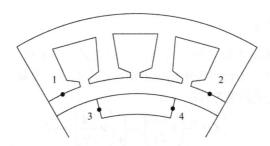

图 2-47　极间漏磁系数求解场域图

由麦克斯韦方程组可知：

$$\begin{cases} \Omega : \dfrac{\partial}{\partial x} \nu \dfrac{\partial A}{\partial x} + \dfrac{\partial}{\partial y} \nu \dfrac{\partial A}{\partial y} = -J \\[2mm] \Gamma_1 : A = 0 \\[2mm] l_m : \nu_1 \dfrac{\partial A}{\partial n} - \nu_2 \dfrac{\partial A}{\partial n} = J_s \end{cases} \tag{2-98}$$

式中，Ω 为求解域；Γ_1 为第一类边界条件；J_s 为永磁体等效电流密度；n 为从永磁体指向外部的法线方向；l_m 为永磁体等效面电流边界；ν 为磁导率；ν_1、ν_2 为不同材料的磁导率。则极间漏磁系数表示为

$$\sigma_1 = \frac{\Phi_m}{\Phi_\sigma} = \frac{|A_3 - A_4|}{|A_1 - A_2|} \tag{2-99}$$

式中，A_1、A_2、A_3、A_4 分别为图 2-47 中 1、2、3、4 点的磁矢位。

依照如上的求解原理，建立 6 极永磁潜油电机的极间漏磁有限元模型，求解极间漏磁系数。由于定转子相对位置不同时极间漏磁系数有一定的偏差，可分别建立多个定转子处于不同位置的模型，分别得到不同位置下极间漏磁系数的大小，取它们的平均值，即为平均极间漏磁系数，有限元模型如图 2-48 所示。

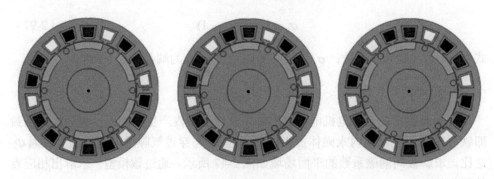

图 2-48　不同位置下求解极间漏磁系数有限元模型

2. 端部漏磁系数

端部漏磁指的是电枢长度以外所产生的漏磁。端部漏磁系数的求解场域如图 2-49 所示，图中 5、6 两点为电枢绕组轴向伸出长度的位置，依然采用磁矢位 $\boldsymbol{A}$ 求解该模型。由麦克斯韦方程组可知

$$\begin{cases} \Omega : \dfrac{\partial}{\partial x}\left(\nu\dfrac{\partial \boldsymbol{A}}{\partial x}\right) + \dfrac{\partial}{\partial y}\left(\nu\dfrac{\partial \boldsymbol{A}}{\partial y}\right) = -\boldsymbol{J} \\ l_{\mathrm{m}} : \nu_1\dfrac{\partial \boldsymbol{A}}{\partial n} - \nu_2\dfrac{\partial \boldsymbol{A}}{\partial n} = \boldsymbol{J}_{\mathrm{s}} \end{cases} \tag{2-100}$$

则端部漏磁系数 σ_2 可表示为

$$\sigma_2 = \frac{|A_7 - A_8|}{|A_5 - A_6|} \tag{2-101}$$

式中，A_5、A_6、A_7、A_8 分别为图 2-49 中 5、6、7、8 点的磁矢位。

图 2-49　端部漏磁系数求解场域

对于 6 极永磁潜油电机，由于电机转子采用分段式结构，每段转子之间用隔磁段连接，这样每段转子端部就存在两种情况：一种情况为该段转子两端均存在隔磁段，中间段的转子均为该种情况，本节将其记作"中间段"；另一种情况为一段转子只有一端存在隔磁段，另一端与普通电机端部相同，潜油电机上下两端的段为这种情况，本节将其记作"两端段"，如图 2-50 所示。

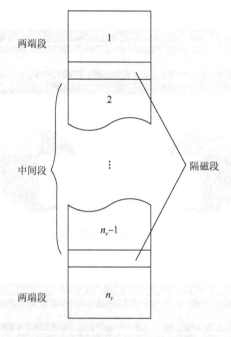

图 2-50 潜油电机分段示意图

6 极永磁潜油电机由于这种特殊的分段式结构，总的端部漏磁系数为由中间段与两端段永磁体产生的总磁通量与各自进入定子侧的磁通量之比，用磁矢位表示为

$$\sigma_2 = \frac{(n_v - 2)(A_{7a} - A_{8a}) + 2 \times (A_{7b} - A_{8b})}{(n_v - 2)(A_{5a} - A_{6a}) + 2 \times (A_{5b} - A_{6b})} \tag{2-102}$$

式中，A_{5a}、A_{6a}、A_{7a}、A_{8a} 分别为中间段 5、6、7、8 点的磁矢位；A_{5b}、A_{6b}、A_{7b}、A_{8b} 分别为两端段 5、6、7、8 点的磁矢位；n_v 为分段式结构的分段数。

1）中间段端部漏磁系数

中间段两端各存在一个隔磁段，定转子轴向长度相同，不用考虑普通电机中电枢轴向伸出长度对端部漏磁系数所产生的影响，在计算中间段端部漏磁系数时所需要磁矢位的四个点如图 2-51 中 5a、6a、7a、8a 点所示。并且由于每个隔磁段都是夹在两段之间，建模时两端隔磁段分别取其一半，其有限元模型如图 2-51 所示。

2）两端段端部漏磁系数

两端段只有一个端部有隔磁段，另一个端部与普通电机一样，需要考虑定子电枢绕组轴向伸出长度对端部漏磁系数的影响，故计算两端段端部漏磁系数时所需要磁矢位的四个点如图 2-52 中 5b、6b、7b、8b 点所示。

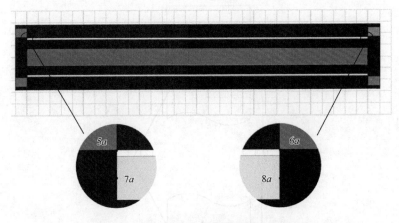

图 2-51　中间段模型图

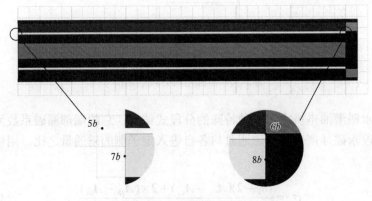

图 2-52　两端段模型图

2.5.4　空载漏磁系数影响因素

1. 极间漏磁系数影响因素

极间漏磁是由于每极永磁体所产生的磁通并没有全部与定子绕组相匝链，有部分磁通会产生局部闭合，形成磁路，导致永磁体没有得到充分利用。影响极间漏磁系数的因素有很多，永磁体的性能、磁极充磁方向、尺寸、气隙长度等都会对极间漏磁系数产生影响，本节主要针对选定永磁体材料及磁极充磁方向的 6 极永磁潜油电机进行分析，主要从永磁体的尺寸、气隙体长度方面分析极间漏磁系数的影响因素及影响规律。

1）永磁体尺寸对极间漏磁系数的影响

瓦片形永磁体尺寸主要包括永磁体的磁化方向长度 h_M 和宽度 b_M 两部分，它们的大小决定了永磁体的大小，对于转子采用表面式的瓦片形永磁体，宽度 b_M 主要由磁瓦中心角 θ_M 或极弧系数 α_i 所决定。

　　根据前面极间漏磁系数的有限元计算方法，采用单一变量法，即在保持永磁体磁瓦中心角不变的情况下，将永磁体磁化方向长度在 3.5～7mm 进行取值，然后将其进行曲线拟合，得到极间漏磁系数关于永磁体磁化方向长度的曲线，如图 2-53 所示；在保持永磁体磁化方向长度不变的情况下，将永磁体磁瓦中心角在 35°～48° 进行取值，然后将其进行曲线拟合，得到极间漏磁系数关于永磁体磁瓦中心角的曲线，如图 2-54 所示。

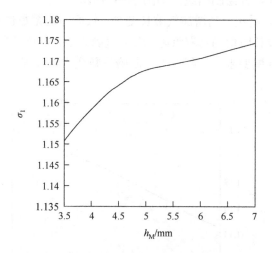

图 2-53　磁化方向长度对极间漏磁系数的影响

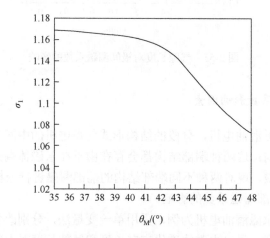

图 2-54　磁瓦中心角对极间漏磁系数的影响

由图 2-53、图 2-54 可以看出，6 极永磁潜油电机极间漏磁系数分别受永磁体磁化方向长度、磁瓦中心角的影响。当磁化方向长度越短、磁瓦中心角越大时，极间漏磁系数越小。

2）气隙长度对极间漏磁系数的影响

气隙长度是影响制造成本和性能的主要设计参数，它的取值范围很广，需要考虑多方面因素的影响。永磁电动机在设计时一般在相同或相似规格的感应电动机的基础上将气隙长度适当增加，这势必导致极间漏磁系数的变化，仍然采用前述方法，以一台 6 极永磁潜油电机为例，改变气隙长度，得出气隙长度对极间漏磁系数的影响规律，并绘制曲线，如图 2-55 所示。

由图 2-55 可以看出，当增加气隙长度时，极间漏磁系数也相应增加，这就需要在对电机进行设计时恰当选取气隙长度，气隙太小，定转子容易发生扫膛现象，不符合稳定性及强度要求，气隙太大，漏磁系数变大，又浪费永磁体。

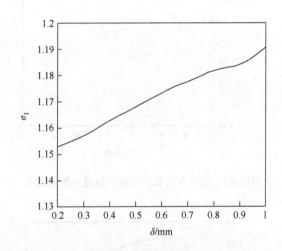

图 2-55　气隙长度对极间漏磁系数的影响

2. 端部漏磁系数影响因素

对于 6 极永磁潜油电机，分段的结构形式使得电机的中间段和两端段存在两种不同的端部结构，这两种端部结构都会存在由于在永磁体端部形成局部的闭合磁路而产生的漏磁，现对两种不同端部结构的端部漏磁进行分析。

1）中间段端部漏磁系数的影响

以一台 6 极永磁潜油电机为例，采用单一变量法，分别改变气隙长度以及永磁体磁化方向长度，得出永磁体磁化方向长度和气隙长度对中间段端部漏磁系数的影响规律，并绘制曲线，如图 2-56、图 2-57 所示。

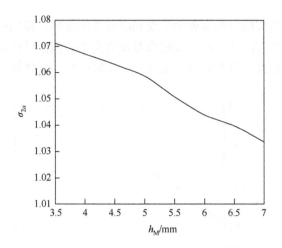

图 2-56　磁化方向长度对中间段端部漏磁系数的影响

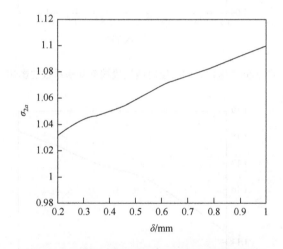

图 2-57　气隙长度对中间段端部漏磁系数的影响

由图 2-56、图 2-57 可以看出，对于 6 极永磁潜油电机，永磁体的磁化方向长度越小、电机的气隙长度越大，中间段端部漏磁系数越大。

2）两端段端部漏磁系数的影响

与中间段端部漏磁系数影响的分析方法一样，可以得到永磁体磁化方向长度和气隙长度对两端段端部漏磁系数的影响规律曲线，如图 2-58、图 2-59 所示。

由图 2-58、图 2-59 可以发现，气隙长度对中间段与两端段端部漏磁系数的影响规律一致，只是由于有无隔磁段的作用，具体数值不一致。而永磁体的磁化方向长度对中间段与两端段的端部漏磁系数影响恰好相反，这是由于中间段两端均被隔磁段夹住，端部跑出的漏磁由于受到隔磁段的限制，跑出的漏磁相对较少，在增加永磁体磁化方向长度后，漏磁系数反而变小，而两端段由于有一侧没有隔磁段，端部漏磁较大，当永磁体磁化方向长度增加后，漏磁系数也变大。

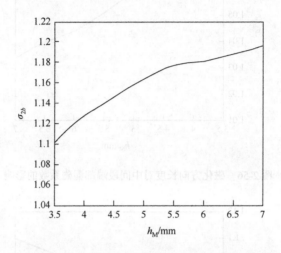

图 2-58　磁化方向长度对两端段端部漏磁系数的影响

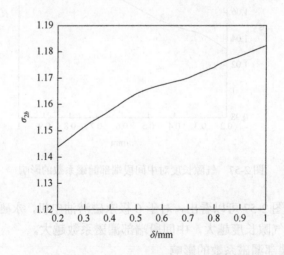

图 2-59　气隙长度对两端段端部漏磁系数的影响

3. 实例分析

通过以上对 6 极永磁潜油电机极间漏磁系数和端部漏磁系数的分析，以一台 30kW 的 6 极永磁潜油电机为例，计算该电机的漏磁系数。该台电机主要参数如表 2-14 所示。

表 2-14　30kW 6 极永磁潜油电机主要参数

主要参数	参数值	主要参数	参数值	主要参数	参数值
额定功率/kW	30	极对数	3	气隙长度/mm	0.5
额定电压/V	320	每段长/mm	600	定子内径/mm	69
频率/Hz	50	隔磁段长/mm	41.3	定子槽数	18
分段段数	10	定子外径/mm	100.4	永磁体结构	表面插入式

（1）极间漏磁系数。如图 2-48 所示，分别建立该台电机三个不同位置的有限元模型（各模型之间位置关系相差 5°），得到不同位置下极间漏磁系数的值，其结果如表 2-15 所示。

表 2-15　不同位置下极间漏磁系数

	位置一	位置二	位置三
A_1	0.007737280	0.007796110	0.007735729
A_2	−0.00773866	−0.00779883	−0.00773600
A_3	0.00924719	0.009297770	0.008925130
A_4	−0.00925130	−0.00875651	−0.00892529
σ_1	1.191967405	1.157701793	1.153744280

根据表 2-15，该台电机的平均极间漏磁系数为

$$\sigma_1=\frac{1.191967405+1.157701793+1.153744280}{3}=1.1678 \quad (2\text{-}103)$$

（2）中间段端部磁矢位。如图 2-51 所示，建立中间段有限元模型，可以得到中间段各点的磁矢位值，其结果如表 2-16 所示。

表 2-16　中间段端部磁矢位

中间段磁矢位	A_{5a}	A_{6a}	A_{7a}	A_{8a}
数值	0.005226	−0.00525	0.005544	−0.00554

（3）两端段端部磁矢位。如图 2-52 所示，建立两端段有限元模型，可以得到各点的磁矢位值，其结果如表 2-17 所示。

表 2-17 两端段端部磁矢位

两端段磁矢位	A_{5b}	A_{6b}	A_{7b}	A_{8b}
数值	0.004235	−0.00524	0.005484	−0.00555

（4）端部漏磁系数。该台 6 极永磁潜油电机分为 10 段，即 $n_v = 10$，可得该台电机的端部漏磁系数为

$$\sigma_2 = \frac{(n_v - 2)(A_{7a} - A_{8a}) + 2 \times (A_{7b} - A_{8b})}{(n_v - 2)(A_{5a} - A_{6a}) + 2 \times (A_{5b} - A_{6b})} = 1.0777 \tag{2-104}$$

（5）空载漏磁系数。将该台电机的极间漏磁系数与端部漏磁系数代入式（2-97）中可以得到空载漏磁系数为 $\sigma_0 = \sigma_1 + \sigma_2 - 1 = 1.2455$。

第 3 章　潜油电机优化设计

本章将遗传算法与生物免疫系统相结合，对潜油电机进行优化设计。该算法兼具遗传算法全局并行和生物免疫机制改善局部搜索效率的特点。根据潜油电机的实际特点建立了优化数学模型并确定了优化目标函数、约束条件以及优化变量，并给出了具体优化实例。

3.1　免疫遗传算法

免疫遗传算法是基于生物体自身免疫调节机制而提出的一种改进的遗传算法，其本质是将生物免疫机制加入标准遗传算法并使之融合，这使其具有传统遗传算法良好的高度并行计算能力、全局优化能力和稳定性等优点，而且由于在算法中加入了生物免疫机制，还可有效改善传统遗传算法的搜索精度及局部收敛速度。

3.1.1　免疫遗传算法原理

在生物科学以及医学领域，免疫学和遗传学这两个边缘学科相结合产生了免疫遗传学（immunogenetics），从而使现代遗传学理论得到极大补充。免疫系统是人类除神经系统外的第二大系统。生物体针对外来大分子尤其是糖类或者蛋白质的一种反应称为免疫，其特点就是免疫的多样性以及免疫的记忆特性。

免疫系统模型如图 3-1 所示，免疫系统的特点详述如下。

标准遗传算法（simple genetic algorithm，SGA）的应用已经较为成熟了，但是标准遗传算法依然存在一些缺陷，如随机漫游、未成熟收敛、早熟收敛等问题，这些问题给实际应用带来了诸多麻烦。因此，局部优化性能的改善成了遗传算法提高优化效率的首要问题。

免疫遗传算法（immune genetic algorithm，IGA）是在标准遗传算法的基础上将生物体免疫的体系结合到一起生成的一种新兴优化算法。免疫遗传算法中抗体识别和记忆、基于浓度的自我促进、抗体多样性保持策略以及抑制功能等显著特点可以有效改进标准遗传算法中存在的问题，极大改善传统遗传算法的优化性能。

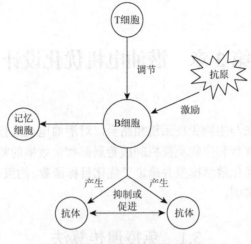

图 3-1　免疫系统模型

　　因为免疫遗传算法从本质上是标准遗传算法与生物免疫机制相结合，所以需要先了解传统遗传算法的原理以及算法的求解过程。遗传算法（genetic algorithm，GA）是根据生物群体遗传和进化机理的启发式优化算法，其基本的优化思想是达尔文的进化论理论中的"适者生存，优胜劣汰"。模仿生物进化所经历的各种状况的算法就是遗传算法，将需要进行优化并求解的数值对应着待求种群中的每个个体，而最后迭代完成后个体适应度最高的那个个体就是该问题最后得到的最优解[44]。在标准遗传算法运行过程中，首先需要产生一个由不同个体随机生成的种群，而算法就是从这个种群开始进行搜索和迭代的，其中种群的规模代表个体的总数，针对具体问题对个体进行编码，而编码方式一般采用二进制编码。对解空间进行分类后进行交叉和变异操作，每一次迭代后种群的质量都按照个体优劣程度提高，平均适应度高的方向被默认为最佳进化方向。适应度高的个体更容易保留在种群中，而被种群多淘汰掉的就是适应度更低的个体，经过不断迭代，最后比较大概率保存在新一代种群中的是较好个体的后代。较好个体的后代代表最优的解或次优的解。标准遗传算法算子主要有交叉算子、变异算子和选择算子，在不断地进化中对适应度进行计算，不断提高种群的质量，最后会生成最优个体并收敛。标准遗传算法优化流程图如图 3-2 所示。

　　以下为免疫遗传算法的原理以及求解的步骤。免疫遗传算法的原理是将抗原模拟成目标函数，将抗体模拟成问题的解。当生物体被抗原入侵时，为了抵御抗原对生物体的破坏，生物体的免疫系统会产生抗体进行免疫应答[45]。生物体针对不一样的抗原会进行免疫应答来产生抗体防御抗原的伤害，从而保证了生物体自身健康。免疫记忆机制是抗体在抵御抗原的过程中，如果有某些抗体的浓度十分得高，则会被生物体的免疫细胞记录下来。当同样的抗原再次侵入生物体时，记忆的细胞就会产生高浓度的抗体并产生强烈反应，最后用更快速度消灭外来的抗原。抗体之间因为各自浓度的不同也会产生抑制以及促进的相互作用，这样可以平衡抗体间的浓度以及保持各个抗体的多样性。其中通过抑制抗体浓度高的个体来保持每个抗体自身的多样性。标准遗传算法与免疫机理结合而成的免疫遗传算法流程图如图 3-3 所示。

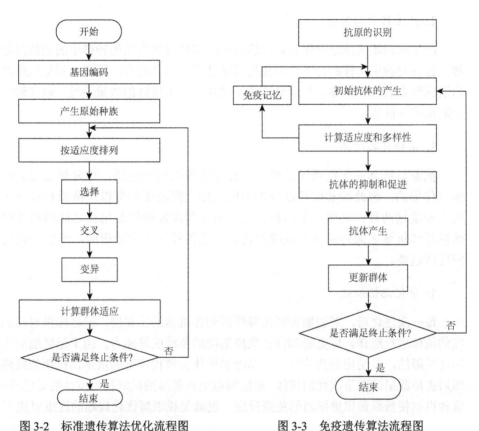

图 3-2　标准遗传算法优化流程图　　　　图 3-3　免疫遗传算法流程图

3.1.2　免疫遗传算法流程

　　免疫遗传算法是在模拟生物学中生物体自身免疫系统的免疫特点的前提下以标准遗传算法为基础设计出的一种改进的现代化优化算法，因此免疫遗传算法基本保留了标准遗传算法的基本特点及结构，与此同时在传统遗传算法的基础上增加了亲和度的计算以及免疫记忆单元的构造来改进算法使优化结果更加准确。亲和度具有两种表现的形式，其一是反映种群中每个抗体的浓度，其二则是反映抗体、抗原之间的对应关系[46]。

根据免疫遗传算法的特点可以总结出该算法由以下几部分组成。

1. 抗原的识别

在实际问题中把待求解的问题转变为由免疫系统生成的抗原形式，自然界中生物的免疫系统具有对抗原进行识别的功能，也就是对所求问题的求解过程。

2. 产生的初始抗体

产生的初始抗体是产生初始问题的解，初始解即为初始种群中的初始问题的解。在各类约束条件制约下，若免疫系统计算过这类问题，则通过记忆抗体产生出适应度高的记忆抗体，生成新的初始抗体。如果抗体的数量不足，则在解空间中随机产生抗体。

3. 亲和度的计算

抗原与抗体在免疫系统的机制中都含有各自的决定基，决定基之间是可以相互作用的，因此亲和度可以分为不同抗体之间的亲和度以及抗原和抗体之间的亲和度这两种。其中，不同抗体之间的亲和度反映的是抗体之间的相似度，而抗原和抗体之间的亲和度反映的是标准遗传算法中的适应度，结果越优良适应度就越高。

4. 分化记忆细胞

每一次进化后，对初始种群按降序排列各抗体的亲和度，记忆库里对高亲和度的抗体进行选择，以更新和保证免疫系统的免疫应答能力。由于记忆细胞库空间是受限的，总是用最新的较高亲和度的抗体去替代库存的抗体，在新的抗体入库后去掉原记忆库里次优的抗体。记忆细胞更新删除的机制称为抗体的记忆机制，这种机制使抗原做出更剧烈的免疫反应，也就是说求解优化问题的速度更快了。

5. 基于浓度的抗体的促进和抑制

生物体中有很多种类的抗体，为了保持种群中抗体的多样性会最先选择高亲和度的抗原，进而控制大量相同的抗体让其继续进化。当整个种群充满大量相似的个体时，很容易导致抗体的多样性变差，致使优化过程陷入局部最优解。因此，为了保持优化算法过程中个体的多样性，在免疫遗传算法中为了保持抗体的多样性可以采用适当的抑制策略，选择概率的修正可以通过引入抗体浓度来解决。

6. 种群的更新

在上一代选择出足够的个体进入下一代后，对新种群中的全部抗体进行交叉以及变异操作，而产生的下一代抗体进入下一次的迭代操作。如此反复直到出现满足终止条件的情况。

7. 终止条件的判别

算法中的终止条件一般分为两种，第一种是计算开始前设定迭代次数，当优化算法达到设定值的迭代次数时算法结束；第二种是种群中个体的多样性程度低，适应度高的个体大部分集中在某个很小的区域时被认为优化结束。

3.1.3　免疫遗传算法在数学模型上的应用

Rosenbrock 函数是著名的二维单峰函数和测试函数[47]，式（3-1）如下：

$$\begin{cases} \max \quad f(x_1, x_2) = 100\left(x_1^2 - x_2\right)^2 + (1 - x_1)^2 \\ \text{s.t.} \quad -2.048 \leqslant x_i \leqslant 2.048, \quad i = 1, 2 \end{cases} \tag{3-1}$$

本节利用基于信息熵的免疫算法求该函数的全局最大值，其仿真结果如图 3-4 所示。

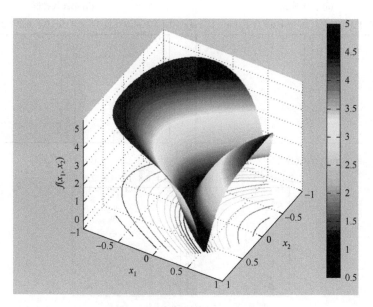

图 3-4　Rosenbrock 函数仿真图

使用 C 语言编制测试软件，用免疫遗传优化算法对 Rosenbrock 函数进行测试，函数如式（3-1）所示。运行参数设置如下：抗体的长度为 20，终止的代数为 300 代，算法的交叉概率为 0.6，算法的变异概率为 0.02，相似度的阈值为 0.05，抗体的浓度为 0.95。运用免疫遗传算法对 Rosenbrock 函数进行计算，种群的分布（初始种群及第 20 代、50 代、100 代和 300 代种群）和寻优的过程参见图 3-5。经过优化计算后得到该函数的两个局部极大点，分别是 $f(-2.048,-2.048)=3905.93$、$f(2.048,-2.048)=3893.64$，其中前者附近解空间分布最为密集，即为种群的全局最大点。

从图 3-5 中可以看出随着迭代次数增加，迭代 100 代之前解空间的点还比较分散，但是不断趋于（−2.048，−2.048）和（2.048，−2.048）两点，到迭代 300代后两个局部极大点分布最为密集，达到了最优化的点。

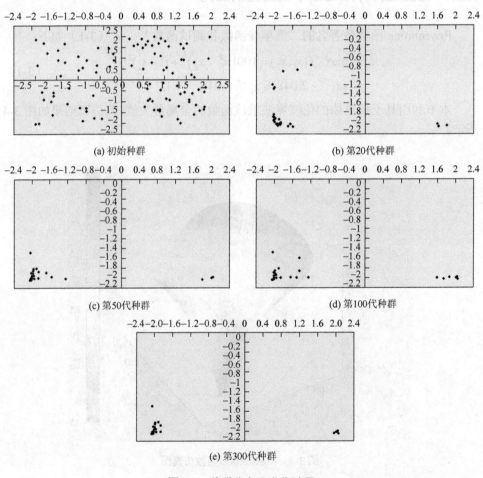

(a) 初始种群　　　　　　　　　　　(b) 第20代种群

(c) 第50代种群　　　　　　　　　　(d) 第100代种群

(e) 第300代种群

图 3-5　种群分布及进化过程

标准遗传算法和免疫遗传算法对 Rosenbrock 函数优化后的结果对比如表 3-1所示。

表 3-1　标准遗传算法和免疫遗传算法对 Rosenbrock 函数优化结果对比

迭代次数	20	50	100	300
标准遗传算法适应度	3156.03	3753.16	3815.97	3815.97
免疫遗传算法适应度	3158.12	3758.17	3896.75	3905.93

从表 3-1 中可以看出，在迭代的前 100 代标准遗传算法和免疫遗传算法的适应度相差不大，但是标准遗传算法在 100 代时已收敛，而免疫遗传算法在 300 代时达到收敛，其 300 代时免疫遗传算法的适应度明显优于标准遗传算法。

通过对比可以看出，免疫遗传算法在满足算法随机性的同时在解空间中取得了较为合理的结果，因此算法的整体搜索能力以及计算该函数收敛时的迭代次数非常合理可接受。

3.2　基于免疫遗传算法的潜油电机优化设计

潜油电机的细长结构决定了其与普通异步电动机结构及电磁设计的不同，其数学优化模型具有与普通异步电动机相同的一般性，都是通过建立目标函数和规定约束条件来实现的，优化变量的选择需根据潜油电机的具体结构特点和免疫遗传算法的内在搜索特性进行选择。

3.2.1　潜油电机优化设计数学模型

依据数学模型在电机主要性能参数满足要求的前提下来计算所求的优化目标就是电机的优化设计。电机优化设计多是需要某一项或某几项性能指标达到最优值，这需要优化方法必须很快确定设计方案并建立数学模型来计算寻优。在对电机进行优化设计时可能会出现得到的数值函数非线性度高或采取离散性变化的非连续变量，需要设计者协调好各参数间的平衡与矛盾[48]。

构造对电机的优化设计需要将具体的问题变化为数学模型的方式表达出来。

求 x：

$$f(x) = \min f(x)，\quad x \in R^n \tag{3-2}$$

且满足：

$$g_i(x) \geqslant 0，\quad i = 1, 2, 3, \cdots, m \tag{3-3}$$

根据电机设计时的具体实际情况选择正确的约束函数 $g_i(x)$、优化变量 x 以及目标函数 $f(x)$。

在设计电机时需要综合考虑电机的尺寸和性能参数，其设计过程是矛盾和复杂的，应针对问题运用不同方案从电机的总体考虑来解决。例如，电机的性能指标会与成本有矛盾，一个性能指标的提高可能会降低其他的性能指标，而只追求成本的降低会使电机的主要性能大幅下降，直接导致运行效率的降低并增加运行成本，有时也会增加实际生产制造成本，使设计后的电机难以达到预期效果。因此，必须综合考虑电机的优化设计。

　　潜油电机优化设计数学模型主要由三个部分组成，即优化设计的目标函数、优化设计的约束条件以及优化设计的优化变量。免疫遗传算法与电机优化设计结合计算的结构框图如图 3-6 所示。

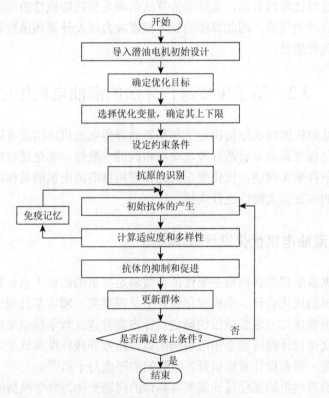

图 3-6　基于免疫遗传算法的潜油电机优化设计

3.2.2　潜油电机优化设计的目标函数

　　潜油电机优化设计中最重要的就是对目标函数的选择及确定。目标函数在设计时经常需要根据具体的要求来确定，如将成本作为三相异步电动机的目标函数。效率是进行潜油电机优化设计时的一项重要性能指标。对于节能且高效的电机，如何利用现今的技术水平来提高电机的效率并减少从业人员的工作时间是每个电

机设计人员需要考虑的。本章将效率作为目标函数，同时将其他的性能参数作为约束条件来设计电机。电机效率的目标函数可表示为

$$F(\bar{x}) = \frac{1}{1+(\eta-\eta_0)^2} \tag{3-4}$$

式中，η_0 为效率期望值，由设计者所指定；η 为效率，是优化程序计算出的值。适应度函数的值越接近 1 表示优化效果越好。

3.2.3　优化设计约束条件

在进行电机优化设计时优化的变量需要有一些如电机的主要性能以及定转子尺寸等的制约，这些制约都是根据电机实际情况所设定的，约束条件就是电机优化设计中对这些制约条件的总称，本节的约束条件主要分为 3 类，分别是边界约束、性能约束和其他约束[49]。

1. 边界约束

在电机的优化设计过程中，优化变量的取值范围称为边界约束。本节将电机结构的参数作为优化变量，其一般变化范围不会太大，如对电机功率产生很大影响的铁心长度等。同时，为解决电机优化过程中可能出现的局部磁通密度过大的问题，本节做了一些强制约束来使优化结果更加准确[50]，通过反复实践和论证，本节边界约束如下：

$$\begin{cases} 0.9h_{12} \leqslant h_{12} \leqslant 1.1h_{12} \\ 0.9b_1 < b_1 \leqslant 1.1b_1 \\ 0.9D_{i1} \leqslant D_{i1} \leqslant 1.1D_{i1} \\ 0.7\delta \leqslant \delta \leqslant 1.3\delta \\ 0.9l \leqslant l \leqslant 1.1l \\ 0.7s_1 \leqslant s_1 \leqslant 1.3s_1 \\ K_e \leqslant 1.6 \\ b_{ii1} \geqslant 1.8 \\ b_{ii2} \geqslant 1.9 \\ B_{jj1} \geqslant 1.7 \\ B_{jj2} \geqslant 1.7 \end{cases} \tag{3-5}$$

式中，h_{12} 为定子槽高；b_1 为定子槽宽；D_{i1} 为定子铁心内径；δ 为气隙长度；l 为铁心长度；s_1 为每槽导体数；K_e 为满载电势标幺值；b_{ii1} 为定子齿部磁通密度；b_{ii2} 为转子齿部磁通密度；B_{jj1} 为定子轭部磁通密度；B_{jj2} 为转子轭部磁通密度。

2. 性能约束

在优化电机时主要有电机性能约束和电机几何尺寸约束两个重要条件。而每个用户需要提高的性能是不一样的，因此需要设计人员依据具体需求来设计，设计人员满足这种需求的约束就是电机的性能约束。其中，电机的效率 η、功率因数 $\cos\varphi$ 对电机的影响较大，设计者应该慎重考虑。而对电机影响较小的启动转矩、最大转矩可作为次要的约束条件，这样就对其他条件的影响较小。正确处理电机在优化设计中的约束条件对整个电机优化设计过程意义重大。根据优化设计中需要制约的性能，设定性能约束条件为以下参数：效率 η、功率因数 $\cos\varphi$、最大转矩倍数 T_m、启动电流倍数 I_{st}、启动转矩倍数 T_{st}、热负荷 A_j。这些均为不等式，分别表示为

$$g_1(x) = (\eta_0 - \eta) / \eta_0 \leqslant 0 \tag{3-6}$$

$$g_2(x) = (\cos\varphi_0 - \cos\varphi) / \cos\varphi_0 \leqslant 0 \tag{3-7}$$

$$g_3(x) = (T_{m0} - T_m) / T_{m0} \leqslant 0 \tag{3-8}$$

$$g_5(x) = (I_{st} - I_{st0}) / I_{st0} \leqslant 0 \tag{3-9}$$

$$g_4(x) = (T_{st0} - T_{st}) / T_{st0} \leqslant 0 \tag{3-10}$$

$$g_6(x) = (A_j - A_{j0}) / A_{j0} \leqslant 0 \tag{3-11}$$

式中，$\cos\varphi_0$ 为功率因数标准值；T_{m0} 为最大转矩倍数标准值；I_{st0} 为启动电流倍数标准值；T_{st0} 为启动转矩倍数标准值；A_{j0} 为热负荷标准值。电机几何尺寸约束条件多为强制约束，还有优化变量的非负性约束。

几何尺寸的约束如下。

（1）潜油电机的转子是鼠笼铜导条。铜导线绕制的定子，用绕组的铜线规格选取的线规。

（2）约束槽楔的大小，槽楔在定子中的宽应小于 5mm，磁导率取值范围为3.5～5。

（3）隔磁段与铁心长度需要有一定的比例，隔磁段不会选取得过大，预计结果会小于 70mm（功率和电机体积成正比，当定子外径无明显变化时，需要保证功率及铁心长度，因此隔磁段就需要比例减小）。

由于在电机设计的过程中存在内在制约，罚函数法对约束这些电机设计过程中的非线性问题极为重要。在目标函数上增加附加项使之生成一个新的目标函数来对原函数进行一定制约就是罚函数法。这个附加项为罚函数项，而得到的新的目标函数被称为增广目标函数。罚函数对优化设计的准确性具有重要影响，更好地选取罚函数因子可以使优化设计的结果更加准确。将目标函数表示为 $f(X)$，其中 $X = (x_1, x_2, x_3, x_4, x_5, x_6)^T$，是优化的变量，$g(x_i) \geqslant 0$（$i = 1, 2, 3, \cdots, m$），是约束条件的数量。因此，优化条件应表达为

$$F(X) = f(X) + P(X) \tag{3-12}$$

罚函数 $P(X)$ 的定义如下：

$$P(X) = \omega_i \sum_{i=1}^{m} \{\min[0, g_i(X)]\}^2, \quad i = 1, 2, \cdots, m \tag{3-13}$$

式中，$m = 6$；ω_i 为惩罚的参数。并且罚因子是一个递增数列，如式（3-14）所示：

$$\omega_1 < \omega_2 < \cdots < \omega_i < \cdots \tag{3-14}$$

且

$$\lim_{t \to \infty} \omega_i = \infty \tag{3-15}$$

3. 其他约束

在电机运算过程中需要对程序迭代循环进行一定的限制来解决有可能会出现无限期的迭代或者在迭代过程中结果不收敛的状况。因此，本节对优化设计中电磁计算部分的迭代循环过程进行了如下处理：在循环迭代的次数超过 30 次后，程序将舍弃当前的运算结果并直接进入下一代进行进化；另外，在电机优化过程中由于计算量十分庞大，有可能会出现一些优化后的结果不合理甚至出现负值的情况，当这种情况出现后同样也舍弃当前数值并直接进入下一代进行进化。

3.2.4 优化变量的选取

潜油电机一般具有多个参数，通常用一组或几组参数来进行方案的设计，其中包含许多几何参数，如定子和转子的槽型及尺寸、电机的定子铁心内径等；另外还含有很多物理参数，如电机内定转子齿部磁通密度与轭部磁通密度的有关参数等。在设计电机的过程中可以根据使用和工艺要求对有些参数进行预先设定[51]，一些对电机性能不会造成很大影响的参数就可以通过经验设置为常数，然而有些参数会对结果造成比较大的影响，要作为变化的量，对于优化问题的求解，变量的选择是至关重要的环节。

从理论上来说，包含变量越多的优化设计方案越让人满意。与此同时，设计变量可以是每一个参数，并且选择变量的数目与设计电机的适应度是成正比的，也可以理解为在选到好的方案可能性大的情况下适应度也会较大。但是，优化和设计的难度会随着选取变量增多而增加。尽管优化出的结果可能会相对较好，但同时也相应增加了计算量，在处理优化算法时很多都是既费时又费力的，并且得到的结果也不是很满意，有时甚至是无效的。因此，许多算法都会使其自身有效处理问题的维数受到限制。

因此，在进行电机优化设计时应该遵循以下规则。

（1）若此优化变量不会对电机性能造成很大影响，在优化范围内就可以先不将其进行考虑，要优先选择能大幅度提升电机性能的变量，然后在这些变量中对相对较容易确定和计算的变量进行筛选，最后以这些变量作为最终的优化对象。从以往的实践与总结中可以发现，将电机的几何尺寸和电机绕组的参数选为优化变量相对比较合理。

（2）在优化时所选的设计变量必须是相互独立且线性非关联的，这是由数学原理决定的。

（3）在对优化变量进行优化时优化变量的数量需要重点考虑，如果优化变量过少，则优化的结果和之前变化不大，过多则优化不容易实现。这其中如电机的额定数据一般都是不可以改动的，是产品的基本属性，因此需要设计者在设计之初综合考虑优化哪些优化变量，同时在优化这些变量后主要的性能指标要达到符合实际应用的要求。

最终在尺寸确定的前提下，选择定子槽高 h_{12}、定子槽宽 b_1、定子铁心内径 D_{i1}、气隙长度 δ、铁心长度 l、每槽导体数 s_1 这 6 个变量作为优化变量，表达为

$$X = \begin{pmatrix} x_1 \\ x_2 \\ x_3 \\ x_4 \\ x_5 \\ x_6 \end{pmatrix} = \begin{pmatrix} h_{12} \\ b_1 \\ D_{i1} \\ \delta \\ l \\ s_1 \end{pmatrix} \tag{3-16}$$

由于铁心长度是离散性变量，本章运用连续变量的方法对铁心长度进行处理[52]，铁心长度首先以连续的方式自由变化，然后选取符合加工制造最低精度的值作为最终结果，即圆整单张的硅钢片厚度，如此只要在最后修正计算的结果就可以达到优化的目的。如果采用离散性的规划，则没有准确的离散值，对电机的计算结果也是近似的数值，在无法得到很好结果的同时增加了整个运算的复杂度与运算时间。

每槽导体数作为电机的设计变量是一个具有固定离散值的优化变量，因此该优化变量不在这个范围内就是不合理的，应在这个固定离散值内对变量进行选取。如果单独将优化后的结果进行离散化的取值，则可能会出现错误的寻优方向并使最终的优化结果出现错误。因此，需要对这类优化变量进行一些修正处理以达到更好的符合实际的优化效果。每槽导体数设定的变化范围为 6～11，由于每槽导体数必须为整数，需要在程序的优化变量部分进行一定的设计。

3.2.5　免疫遗传算法优化程序设计

选择一个适合的算法来对电机进行优化设计极为重要，根据电机优化设计的数学模型对算法进行改进来设计潜油电机，应针对具体的优化问题对免疫遗传算法进行一定的改进以使设计更加合理，其改进如下。

1. 抗体的编码和译码

二进制的编码方式使用简单，并且在 VC++ 软件中也很好实现，因此使用二进制的编码方式。由 6 个优化变量组成的数组如式（3-17）所示：

$$X = [h_{12}, b_1, D_{i1}, \delta, l, s_1] \qquad (3-17)$$

综合考虑国内实际的制造工艺精度以及合理性，对 6 个离散化的优化变量的步长（单位：mm）进行如下选择：

$$\text{scale} = [0.1, 0.1, 0.1, 0.1, 0.1, 1] \qquad (3-18)$$

编码的反向过程称为译码，译码是将免疫抗体的二进制形式转换成优化变量的具体数值的过程。在十进制和二进制直接通过编码和译码的转换可以很容易取得最后的解码值。

2. 初始抗体的产生

标准遗传算法与免疫遗传算法初始抗体的产生大致都是相同的，都是随机产生的。免疫遗传算法第二次应答则与标准遗传算法不同，其使用的是生物体免疫体系下的免疫记忆功能，由免疫系统的记忆细胞来产生一部分的抗体，剩余的抗体随机生成。

种群的大小一般在初始抗体产生前确定，在种群中随机产生的个体多样性的程度越高以及种群本身的规模越大的情况下，算法在局部的寻优能力也就越强大。但是，在种群规模变大的同时也将使整个算法的计算量增加，计算时间大幅增加，因此经过多次试验将算法的种群大小设置为 100 较为适合。

3. 计算抗体聚合适应度

为了能够更好地评价抗体的浓度以及适应度，引入抗体聚合适应度的概念来修正适应度的大小，如式（3-19）所示。抗体聚合适应度是在免疫遗传算法中为避免出现早熟收敛的情况，综合抗体的抑制作用与最终适应度的高低，以获取最优的结果。

$$\text{fitness}' = \text{fitness} \cdot e^{(k \cdot C)} \qquad (3-19)$$

式中，k 为反映抗体浓度期望被选择到下一代的相对重要的参数，取负数；C 为抗体在种群中的浓度；fitness 为抗体的适应度。

在式（3-19）中更新抗体时，聚合适应度正比于抗体从种群中被选中的概率。也就是说，在抗体浓度不变的情况下，适应度正比于抗体从种群中被选择的概率。在抗体适应度不变的情况下，浓度越高的抗体，从种群中被选择的概率反而越低，因为为了保持在优化过程中整个种群中每个抗体具有的多样性，所以对抗体产生了抑制作用。

4. 产生新抗体

产生的新抗体是种群继续进化的动力与力量。新抗体在免疫遗传算法中的产生基于如下两种途径：一种是随机生成的新抗体，另一种则是基于遗传算法中算子产生的新抗体。

为了保持个体在种群中的多样性，本章使用的是随机生成的部分新抗体。

5. 基于浓度的群体更新

基于抗体的浓度与适应度运用公式计算出聚合适应度，依照抗体的聚合适应度大小来进行选择，挑选出可以进入下一代的全部抗体，与此同时淘汰部分的抗体，从而达到了更新群体的目的。

6. 记忆细胞的更新

在迭代与进化的过程中，为了使免疫机制的记忆单元总是记录最好的个体且拥有比较理想的解空间分布，需要比较记忆库里的抗体与抗体聚合适应度，若记忆库中没有聚合适应度高的个体，则用聚合适应度较高的个体去替换聚合适应度低的个体。

7. 收敛判断

本章运用了两种收敛判断方法，一种是迭代进化次数是否达到设定最大值，另一种是种群中的抗体平均浓度是否达到稳定，只要这两种判断方法有一个达到标准就认为此问题已收敛，从而结束循环。

免疫遗传算法中的免疫多样性是提高标准遗传算法优化效率的重要问题，而抗体相似度以及种群相似度的计算是免疫遗传算法保持多样性的基础，其程序如下：

```
double Similar(int N;int M,double KT[])
{
for(int b=0;b<M;b++)
{
KT1[b]=0;KT2[b]=0;
for(int a=0;a<N;a++)
if(KT[a][b]==0)
KT1[b]=KT1[b]+1;
else
KT2[b]=KT2[b]+1;
}
```

```
}
for(int a=0;a<N;a++)
{
for(int b=0;b<M;b++)
{
if(KT[a][b]==0)
p[a][b]=KT1[b]/N;
else
p[a][b]=KT2[b]/N;
}
}
for(int b=0;b<M;b++)
{
H[b]=0;
for(int a=0;a<N;a++)
{
H[b]=H[b]+p[a][b]*log2(p[a][b]);
}
}
H1=0;
for(int b=0;b<M;b++)
H1=H1+H[b];
H2=-H1/M;
A=1/(1+H2);
}
A[a][b]=Similar(2,M,KT[]);
A[N]=Similar(N,M,KT[])
```

3.3 潜油电机优化设计实例计算

3.3.1 潜油电机优化过程的参数选用

与所有的寻优策略一样，算法参数的选取和设定是否正确与智能优化算法息息相关，选择不同的参数对智能优化算法影响极大。针对 2 极潜油电机的特点，本章选择算法的一些基本参数如表 3-2 所示。

表 3-2　免疫遗传算法基本参数

基本参数	种群规模	交叉概率	变异概率	最大迭代数	第 100 代阈值	聚合度修正系数
参数值	100	0.95	0.02	200	0.05	−0.8

本节通过免疫遗传算法来优化设计潜油电机,通过三相异步电动机的设计原理和具有特殊性的潜油电机确定优化变量参数,优化设计潜油电机应符合以下几点。

(1)应先确定潜油电机的三圆尺寸,即电机定子外径 D_1、定子内径 D_{i1}、转子内径 D_{i2},从而满足对电机经济性能以及工作环境的要求。

(2)潜油电机运用相同定转子尺寸的冲片,定子槽与转子槽的总体形状不能更改。

(3)风摩耗值按相同设计值处理。

(4)机械损耗按照圆整后的公式进行计算。

设计一台电机,要确定很多尺寸,特别是起主要作用的尺寸,如电机的电枢铁心直径及其长度,主要尺寸确定后气隙等其他尺寸也就大体确定,表 3-3 给出了电机的额定数据、定子参数以及转子参数。

表 3-3　潜油电机基本参数

名称		数据
额定数据	样机额定功率/kW	15
	额定电压/V	429
	频率/Hz	50
	极数	2
	槽配合	18/16
	铁心总长/cm	170.39
	定子内径/cm	5.97
	定子外径/cm	10.04
	气隙长度/cm	0.045
	转子内径/cm	3.02
定子参数	硅钢片型号	W470
	槽型	梯形
	绕组形式	单层同心式
	绕组接法	星接
	绕组材料	铜
	隔磁段宽度/cm	4.13

续表

名称		数据
定子参数	槽内导体数	7
	绕线直径/cm	2.44
	绝缘后绕线直径/cm	2.8
转子参数	槽型	圆形
	圆形槽半径/cm	0.33
	扶正轴承宽度/cm	4.13
	导条材料	铜条
	端环厚/cm	1.02
	端环宽/cm	7.043

　　首先，需要确定定子外径 D_1 =10.04cm、定子内径 D_{i1} = 5.97cm、转子内径 D_{i2} = 3.02cm，这三个参数的确定为电机在优化设计时的第一步工作，之后选择磁负荷与电负荷、主要尺寸比的确定，磁路计算包括气隙磁压降的计算、齿部磁压降的计算、轭部磁压降的计算、磁极漏磁系数与磁压降的计算、励磁电流和空载特性的计算、绕组电阻的计算、绕组电抗的计算、主电抗的计算、漏电抗的计算、斜槽漏抗的计算、损耗与效率计算、发热计算、温升计算，为了提高电机的效率，转子选取鼠笼式铜条，定子梯形槽，转子圆形槽，如图 3-7 和图 3-8 所示。

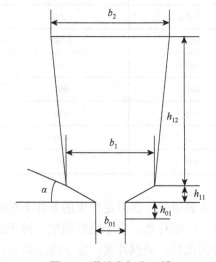

图 3-7　潜油电机定子槽

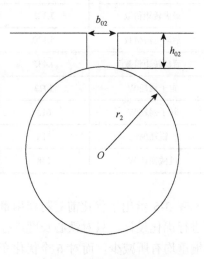

图 3-8　潜油电机转子槽

3.3.2　优化设计的结果与分析

利用免疫遗传算法既保留了标准遗传算法全局并行搜索,又在生物免疫机制下避免了早熟收敛的特点,根据潜油电机的设计原理使用 C 语言编写了潜油电动机的设计程序,运用免疫遗传算法对 YQY114 系列潜油电机进行优化设计,为了使电机的设计程序可以很好地结合算法程序进行运算,通过接口程序将两个程序连接到一起,可以对电机进行计算和优化。

电机的性能指标是判断电机是否满足要求的主要标准。由于程序具有单独优化 1 个变量以及优化所有 6 个变量的功能,分别对电机铁心长度和前面的 6 个优化变量进行优化计算,如表 3-4 所示。免疫遗传算法对仅优化铁心长度和 6 个优化变量全部优化后,电机效率与原始方案相比分别提高了 0.071% 和 1.193%,同时在效率提升的前提下,电机的其他性能指标也都满足要求,电机的优化设计达到了高效的目的。

表 3-4　优化前后性能指标对比

性能指标	2 极 15kW 潜油电机		
	原始方案	仅优化铁心长度	优化 6 个变量
效率/%	82.483	82.554	83.676
功率因数	0.803	0.800	0.871
最大转矩倍数	3.321	3.436	3.246
启动电流倍数	5.130	5.229	5.767
启动转矩倍数	4.435	4.636	4.749
定子铜耗/W	1022	1032	861
转子铜耗/W	613	596	610
铁耗/W	518	523	486
机械损耗/W	658	645	595

表 3-5 给出了优化前后材料用量对比,由表可知,在满足约束的条件下对电机进行优化设计,只对铁心长度进行优化后,硅钢片重、定子绕组铜重、转子绕组铜重均有所减少,而对 6 个优化变量进行优化后,硅钢片重、定子绕组铜重、转子绕组铜重均小幅增加。由此可见,免疫遗传算法在材料大体相差不大的情况下很好地提高了效率。

表 3-5　优化前后材料用量对比

材料对比	原始方案	仅优化铁心长度	优化 6 个变量
硅钢片重/kg	125.27	122.10	128.44
定子绕组铜重/kg	18.336	18.116	18.536
转子绕组铜重/kg	11.99	11.80	12.19

优化变量的优化是免疫遗传算法优化设计的核心，表 3-6 给出了优化前后优化变量的对比。从表中可以看出，只对铁心进行优化后铁心长度变短了，达到了优化铁心长度的目的。对 6 个优化变量进行优化后铁心长度增加了，定子槽宽和定子槽高均减小，气隙长度减小，定子铁心内径也减小了，而每槽导体数无明显变化，从结果来看很好地达到了提高效率的设计目的。

表 3-6　电机优化变量的对比

优化变量	原始方案	仅优化铁心长度	优化 6 个变量
铁心长度/cm	170.39	166.39	174.39
定子槽宽/cm	0.75	0.75	0.74
定子槽高/cm	0.92	0.92	0.89
定子铁心内径/cm	5.97	5.97	5.77
气隙长度/cm	0.45	0.45	0.35
每槽导体数	7	7	7

第4章 潜油电机分段处电磁参数计算

立式工作结构细长的潜油电机采用轴向分段来保证电机可靠运行。转子采用若干个扶正轴承以实现多点支撑，对应的定子位置用隔磁段连接。隔磁段和扶正轴承的大量采用，势必影响潜油电机的电磁参数，进而对电机的性能参数造成较大的影响，必须深入研究。研究表明，潜油电机隔磁段和扶正轴承对电机电磁参数的影响主要有两个方面，即隔磁段处漏磁所对应的漏抗和扶正轴承内的涡流损耗。这两者是由于电机特殊的结构形式产生的，是潜油电机特有的。隔磁段处漏磁所对应的漏抗称为潜油电机隔磁段漏抗，计入潜油电机定子总电抗；扶正轴承内的涡流损耗称为扶正轴承附加损耗，计入电机的附加损耗。本章将采用三维有限元法对潜油电机隔磁段和扶正轴承处的磁场进行计算，求解隔磁段漏抗和扶正轴承附加损耗。

4.1 三维涡流电磁场基础

电磁场边值问题包含电磁源分布、媒质和边界条件、电磁场分布三项要素，有以下三类基本的求解任务：①已知媒质和边界条件，求可能存在的各种场分布模式；②已知媒质和边界条件，求实际激励下的源分布；③已知媒质和边界条件以及源分布，求实际激励下的场分布。在研究电机内的涡流电磁场时，媒质和边界条件以及源分布一般是已知的，需要求解实际激励下的场分布，属于上述分类中的第③种类型。另外，求场分布的基本数学模型一般为偏微分方程，求源分布的基本数学模型一般为积分方程。

4.1.1 流体场控制方程

$$
\begin{cases}
\nabla \times \boldsymbol{H} = \boldsymbol{J}_s + \boldsymbol{J}_\sigma + \dfrac{\partial \boldsymbol{D}}{\partial t} \\[2mm]
\nabla \times \boldsymbol{E} = -\dfrac{\partial \boldsymbol{B}}{\partial t} \\[2mm]
\nabla \cdot \boldsymbol{D} = \rho \\[2mm]
\nabla \cdot \boldsymbol{B} = 0
\end{cases}
\tag{4-1}
$$

式中，ρ 为电荷密度；$\boldsymbol{J}_s$ 为传导电流密度；$\boldsymbol{J}_\sigma$ 为涡电流密度。

由电工基础理论可知，式（4-1）就是电磁场微分形式的麦克斯韦方程组。

媒质的特性方程为

$$
\begin{cases}
\boldsymbol{D} = \varepsilon \boldsymbol{E} \\
\boldsymbol{J}_\sigma = \sigma \boldsymbol{E} \\
\boldsymbol{B} = \mu \boldsymbol{H}
\end{cases}
\tag{4-2}
$$

式中，$\boldsymbol{B}$ 为磁感应强度矢量；$\boldsymbol{H}$ 为磁场强度矢量；$\boldsymbol{E}$ 为电场强度矢量；$\boldsymbol{D}$ 为电位移矢量；ε 为介电常数；σ 为电导率；μ 为磁导率。

图 4-1 为一般涡流问题的示意图，图中 Ω_1 为涡流区，Ω_2 为非涡流区。在本章所讨论的问题中，由于激励源的交变频率低，源点和场点的几何距离较近，可以忽略电磁波滞后相位的问题，不必考虑波的传播，即认为 $\partial \boldsymbol{D} / \partial t = 0$。此外，电机中的电压不高，在研究电机电磁场时往往可以忽略电位移矢量 $\boldsymbol{D}$ 与电荷密度 ρ。因此，电机中的涡流电磁场所满足的方程可写为

$$
\begin{cases}
\nabla \times \boldsymbol{H} = \boldsymbol{J}_s + \boldsymbol{J}_\sigma \\
\nabla \times \boldsymbol{E} = -\dfrac{\partial \boldsymbol{B}}{\partial t} \\
\nabla \cdot \boldsymbol{B} = 0 \\
\boldsymbol{J}_\sigma = \sigma \boldsymbol{E} \\
\nabla \cdot \boldsymbol{J}_\sigma = 0 \\
\boldsymbol{B} = \mu \boldsymbol{H}
\end{cases}
\tag{4-3}
$$

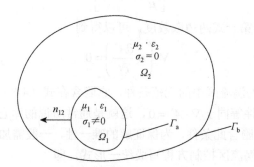

图 4-1　涡流问题示意图

n_{12} 表示从场域 1 指向场域 2 的法线方向；Γ_a、Γ_b 表示边界

通过推导，可得用磁矢位 $\boldsymbol{A}$ 和标量电位 Ω 表示的涡流区控制方程为

$$
\begin{cases}
\nabla \times \left[\dfrac{1}{\mu} (\nabla \times \boldsymbol{A}) \right] = -\sigma \left(\nabla \boldsymbol{\Omega} + \dfrac{\partial \boldsymbol{A}}{\partial t} \right) \\
\nabla \cdot \left[\sigma \left(\nabla \boldsymbol{\Phi} + \dfrac{\partial \boldsymbol{A}}{\partial t} \right) \right] = 0
\end{cases}
\tag{4-4}
$$

非涡流区的控制方程为

$$\nabla \times \left[\frac{1}{\mu}(\nabla \times A) \right] = J_s \qquad (4\text{-}5)$$

令

$$\begin{cases} A^* = A + \nabla\Psi \\ \Omega^* = \Omega - \dfrac{\partial\Psi}{\partial t} \end{cases} \qquad (4\text{-}6)$$

式中，A^* 为修正磁矢位；Ω^* 为修正标量位。

选取标量函数 Ψ 为

$$\Psi = \int_{-\infty}^{t} \Omega \, \mathrm{d}t \qquad (4\text{-}7)$$

则用修正磁矢位 A^* 表达的涡流区的控制方程为

$$\begin{cases} \nabla \times \left[\dfrac{1}{\mu}(\nabla \times A^*) \right] = -\sigma\dfrac{\partial A^*}{\partial t} \\ \nabla \cdot \left(\sigma\dfrac{\partial A^*}{\partial t} \right) = 0 \end{cases} \qquad (4\text{-}8)$$

非涡流区的控制方程为

$$\nabla \times \left[\frac{1}{\mu}(\nabla \times A^*) \right] = J_s \qquad (4\text{-}9)$$

对式（4-8）中第一式两边取散度，可以得到

$$\nabla \cdot \left(\sigma\frac{\partial A^*}{\partial t} \right) = 0 \qquad (4\text{-}10)$$

式（4-10）即为涡流区中的规范条件，它隐含在式（4-8）第一式中。若 σ 为常量，则此规范条件等同于 $\nabla \cdot A^* = 0$，这就是通常所说的库仑规范。在非涡流区中，由于 $\sigma = 0$，不隐含此条件，为保证解的唯一性，一般需加 $\nabla \cdot A^* = 0$ 的库仑规范。将涡流区、非涡流区控制方程写成统一形式，即

$$\nabla \times \left[\frac{1}{\mu}(\nabla \times A^*) \right] + \sigma\frac{\partial A^*}{\partial t} = J_s \qquad (4\text{-}11)$$

场量 E、B 的计算式分别为

$$\begin{cases} E = -\dfrac{\partial A}{\partial t} - \nabla\Omega = -\dfrac{\partial A^*}{\partial t} + \nabla\dfrac{\partial\Psi}{\partial t} - \nabla\Omega^* - \nabla\dfrac{\partial\Psi}{\partial t} = -\dfrac{\partial A^*}{\partial t} \\ B = \nabla \times A = \nabla \times A^* \end{cases} \qquad (4\text{-}12)$$

通过选取形如式（4-7）的标量函数 Ψ，消去了涡流区控制方程中的标量电位，得到用 A^* 描述场的基本方程，这实质上是把静电效应纳入矢量 A^* 中。必须

指出，这里忽略表面电荷的作用，是因为尽管少量电荷产生相当强的电场，将影响电流的流向，但对磁场影响不大。因此，在磁场计算中，忽略标量电位，结果往往能满足工程精度的要求。

4.1.2　涡流场边界条件

在电磁场边界问题中，欲求的场函数既要满足算子方程，还要满足边界条件。求解域中的边界通常有不同媒质的交界面以及场域外边界两种类型，如图 4-1 所示的 Γ_a、Γ_b。对于边界上的单位法向量 n 的方向进行如下规定：在交界面 Γ_a 上取从 Ω_1 指向 Ω_2 方向，外边界 Γ_b 上取朝域外方向，如图 4-2 所示。

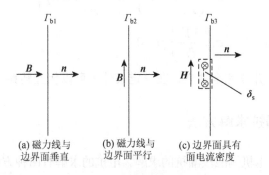

图 4-2　边界条件示意图

外边界 Γ_b 上通常可能存在如下四种边界条件。

（1）磁力线与边界面垂直，这种情况大多数为铁磁边界，记为 Γ_{b1}，如图 4-2（a）所示。边界条件为 $H_t = 0$，用磁矢位来表示，即

$$\begin{cases} \boldsymbol{n} \times \left(\dfrac{1}{\mu} \nabla \times \boldsymbol{A}^* \right) = 0 \\ \boldsymbol{n} \cdot \boldsymbol{A}^* = 0 \end{cases} \tag{4-13}$$

（2）磁力线与边界面平行，这种情况大多数边界为对称面，记为 Γ_{b2}，如图 4-2（b）所示。边界条件为 $B_n = 0$，用磁矢位来表示，即

$$\begin{cases} \boldsymbol{n} \cdot (\nabla \times \boldsymbol{A}^*) = 0 \\ \boldsymbol{n} \times \boldsymbol{A}^* = 0 \end{cases} \tag{4-14}$$

（3）边界面为具有面电流密度 $\boldsymbol{\delta}_s$ 的铁磁边界，记为 Γ_{b3}，如图 4-2（c）所示，此时边界条件为 $\boldsymbol{n} \times \boldsymbol{H} = -\boldsymbol{\delta}_s$，用磁矢位来表示，即

$$
\begin{cases}
\boldsymbol{n} \times \left(\dfrac{1}{\mu} \nabla \times \boldsymbol{A}^* \right) = -\boldsymbol{\delta}_s \\
\boldsymbol{n} \cdot \boldsymbol{A}^* = 0
\end{cases}
\tag{4-15}
$$

（4）强制边界条件，记为 Γ_{b4}，此时边界条件取为

$$
\boldsymbol{A}^* = \boldsymbol{A}_0^*
\tag{4-16}
$$

若该边界距离源区较远，则可以认为 $A_0^* = 0$。

对于交界面 Γ_a，则根据 $B_{1n} = B_{2n}$、$H_{1t} = H_{2t}$、$J_{1n} = 0$ 的条件，可以得到下列边界条件：

$$
\begin{cases}
\boldsymbol{n} \cdot (\nabla \times \boldsymbol{A}_1^*) = \boldsymbol{n} \cdot (\nabla \times \boldsymbol{A}_2^*) \\
\boldsymbol{n} \times \left(\dfrac{1}{\mu_1} \nabla \times \boldsymbol{A}_1^* \right) = \boldsymbol{n} \times \left(\dfrac{1}{\mu_2} \nabla \times \boldsymbol{A}_2^* \right) \\
\sigma_1 \left(\dfrac{\partial \boldsymbol{A}_1^*}{\partial t} \right) \cdot \boldsymbol{n} = 0
\end{cases}
\tag{4-17}
$$

以上边界条件并非完全独立，在一定条件下可以相互转换。

4.1.3 隔磁段漏抗求解方法

本节讨论潜油电机隔磁段漏抗的求解。电抗的求解有两种方法：磁链法和能量法。磁链法常常用于解析计算，通过求解单位电流作用下的磁链进而得到电感和电抗。能量法常常用于数值计算，通过求解磁路当中的磁场储能进而计算对应的电感和电抗。正如前面对潜油电机隔磁段漏抗的定义，该漏抗对应隔磁段处的漏磁，因此通过能量法计算更为直接，即求解隔磁段场域的磁场储能，进而得到隔磁段漏抗。

1. 隔磁段场域磁场储能的计算

用有限元法求出半个隔磁段场域 Ω 内各点的磁矢位后，就可以求出该区域内的磁场储能 W_{Eli}。因为

$$
W_{Eli} = \frac{1}{2} \int_{\Omega} \boldsymbol{B} \cdot \boldsymbol{H} \mathrm{d}\Omega
\tag{4-18}
$$

根据磁矢位的定义有

$$
\boldsymbol{B} = \nabla \times \boldsymbol{A}
\tag{4-19}
$$

根据磁场储能的定义有

$$
W_{Eli} = \frac{1}{2} \int_{\Omega} \boldsymbol{H} \cdot \nabla \times \boldsymbol{A} \mathrm{d}\Omega
\tag{4-20}
$$

根据矢量公式

$$\nabla \cdot (\boldsymbol{H} \times \boldsymbol{A}) = \boldsymbol{A} \cdot \nabla \times \boldsymbol{H} - \boldsymbol{H} \cdot \nabla \times \boldsymbol{A} \tag{4-21}$$

由此可知

$$W_{\text{Eli}} = \frac{1}{2} \int_{\Omega} \left[\boldsymbol{A} \cdot \nabla \times \boldsymbol{H} - \nabla \cdot (\boldsymbol{H} \times \boldsymbol{A}) \right] d\Omega \tag{4-22}$$

将

$$\nabla \times \boldsymbol{H} = \boldsymbol{J} \tag{4-23}$$

代入式（4-22）可得

$$W_{\text{Eli}} = \frac{1}{2} \int_{\Omega} \boldsymbol{A} \cdot \boldsymbol{J} d\Omega - \frac{1}{2} \oint_{s} \boldsymbol{H} \times \boldsymbol{A} \cdot \boldsymbol{n} \cdot d\boldsymbol{s} \tag{4-24}$$

由于隔磁段模型边界面上均满足第一类边界条件，有

$$\boldsymbol{H} \times \boldsymbol{A} \cdot \boldsymbol{n} = 0 \tag{4-25}$$

因此，场域的磁场储能为

$$W_{\text{Eli}} = \frac{1}{2} \int_{\Omega} \boldsymbol{A} \cdot \boldsymbol{J} d\Omega \tag{4-26}$$

由此可以看出，只要求出潜油电机隔磁段部分场域各节点的磁矢位，就可以求出隔磁段场域的磁场储能。

2. 隔磁段漏抗的计算

根据电工理论和电机学原理可知，隔磁段漏抗可以通过其磁场储能求出，并且为

$$X_{\text{Eli}} = \frac{4\omega_1 2 W_{\text{Eli}}}{3 I_{1\text{m}}^2} \tag{4-27}$$

式中，ω_1 为角频率，$\omega_1 = 2\pi f_1$；W_{Eli} 为场域的磁场储能；$I_{1\text{m}}$ 为定子绕组相电流幅值。

4.2　潜油电机三维涡流场模型

4.2.1　建模遵循的原则

潜油电机隔磁段及扶正轴承建模应遵循以下原则。

（1）建立好的模型，应该能够方便、容易地给出边界条件，且能很容易地将边界条件加载到模型上，不能为了缩小模型体积而忽视边界条件的加载。

（2）建模时，要全面考虑所求区域的实际情况，任何对所求区域有影响的部分都应包含到模型中，或者通过赋值边界条件将其影响加以考虑，尽量与实际状况一致。

（3）建模时，还应综合考虑模型的体积，在不影响计算结果精度的情况下，尽量减小模型的体积，不要包含不必要的部分，缩小模型体积可以减少剖分的单元数，节省计算机存储空间和计算时间。

（4）建模时，对于模型内部一些形状比较怪异、棱角比较突出的几何体，可以适当进行简化，以利于剖分，避免剖分出现病态单元。

总之，建模时要多方面综合考虑，除考虑剖分、节点数目和加载荷外，还要根据计算目的和实际情况建模。例如，计算空载还是负载情况，求解电流密度还是感抗等其他物理量，以及转子旋转问题和特殊材料特性的处理，同一台电机可以采用不同方法建模[53]。

4.2.2　模型的建立

1. 二维模型的建立

当用三维模型计算潜油电机扶正轴承附加涡流损耗时，需要考虑铁心材料非线性的问题。目前可以采用交流磁化曲线计算相应频率下的正弦非线性涡流场，该曲线的横坐标为磁场强度正弦有效值或幅值，纵坐标为磁感应强度的正弦幅值，或者用"有效磁导率"考虑非线性，有效磁导率在一周期内为实常数，有效磁导率的确定可通过给定正弦激励的赋值 H（或 B），按照平均磁化曲线求出其相应 B（或 H）的波形，并作傅里叶级数分解，取其基波分量而求出。但是，这两种办法在三维场计算中的实施很复杂，且也不能十分准确地表示铁磁材料的非线性特性。

采用将磁化曲线线性化的方法，利用了在二维模型中容易考虑磁导率非线性的特点，先在二维模型中确定铁心截面磁通密度的分布及大小，然后在同一工况下的三维模型中对整体铁心按照二维模型中磁通密度的分布进行分块，每块铁心按其上磁通密度值的大小赋予相应的磁导率，具体做法如下：对电机单元定转子部分建立二维模型，定子电枢电压为激励源，对定子电流进行迭代计算，最终可得到二维模型的磁场分布。

为方便后面的计算，需要建立二维有限元模型。由于只是为了确定铁心截面磁通密度的分布及大小，因而模型仅是定转子铁心截面处的二维模型，不必建立扶正轴承和隔磁段处的二维模型。最终潜油电机铁心截面处的二维模型如图 4-3 所示。

2. 三维模型的建立

本节将建立计算潜油电机隔磁段及扶正轴承磁场的三维有限元数学模型，以求解其中的磁场，进而得到隔磁段漏抗和扶正轴承附加损耗。考虑建模原则以

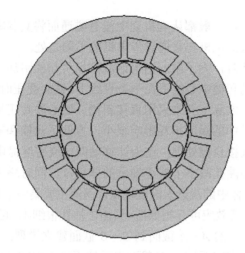

图 4-3　潜油电机铁心截面处的二维模型

及电机的结构特点（长圆柱），初步确定所建立的模型是圆柱形的，这样边界面较少，边界条件容易给出。根据对称性，在计算空载特性时可以建立二分之一或四分之一圆柱，模型体积更小，但是边界条件较难给出，且用此模型计算负载特性较复杂，综合考虑，本节将建立圆柱形模型。

潜油电机结构细长，定转子分段，转子由同轴的多个独立的笼形小转子组成，每两个小转子之间装有扶正轴承，与扶正轴承相对应的定子铁心处装有铜片叠成的隔磁段。因此，潜油电机可以认为是由很多个电机单元通过隔磁段和扶正轴承串到一起组成的。而每一个电机单元的结构形式、尺寸完全相同，因此对潜油电机建立模型，只要对其中的一个单元加上任一侧的隔磁段和扶正轴承建模即可。

建模中考虑到电机内磁场关于定子铁心的中间轴向截面对称，因此模型由单元定子铁心的中间端面并向下一个单元延伸直至包含所需的扶正轴承，这样该端面的边界条件就很容易给出并加载到模型上。扶正轴承位于两个转子段的中间，两侧为结构形式和尺寸完全相同的转子端部，扶正轴承本身也是对称的，因此无论单元段的端环中的电流流向如何，扶正轴承中部的轴向切面都是一个磁场的对称面，所以取扶正轴承的对称中间截面作为模型的另一个端面，这样模型中的扶正轴承即为实际扶正轴承的一半（下面所述的扶正轴承即代指模型中的实际扶正轴承的一半），较容易给出边界条件并加载。

对于圆柱侧面边界的选取，考虑到潜油电机的结构特点，它与普通异步电机的主要不同之处就在于多段结构，以及由此产生的隔磁段部分。在扶正轴承对应的定子部分是铜叠片，铜的磁导率与空气相同，而潜油电机的机壳是 Q345A 钢，具有一定的导磁能力，隔磁段处的磁通没有被屏蔽，经过铜叠片后要进入机壳，因此选取机壳外表面作为圆柱形模型的侧面，这与实际情况比较一致。而以往在电机的电磁场计算中，一般都认为机壳中没有磁通而将其忽略，只将定子铁心作为远场边界，这是潜油电机与普通异步电机的不同之处。

潜油电机在设计时，为了削弱由齿谐波磁场引起的附加转矩及噪声，转子冲片在设计时槽中心线和键中心线不在一条直线上，铁心叠压时冲片正反交替叠压，起到了斜槽的作用，实际上并未采用直接斜槽。铁心冲片正反交替叠压对隔磁段磁场储能和扶正轴承中的涡流损耗影响很小，方便了建模和剖分，模型不考虑冲片的交替叠压，直接按直槽处理，这为计算轴向电流密度提供了便利。

扶正轴承上的细油孔减小了扶正轴承的体积，但同时增大了扶正轴承的表面积，根据电磁量在导体中的浅透入深度现象，涡流主要集中于材料表面，减少的体积和增加的表面积二者效应可互相抵消，又由于油孔很细小，可按无油孔进行建模。

最终选取图 4-4 中的 A—A 截面到 B—B 截面建立模型。其中，A—A 截面表示一个单元定子铁心中间面，B—B 截面表示扶正轴承中间切面。另外考虑到本模型主要是求取隔磁段漏抗和扶正轴承附加损耗，将扶正轴承之外的铁心部分也包含进模型中，主要是为了将这些部分对隔磁段磁场的影响考虑进来。

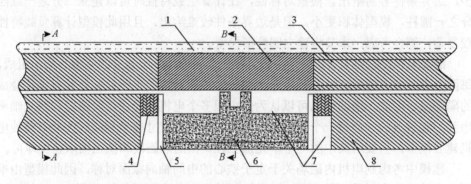

图 4-4　潜油电机分段处示意图

1-机壳；2-隔磁段；3-定子铁心；4-端环；5-绝缘垫片；6-扶正轴承；7-空气；8-转子铁心

在考虑单元段中定转子铁心部分对隔磁段的影响时，不必将整个单元的铁心都包含进来，这个铁心长度（即 A—A 截面的位置）的选取应该以既能减小模型体积、又要保证铁心部分对扶正轴承的影响都包含进来为原则。潜油电机的结构细长，根据对称性可选取半个隔磁段与半个铁心段作为整体模型进行求解，但由于铁心长度相对模型外径较大，如果按上述进行整体建模会导致模型剖分十分困难甚至剖分失败，即使可以剖分，也会由于剖分单元数过多，电脑内存空间不足，最终出现求解失败。

本章采用试探法来确定选取的铁心长度，即首先选一个单元铁心的中间面作为端面，建立好模型后，对模型进行粗剖分，加载荷及赋边界条件进行计算，得到磁段磁场储能和扶正轴承中的涡流损耗；改变铁心长度重新建模计算，分析计算结果，得出隔磁段磁场储能和扶正轴承中涡流损耗随铁心长度变化的趋势。根据这一变化趋势选取最适宜的铁心长度，将此铁心长度作为以后建模计算时的固定值。

在相同边界条件与电流加载的情况下，端部磁场储能随着所选取铁心长度 l_{tx} 增大而减小，并且当 l_{tx} 增大到一定长度后，端部磁场储能变化很小，基本规律如图 4-5 所示，可见 l_{tx} 大于 40mm 以后，隔磁段部分磁场储能变化量在 1% 以内。为得到准确的分析结果，可在允许范围内选择较小 l_{tx}，使剖分密度加大，故选取铁心长度为 50mm。综上所述，所建模型由 50mm 长的定转子铁心、半个隔磁段、半个扶正轴承以及端环组成。模型示意图如图 4-6 所示。

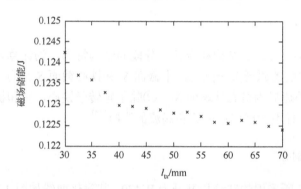

图 4-5　隔磁段部分磁场储能与模型半段铁心长度 l_{tx} 之间的关系图

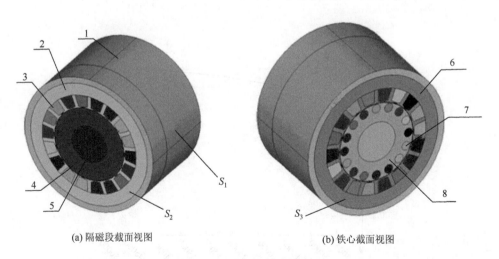

(a) 隔磁段截面视图　　　　　　　　　　　　(b) 铁心截面视图

图 4-6　三维有限元求解模型

1-机壳；2-定子隔磁段；3-定子绕组；4-转子扶正轴承；5-转轴；6-定子铁心；7-鼠笼条；8-转子铁心；S_1-机壳外表面；S_2-隔磁段中截面；S_3-铁心截面

4.3　隔磁段漏抗的计算

4.3.1　隔磁段漏抗计算的有限元分析

潜油电机定子隔磁段处漏磁对应的漏抗称为潜油电机隔磁段漏抗。电抗的求解有两种方法：磁链法和能量法。一般较为简单的电抗多采用磁链法，而对于特殊结构电机的特殊电抗通过建立模型用能量法求解。潜油电机隔磁段漏抗通过求解隔磁段处的磁场储能来求得。

1. 基本假设

根据潜油电机的细长结构和定转子分段的结构特点，为计算方便，进行如下假设：①单节电机的磁场关于隔磁段中截面 S_2 和铁心截面 S_3 对称；②定子绕组产生的全部磁场外边界为机壳外表面 S_1；③除了定转子铁心、轴和机壳的材料，相对磁导率为 1，且不考虑位移电流和涡流的影响[54]。

2. 模型的剖分

定转子铁心所采用的硅钢片型号为 W470，其磁化曲线如图 4-7 所示。其他部分材料均认为是线性，且相对磁导率为 1。

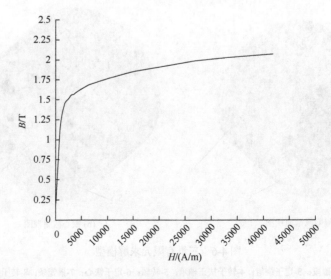

图 4-7　W470 的磁化曲线

　　模型剖分采取分块剖分的办法，单元形状为四面体网格。下面给出了部分模型的剖分图。由于气隙径向长度很小，剖分单元的各边长度极小，剖分网格较密，如图 4-8 所示，节点数为 3464，剖分单元数为 9952。

　　定子铁心剖分情况如图 4-9 所示，由于齿、轭部磁场较密，此部分剖分较为细致，其节点数为 5557，剖分单元数为 18585。由于定子隔磁段铜片的规格尺寸与定子铁心硅钢片相同，剖分形式与定子铁心类似，在此只给出其节点数为 3656，剖分单元数为 11691，剖分图略。

　　转子铁心剖分情况如图 4-10 所示，结点数为 3410，剖分单元数为 12148。鼠笼转子穿铜条，端环与导条剖分如图 4-11 所示，节点数为 2649，剖分单元数为 7554。

　　转子扶正轴承模型较为简单，剖分情况如图 4-12 所示，节点数为 21393，剖分单元数为 31905。

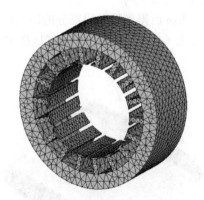

图 4-8　气隙剖分图　　　　　　　　图 4-9　定子铁心剖分图

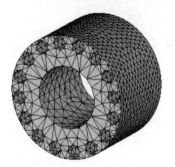

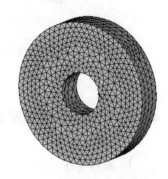

图 4-10　转子铁心剖分图　　　图 4-11　导条端环剖分图　　　图 4-12　半扶正轴承剖分图

3. 边界条件和施加电流载荷

由基本假设可知，全部磁通在模型 V 内部闭合，因此只需要对 S_1、S_2、S_3 施加第一类边界条件即可。用式（4-28）描述该电磁场问题，即

$$\begin{cases} \nabla \times \left(\dfrac{1}{\mu} \nabla \times \boldsymbol{A} \right) = \boldsymbol{J}_\mathrm{s}, & \forall P \in \mathrm{V} \\ \boldsymbol{A} = \boldsymbol{A}_0, & \forall P \in S_1, S_2, S_3 \end{cases} \tag{4-28}$$

式中，P 为节点。

按相同幅值、不同相位给定子绕组施加电流密度载荷。相位可按 A、X、B、Y、C、Z 将绕组分为 6 个相带，然后按每个相带相差 60° 相位角进行加载。加载效果如图 4-13 所示，该图为电流密度加载实部的效果图，颜色深浅表明了电流密度的相位角不同。

求解后得到隔磁段部分的磁矢位 $\boldsymbol{A}$ 的分布，如图 4-14 所示，根据各点磁位值通过式（4-26）求解出定子半段隔磁段模型磁场储能。

 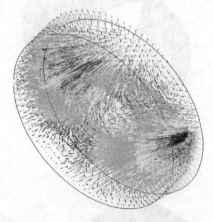

图 4-13　定子电流密度加载效果图　　　　图 4-14　定子隔磁段磁矢位 $\boldsymbol{A}$ 的分布

4.3.2　实例计算与试验验证

1. 实例计算

对已知数据如表 4-1 所示的 YQY114P-31kW 的潜油电机建模并进行隔磁段漏抗计算。

表 4-1　实例已知数据

参数	P_N/kW	$U_{N\varphi}$/V	f_1/Hz	a	p	N_1	n_v	Q_1	Q_2	l/cm	L_i/cm
参数值	31	881	50	1	1	42	9	18	16	374.97	4.13

表中，P_N 为额定功率；$U_{N\varphi}$ 为额定相电压（Y 接）；p 为极对数；f_1 为定子电压频率；a 为并联支路数；N_1 为每相串联匝数；n_v 为隔磁段数；Q_1 为定子槽数；Q_2 为转子槽数；l 为铁心长度；L_i 为每段隔磁段长度。

求解后得到隔磁段部分的磁矢位 A 的分布，如图 4-14 所示，根据各点磁位值通过式（4-26）求解出定子半段隔磁段模型磁场储能 $W_{Eli} = 0.0186$J。该电机一共有 9 个隔磁段，总的磁场储能为 $0.0186 \times 18 = 0.3348$J。根据式（4-27）求得隔磁段漏抗为 0.1616Ω（标幺值为 0.00935）。

表 4-2 给出了该电机的定子端部漏抗、槽漏抗、谐波漏抗以及定子总漏抗的标幺值。潜油电机由于铁心细长，电机的端部漏抗很小，仅占总漏抗的 1%，而隔磁段漏抗占定子总漏抗的 13.04%，比槽漏抗小 6.85%，远大于端部漏抗。显然潜油电机设计中定子漏抗的计算必须考虑隔磁段漏抗。

表 4-2　定子漏抗标幺值

参数	标幺值	占考虑隔磁段总漏抗百分比/%
端部漏抗	0.00072	1
槽漏抗	0.01427	19.89
谐波漏抗	0.04740	66.07
隔磁段漏抗	0.00935	13.04
不计隔磁段的总漏抗	0.06239	86.96
考虑隔磁段的总漏抗	0.07174	100

2. 试验验证

本节中的试验验证是指把潜油电机隔磁段漏抗的理论计算结果代入潜油电机设计程序中进行计算，对比考虑该漏抗与不考虑该漏抗时电机性能参数的差异，并与电机的现场实测数据进行对比，观察哪种情况更接近试验结果。

用计算机辅助设计程序进行潜油电机的设计，影响结果性能参数的因素有很多，如程序中变量的类型、变量的数据长度、不同计算机中央处理器（central processing unit，CPU）数据处理内核等。为了对比考虑与不考虑隔磁段电磁参数时电机性能的差异，可以在同一台计算机上使用同一套程序计算。

这一试验验证过程实际是一种间接试验验证，因为潜油电机隔磁段漏抗目前还没有办法能够通过试验直接分离得到。

把考虑隔磁段漏抗时的数据代入潜油电机设计程序，得到该电机主要性能指标，并与不考虑隔磁段漏抗时的潜油电机性能指标及电机现场试验数据进行对比，如表 4-3 所示。

表 4-3　考虑与不考虑隔磁段漏抗时潜油电机性能指标对比

性能指标	不考虑隔磁段漏抗	考虑隔磁段漏抗	实测数据
效率	0.8154	0.8151	0.81
功率因数	0.8338	0.8315	0.83
最大转矩倍数	3.2434	2.6232	2.66
启动转矩倍数	2.6816	2.2163	2.19
启动电流倍数	5.4395	4.7109	4.61

从表 4-3 中可以看出，考虑隔磁段漏抗时对电机的效率、功率因数影响很小，主要是对电机的转矩倍数和启动电流倍数有较大的影响，这使考虑隔磁段漏抗时潜油电机的设计性能指标更接近实测结果，说明考虑隔磁段漏抗是正确的也是应该的。

4.4　扶正轴承附加损耗的计算

潜油电机定子隔磁段是由不导磁的铜冲片叠压而成的，铜叠片位于两定子段之间，片间有绝缘，因而隔磁段中的涡流损耗很小，可忽略不计。因此，主要考虑扶正轴承附加损耗的计算。

扶正轴承附加损耗即扶正轴承中的涡流损耗，本节在计算时，全面考虑了潜油电机的结构特点，尽量与实际情况吻合，在满足求解精度的情况下，适当进行一些简化处理，以易于求解和减少计算量。

为了易于求解，在电磁场求解过程中，进行如下假设：①硅钢片的电导率忽略不计，不考虑铁心中的涡流；②各场量随时间作正弦变化；③铁磁媒质各向同性；④不计源电流区的涡流。

4.4.1　转子转动效应

由于目前有限元计算还不能直接将转子的转动效应加载到模型上，在计算时，一般采用等效处理的办法，常用的等效法有以下四种：伪静止法、定子坐标系法、时步法和气隙单元法。每种方法都各有优缺点和适合的场合，本节计算采用了伪静止法。

伪静止法的具体做法相当于电机学里采用的频率归算，即用一个静止的电阻为 R_2/s（s 为转差率）的等效转子去代替电阻为 R_2 的实际转子，等效转子将与实际转子具有同样的转子磁动势（同空间转速、同幅值、同空间相位）[55]。由电机学可知，等效前转子导条内感生的电动势有效值 $E_2 = 4.44sf_1K_{W2}\Phi_m$，其中 K_{W2} 为转子绕组系数，电流有效值 $I_2 = \dfrac{E_2}{\sqrt{R_2^2 + sX_{2\sigma}^2}}$，其中 $X_{2\sigma}^2$ 为转子漏电抗；等效后转子导条内感生的电动势有效值 $E_2' = 4.44f_1K_{W2}\Phi_m$，电流有效值 $I_2' = \dfrac{E_2'}{\sqrt{\dfrac{R_2^2}{s} + X_{2\sigma}^2}} =$

$\dfrac{E_2}{\sqrt{R_2^2 + sX_{2\sigma}^2}} = I_2$，$\Phi_m$ 为电机每极基波磁通的有效值，这样等效前后导条中电流有效值相等，然而等效后所得到的磁场与实际不符，这是由于将转子输出的机械能转化成转子电阻热能消耗掉，转子上没有受到电磁转矩，气隙中磁力线与转子表面垂直，而实际上转子受到电磁转矩，磁力线倾斜进入转子。但磁通在各个区域内的疏密程度与实际情况应一致，因为频率归算的功率不变性，各个部件中的储能或涡流损耗不变，在只考虑储能和能量损耗时，所得结果与实际情况相同。

对于伪静止法的缺点，由于采用了复数变量，所有物理量都假定随时间作正弦变化，对时间的高次谐波不能考虑进去。另外，没有反映转子旋转时的齿槽效应。但是这对求解扶正轴承的涡流损耗的影响是很微小的。

4.4.2　铁心磁导率非线性问题的处理

在计算三维涡流场时，铁磁材料磁导率的非线性是一个很复杂的问题，当场域内含有非线性媒质时，媒质的参数不仅依赖于空间坐标，而且依赖于问题的解答，正弦激励将得到非正弦的响应。本节对潜油电机常用的硅钢材料 DW470 采用逐段线性化的方式考虑铁心磁导率非线性的问题。

1. 不考虑铁心磁导率的非线性问题

若不考虑铁心磁导率的非线性，也就是假定潜油电机工作时铁心材料是不饱和的，将前面建立的三维模型在求解扶正轴承涡流损耗时，对所有铁心材料都加同一磁导率，对其进行计算，得到其磁通密度分布，如图 4-15 所示。

以 YQY114P-31kW 潜油电机为例，计算得到半个扶正轴承中的涡流损耗为 75.37W，则整台电机的扶正轴承附加损耗为 75.374×18 = 1356.66W。将此损耗计入电机总损耗中，得到电机的效率仅为 78%，与实测数据 81% 相比，差了 3 个百分点，对电机效率来说这是个相当大的误差。

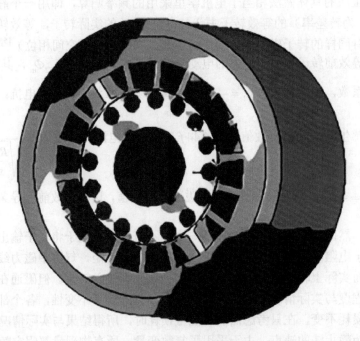

图 4-15　不考虑铁心磁导率的非线性问题时模型的磁通密度分布

另外，从图 4-15 中看出，磁通密度的分布也是有问题的。潜油电机是两极电机，磁力线的走势是从图中的深色阴影处分开后分别沿左右两侧铁心向另一端深色阴影延伸。那么在深色阴影处磁通密度最小，颜色浅的地方磁通密度最大，表现在图中就应该是圆周上除两处深色阴影外剩下的部分磁通密度都大些，和深色阴影隔 90° 的位置处磁通密度应最大，因为此处的磁力线最多最密。这说明计算潜油电机的三维涡流场不考虑铁心材料的磁导率非线性是不准确的，误差很大。

2. 考虑铁心磁导率的非线性问题

在潜油电机三维涡流场的计算中考虑了铁心磁导率的非线性问题，通过采用将磁化曲线逐段线性化的方法，实现了对电机铁心磁饱和问题的考虑，主要是利用在二维模型中容易考虑磁导率非线性的特点，先在二维模型中确定铁心截面磁通密度的分布及大小，然后在同一工况下的三维模型中对整体铁心按照二维模型中磁通密度的分布进行分块，每块铁心按其上磁通密度值的大小赋予相应的磁导率[56]。

具体做法如下：对电机单元定转子部分建立二维模型，定子电枢电压为激励源，定子电流进行迭代计算，最终可得到二维模型的磁场分布。根据磁通分布划分形状规则的区域，在每个区域内根据磁通密度值选定一个磁导率 μ 值（参考图 4-16），这个 μ 值是将磁化曲线分段（段数与划分的区域个数一致）线性化后对应的直线段的斜率。在建立三维模型时，将模型中铁磁材料也对应分块，将上面确定好的磁导率 μ 值赋给相应的块体。建模时确定的磁导率在计算过程中可根据计算结果进行调整，可通过对转子导条中感应电流 Z 方向分量进行迭代计算，直到与二维模型计算得到的转子导条中的电流相等；或将磁化曲线膝点以上的部分用多段直线段逼近，可以较好地模拟硅钢片的导磁特性。

在确定铁磁材料特性的过程中，二维模型计算得到的磁场分布与实际磁场肯定不能完全相符，但就磁通在二维模型中各部分分布的疏密程度以及能量转换观点而言，与实际情况是一致的。考虑到铁心的磁场对端部以外的扶正轴承中磁场的影响，主要是能量损耗，因此在三维模型中对整体铁心可以按照二维模型中磁通密度的分布进行分块计算。

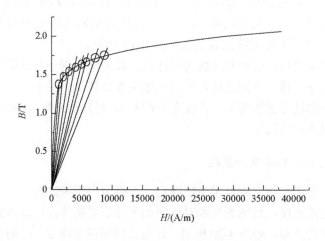

图 4-16　（W470）磁化曲线分段示意图

3. 二维涡流场的计算

为处理电机铁心磁导率的非线性，首先用二维模型计算出铁心截面的磁场，计算结果见图 4-17、图 4-18。根据图 4-17 的磁通密度分布，可见在四个定子齿部、两极间的转子轭和部分转子槽的封口处磁通密度较大，结合已细分的铁心材料磁化曲线，按磁通密度大小划分区块，并赋予相应的磁导率，建立的计算扶正轴承涡流场的三维模型如图 4-6 所示。

图 4-17　磁通密度分布图

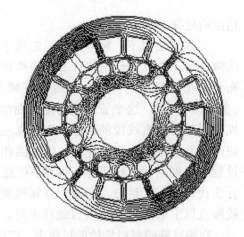

图 4-18　磁力线图

4.4.3　附加损耗结果分析

选取定子电枢电流作为激励源。定子绕组为单层同心式绕组，定子槽数为 18 槽，每相下 3 个槽，每相相差 60°，电密的幅值由额定电流及槽内绕组有效面积推导得出，定子电流密度加载效果如图 4-13 所示。

计算模型确定后，剖分并加载进行计算。其他部分剖分与前面定子隔磁段漏抗计算时的剖分一样，不同之处在于，此处主要计算扶正轴承中的涡流损耗，因此对扶正轴承的剖分更加细密，节点数为 62315，剖分单元数为 98165。剖分后的扶正轴承如图 4-19 所示。

1. 空载时扶正轴承附加损耗

空载时，转子相对气隙旋转磁场静止，在模型中不考虑转差率，加载定子电枢额定空载电流密度，远场表面和对称面加平行边界条件，计算得到空载情况下模型内磁通密度分布，如图 4-20 所示，这与实际情况相吻合。磁通密度矢量分布如图 4-21 所示，空载时扶正轴承上磁通密度分布如图 4-22 所示。

针对前面 YQY114P-31kW 的潜油电机，对空载时其扶正轴承中的涡流损耗进行计算，得到半个扶正轴承的涡流损耗为 9.46W，则整个电机所有扶正轴承的涡流损耗为 $9.46 \times 18 = 170.28W$。

2. 负载时扶正轴承附加损耗

计算负载情况时，转子导条和端环按前面所述赋值，加载定子电枢电流密度作为激励源，计算得到负载时整个模型区域的磁场分布如图 4-23 所示。

图 4-19　扶正轴承剖分图

图 4-20　磁导率非线性时模型的磁通密度分布

(a) 侧视图

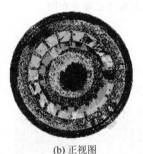

(b) 正视图

图 4-21　空载磁通密度矢量图

图 4-22　空载扶正轴承磁通密度分布图

　　扶正轴承中的磁场分布如图 4-24 所示,扶正轴承上的涡流电流分布如图 4-25 所示。此时求得负载时半个扶正轴承的涡流损耗为 11.79W,整个电机所有扶正轴

(a) 侧视图

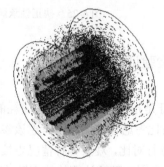

(b) 斜视图

图 4-23　负载时模型上磁场分布

承的涡流损耗为 $11.79 \times 18 = 212.22W$。显然负载时扶正轴承的涡流损耗比空载时大，占电机额定功率的 0.68%。

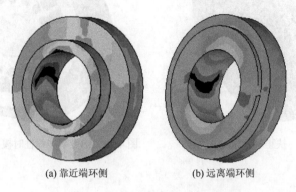

(a) 靠近端环侧   (b) 远离端环侧

图 4-24   负载时扶正轴承磁场分布图

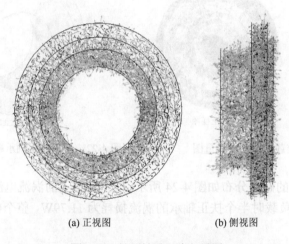

(a) 正视图   (b) 侧视图

图 4-25   扶正轴承涡流矢量图

4.4.4   间接试验验证

间接试验验证是指把扶正轴承附加损耗的理论计算结果代入潜油电机设计程序中进行计算，对比考虑该参数与不考虑该参数时电机性能参数的差异，并与电机的现场实测数据进行对比，观察哪种情况更接近试验结果。这一验证过程之所以称为间接试验验证，是因为理论计算的扶正轴承附加损耗并不是直接与试验测得的扶正轴承附加损耗进行对比，而是转化为对比考虑该参数与不考虑该参数时电机性能参数的差异。

　　将 YQY114P-31kW 潜油电机扶正轴承附加损耗的计算值代入潜油电机设计程序中，将得到的计算数据和电机试验数据进行对比。

　　表 4-4 列出了 YQY114P-31kW 潜油电机的扶正轴承附加损耗的理论计算结果。将考虑扶正轴承附加损耗的数据与不考虑该参数时的潜油电机性能指标及电机现场试验数据进行对比，显然只考虑扶正轴承附加损耗时对电机的转矩和启动电流影响很小，但对电机的效率和功率因数影响较大。结合 4.3 节内容，表 4-5 给出了同时考虑隔磁段漏抗和扶正轴承附加损耗时的数据与不考虑隔磁段漏抗和扶正轴承附加损耗时的潜油电机性能指标及电机现场试验数据对比。

表 4-4　扶正轴承附加损耗考虑与否时电机性能指标对比

性能指标	不考虑扶正轴承附加损耗	考虑扶正轴承附加损耗	实测数据
效率	0.815	0.809	0.810
功率因数	0.833	0.839	0.837
最大转矩倍数	3.243	3.243	2.663
启动转矩倍数	2.681	2.678	2.192
启动电流倍数	5.439	5.437	4.611

表 4-5　同时考虑与不考虑隔磁段电磁参数时电机性能指标对比

性能指标	二者都不考虑	二者都考虑	实测数据
效率	0.815	0.809	0.810
功率因数	0.833	0.830	0.837
最大转矩倍数	3.243	2.621	2.663
启动转矩倍数	2.681	2.214	2.192
启动电流倍数	5.439	4.708	4.611

　　从表 4-4、表 4-5 中可以看出，考虑隔磁段电磁参数时对电机最终的实际效率、功率因数、转矩倍数等都有较大的影响。而与现场实测数据相比，考虑隔磁段电磁参数时电机的性能参数更接近实测结果，说明考虑隔磁段电磁参数是正确的。

　　由此可见，为使细长的潜油电机工作时稳定可靠而必须采用的起多点支撑作用的隔磁段和扶正轴承，却在电机的实际运行中形成漏抗和附加损耗，直接影响电机的性能参数，在设计时必须考虑其影响。

4.5　隔磁段电磁参数求解中存在的问题

前面求解潜油电机隔磁段电磁参数的模型是经过简化的。实际上，隔磁段和扶正轴承处的情况是很复杂的：潜油电机在运行时，扶正轴承与转轴之间有摩擦力的存在，扶正轴承中有感应出的涡流，而这一涡流在磁场中也会产生转矩作用在扶正轴承上，这些使扶正轴承的转速与转子转速不一样，而且很难确定。

电机运行时隔磁段与扶正轴承之间存在互感，扶正轴承与它两端的转子端环、导条也存在互感，而这些互感和扶正轴承与定子、转子之间的相对转速是有关的，由于扶正轴承的转速很难确定，这些互感也很难确定，而且这些互感也会影响扶正轴承的转速。另外，扶正轴承的内外套上有一个直径很小的小孔，电机在运行时气隙和转轴空腔中的油可以从这个孔中通过，这也会影响到扶正轴承的转速。

这些问题在隔磁段和扶正轴承中构成了一个极其复杂的力、电磁场以及流体场的多场耦合问题，在现阶段这是很难求解的。因此，在模型中没有考虑这些情况，在计算隔磁段磁场储能时中没有考虑转子的转动效应；在计算扶正轴承附加损耗时以伪静止法考虑了转子的转动效应，但同时认为扶正轴承与转子之间没有相对运动。这一简化，对于要求解的问题是很必要的，而且试验证明这样的简化是可以的。

第 5 章　潜油电机分段处多场耦合计算

本章针对潜油电机分段处多物理场耦合的问题，通过研究其电磁特性、传热规律、受力分布等方面的影响，并探究各物理场之间的耦合特性，确定隔磁段以及扶正轴承对电机涡流损耗、温度分布以及受力等方面的影响规律。

5.1　潜油电机分段处各场数学模型

5.1.1　分段处电磁场数学模型

潜油电机分段处电磁场的数学模型，主要集中在对隔磁段漏抗、扶正轴承涡流损耗的获取，其中隔磁段漏抗通过能量法求解，扶正轴承涡流损耗可由三维涡流场的损耗云图得到，详见第 4 章。以下仅补充扶正轴承涡流损耗的解析求法。

根据麦克斯韦电磁感应方程，可推出扶正轴承中涡流回路的感应电动势为

$$E_{\mathrm{W}} = KfL_{\mathrm{a}} 2xB_{\mathrm{m}} \tag{5-1}$$

式中，K 为感应电动势的比例常数；f 为感应电磁场的交变频率；x 为涡流回路与扶正轴承轴线间的距离 L_{a} 为扶正轴承的长度；B_{m} 为磁通密度最大值。

涡流回路的等效电阻为

$$\mathrm{d}R = \rho \frac{2(L_{\mathrm{a}} + L_{\mathrm{m}})}{h_{\mathrm{M}} \mathrm{d}x} \tag{5-2}$$

式中，ρ 为扶正轴承的电阻率；h_{M} 为扶正轴承和高度。
可得扶正轴承中的功率损耗为

$$\mathrm{d}p_{\mathrm{W}} = \frac{E_{\mathrm{W}}^2}{\mathrm{d}R} = \frac{2K^2 f^2 L_{\mathrm{a}}^2 B_{\mathrm{m}}^2 h_{\mathrm{M}}}{\rho(L_{\mathrm{a}} + L_{\mathrm{m}})} x^2 \mathrm{d}x \tag{5-3}$$

可得扶正轴承中的涡流损耗为

$$
\begin{aligned}
p_{\mathrm{W}} &= \int_0^{\frac{L_{\mathrm{a}}}{2}} \mathrm{d}p_{\mathrm{W}} \int_0^{\frac{L_{\mathrm{a}}}{2}} \frac{2K^2 f^2 L_{\mathrm{a}}^2 B_{\mathrm{m}}^2 h_{\mathrm{M}}}{\rho(L_{\mathrm{a}} + L_{\mathrm{m}})} x^2 \mathrm{d}x \\
&= \frac{K^2 f^2 L_{\mathrm{a}}^2 B_{\mathrm{m}}^2 L_{\mathrm{m}}^3 h_{\mathrm{M}}}{12\rho(L_{\mathrm{a}} + L_{\mathrm{m}})} = \frac{K^2 f^2 L_{\mathrm{a}} B_{\mathrm{m}}^2 L_{\mathrm{m}}^2 V}{12\rho(L_{\mathrm{a}} + L_{\mathrm{m}})}
\end{aligned}
\tag{5-4}
$$

本节对潜油电机机械损耗进行计算是为温度场的计算做准备，由于潜油电机的气隙内充满润滑油，转子与油的摩擦损耗占一定比重。此外，还包括的机械损耗有扶正轴承的摩擦损耗以及止推轴承动、静块的摩擦损耗。在电机工作时，这

些损耗作为热源使电机内部温度升高，其中转子与润滑油的摩擦损耗和扶正轴承上的摩擦损耗生热较多，对电机的温升起主要作用。热源的具体计算见第 2 章中潜油电机机械损耗的计算，此处不再赘述。

5.1.2　分段处温度场数学模型

在求解区域内用边值问题来表达电机内部的稳态温度场，数学模型为

$$\lambda_x \frac{\partial^2 T}{\partial x^2} + \lambda_y \frac{\partial^2 T}{\partial y^2} + \lambda_z \frac{\partial^2 T}{\partial z^2} = -q_{th}$$

$$\left. \frac{\partial T}{\partial n} \right|_{S_1 \sim S_6} = 0 \tag{5-5}$$

$$\alpha (T - T_0)\big|_{S_7 \sim S_8} = -\lambda \frac{\partial T}{\partial n}$$

式中，λ_x、λ_y、λ_z 为沿着 x、y、z 三个方向的导热系数；q_{th} 为热流密度；T 为温度；$S_1 \sim S_6$ 为第二类边界面；$S_7 \sim S_8$ 为第三类边界面。

将式（5-5）转化为变分问题，可得相应的泛函为

$$I(T) = \sum_{e=1}^{E} I_e(T) = \sum_{e=1}^{E} (I_{e1} + I_{e2} + I_{e3} + I_{e4})$$

$$I_{e1} = \frac{1}{2} \int_{v_e} \left[\lambda_x \left(\frac{\partial T}{\partial x} \right)^2 + \lambda_y \left(\frac{\partial T}{\partial y} \right)^2 + \lambda_z \left(\frac{\partial T}{\partial z} \right)^2 \right] dv$$

$$I_{e2} = -\int_{v_e} T q_{th} dv \tag{5-6}$$

$$I_{e3} = Q \frac{1}{2} \alpha \int_{s_e} T^2 ds$$

$$I_{e4} = -\alpha \int_{s_e} T_0 ds$$

式中，v 为体积域；s 为面积域；α 为对流换热系数；Q 为内热源功率；T_0 为边界主流场流体温度。

通过对求解区域的剖分，将计算区域划分为单元区域连接而成，任一点的温度可表示为

$$T^e = \sum_{i=1}^{8} N_i^e (\xi, \eta, \zeta) T_i^e, \quad i = 1, 2, \cdots, 8 \tag{5-7}$$

令 $N_i^e(\xi, \eta, \zeta)$ 在节点 i 的值为 1，在节点 j 的值为 0，且二者为不同的节点，即

$$\begin{array}{c} N_i^e(\xi_i, \eta_i, \zeta_i) = 1 \\ N_j^e(\xi_j, \eta_j, \zeta_j) = 0 \end{array}, \quad i \neq j, \quad i, j = 1, 2, \cdots, 8 \tag{5-8}$$

式中，(ξ_i, η_i, ζ_i) 为节点 i 的局部坐标。

故

$$\xi = \sum_{i=1}^{8} N_i(\xi, \eta, \zeta) \xi_i$$

$$\eta = \sum_{i=1}^{8} N_i(\xi, \eta, \zeta) \eta_i \qquad (5\text{-}9)$$

$$\zeta = \sum_{i=1}^{8} N_i(\xi, \eta, \zeta) \zeta_i$$

将局部坐标变换到整体坐标，可得

$$x = \sum_{i=1}^{8} N_i(\xi, \eta, \zeta) x_i$$

$$y = \sum_{i=1}^{8} N_i(\xi, \eta, \zeta) y_i \qquad (5\text{-}10)$$

$$z = \sum_{i=1}^{8} N_i(\xi, \eta, \zeta) z_i$$

局部坐标和整体坐标之间的关系为

$$
\begin{bmatrix}
\dfrac{\partial N_i}{\partial x} \\[2mm]
\dfrac{\partial N_i}{\partial y} \\[2mm]
\dfrac{\partial N_i}{\partial z}
\end{bmatrix}
= J^{-1}
\begin{bmatrix}
\dfrac{\partial N_i}{\partial \xi} \\[2mm]
\dfrac{\partial N_i}{\partial \eta} \\[2mm]
\dfrac{\partial N_i}{\partial \zeta}
\end{bmatrix}
\qquad (5\text{-}11)
$$

式中，$J = \begin{bmatrix} \dfrac{\partial x}{\partial \xi} & \dfrac{\partial y}{\partial \xi} & \dfrac{\partial z}{\partial \xi} \\[2mm] \dfrac{\partial x}{\partial \eta} & \dfrac{\partial y}{\partial \eta} & \dfrac{\partial z}{\partial \eta} \\[2mm] \dfrac{\partial x}{\partial \zeta} & \dfrac{\partial y}{\partial \zeta} & \dfrac{\partial z}{\partial \zeta} \end{bmatrix}$。

通过对泛函的求解得到

$$\frac{\partial T^e}{\partial x} = \frac{\partial N_k^e}{\partial x} T_k^e$$

$$\frac{\partial T^e}{\partial y} = \frac{\partial N_k^e}{\partial y} T_k^e, \qquad k = 1, 2, \cdots, 8 \qquad (5\text{-}12)$$

$$\frac{\partial T^e}{\partial z} = \frac{\partial N_k^e}{\partial z} T_k^e$$

将式（5-12）代入式（5-5），可得

$$\frac{\partial I_1^e}{\partial T_1} = \iiint_{V_e} \left\{ \frac{\partial N_k^{eT}}{\partial x} \lambda_x \frac{\partial N_k^e}{\partial x} + \frac{\partial N_k^{eT}}{\partial y} \lambda_y \frac{\partial N_k^e}{\partial y} \right. \tag{5-13}$$

$$\left. + \frac{\partial N_k^{eT}}{\partial z} \lambda_z \frac{\partial N_k^e}{\partial z} \right\} dV T_k^e = k^e T_k^e$$

通过离散化的方法求解泛函的极值，最后得到单元矩阵方程为

$$k^e T_k^e - p^e + H^e T_k^e - R^e = 0 \tag{5-14}$$

当泛函 $I(T)$ 达到极值时，$\partial I / \partial T = 0$，由此推导出三维温度场的方程为

$$KT = F \tag{5-15}$$

式中，T 为节点温度向量；K 为传导矩阵，包含一系列对流和导热系数等；F 为节点温度载荷向量。

由于构成潜油电机各部分的材料的机械性能受温度的影响而变化，本章的温度仿真对后续的受力计算产生影响，通过查阅相关资料找出各部位在固定温度下的受力极限。然后计算分段处的受力情况，若实际工况的受力在该材料所能承受的温度极限以下，则认为安全可靠。

5.1.3 分段处受力分布数学模型

1. 转轴刚度计算

计算转轴的挠度是否在材料强度的允许范围内即为转轴的刚度计算[57]，在上述电磁计算的基础上我们已确定的量有轴的尺寸、转子尺寸以及电机的气隙长度和磁通密度等。计算如下：

$$K_{ab} = K_{cb} = \sum_{i=1}^{m} \frac{64(a_i^3 - a_{i-1}^3)}{\pi d_i^4} \tag{5-16}$$

式中，a 为坐标点，对应阶梯轴不同位置处的坐标；d_i 为第 i 段的轴直径。

当轴材料为 40Cr 时，弹性模量 $E = 2.1 \times 10^6 (\text{kg} \times \text{cm})$。

轴在 b 点的柔度系数 α_{bb}（单位：kg/cm）为

$$\alpha_{bb} = \frac{l_2^2 \times K_{ab} + l_1^2 \times K_{cb}}{3 \times E \times l^2} \tag{5-17}$$

轴的密度 $\rho = 7.65 \times 10^3 \text{kg/m}^3$；轴的重量 $Q = \pi R^2 L \rho$；转子比重 $\gamma = 8 \times 10^{-3} \text{kg/cm}^3$。

转子重量 $G = \frac{\pi}{4}(D_2^2 - D_k^2)l_{\text{eff}} \cdot \gamma$，其中 D_2 为转子外径，其长度为 58.8mm，D_k 为电机轴孔内径，长度为 8mm。

转子本身自重所产生的挠度（单位：cm）为

$$f_1 = \left(1 + \frac{2}{3} \times \frac{Q}{G}\right) G \times \alpha_{bb} \tag{5-18}$$

磁拉力刚度为

$$K_0 = \left(\frac{B_\delta}{7000}\right)^2 \times \frac{3 \times D_2 \times l_{\text{eff}}}{\delta} \tag{5-19}$$

式中，D_2 为转子外径（cm）；l_{eff} 为有效铁心长度（cm）；δ 为气隙长度（cm）；B_δ 为气隙磁通密度（GS）。

初始单边磁拉力[58]为

$$P_0 = K_0 \times e_0 \tag{5-20}$$

由单边磁拉力导致的轴在 b 点的挠度 f_3 为

$$f_3 = \frac{f_0}{1 - m} \tag{5-21}$$

式中，$f_0 = \dfrac{P_0}{G} \times f$，其中，$P_0$ 为单边磁拉力，f_0 为单边磁拉力作用下的转轴挠度大小；$m = \dfrac{f_0}{e_0}$，其中，e_0 为转轴的偏心值。

轴在 b 点的总挠度为

$$f = f_1 + f_3 \tag{5-22}$$

$$\frac{f_1 + f_3}{\delta} \times 100\% = 2.85\% < 10\% \tag{5-23}$$

一般来说，异步电机挠度为气隙的 10% 以下便认为安全可靠。

2. 扶正轴承强度计算

$$T = 9.55 \times 10^6 \frac{P}{n} \tag{5-24}$$

式中，P 为传递的功率（kW）；n 为轴的转速（r/min）。

当量弯矩 M_{ca} 为

$$M_{ca} = \sqrt{M^2 + (\alpha T)^2} \tag{5-25}$$

式中，α 为根据转矩性质而定的折合系数；M 为弯矩。

危险截面计算应力为

$$\sigma_{ca} = \frac{M_{ca}}{W} = \frac{\sqrt{M^2 + (\alpha T)^2}}{0.1 d^3} \leqslant \sigma_{-1} \tag{5-26}$$

式中，W 为轴的抗弯断面系数；d 为危险截面直径（mm）；σ_{-1} 为许用弯曲应力。

依据上述数学模型，并考虑潜油电机分段处具体结构特点，最终物理模型的建立方法详见 4.2.2 节，针对表 4-1 所示的 YQY114P-31kW 的潜油电机建模并计算，所建模型如图 4-6 所示。考虑到潜油电机分段处的耦合场较为复杂，各部分之间相互作用，本章关于潜油电机分段处的研究采用同一个模型，分别导入电磁计算、传热计算以及受力计算软件中，以便更直接地阐述各场之间的影响规律，排除由于模型不同产生的不必要误差。

5.2　潜油电机分段处耦合特性研究

考虑到潜油电机分段结构处于一个复杂的耦合场中，各个物理场之间相互影响，本节主要从电磁场、温度场以及受力分布这三个方面，采用有限元法来分析分段处对整个电机的影响；同时，考虑这三种物理场之间的相互影响，对潜油电机分段处进行全面分析，并探究分段处的轴向长度对潜油电机综合性能的影响，为今后潜油电机的精确设计奠定基础。

5.2.1　分段处电磁场分析

对潜油电机电磁场的计算采用有限元法来完成，有限元法发展到今天已经相当成熟，并被广泛应用到各个工程电磁领域。它主要以麦克斯韦理论建立微分方程并将之离散化，转变成矩阵形式，这样就将工程问题转化为矩阵来求解[59]，这样不仅使运算更为准确，还使计算过程更为直观，同时还保持了分布式计算和并行计算的优点，可以更从容地面对日益增大的仿真模型。

运用有限元法计算潜油电机分段处的电磁场。有限元法是目前解决工程问题的一种有效方法，它将变分原理和剖分插值都融入其中，并结合起来求解微分方程，具有高准确性和快速性等优点。最开始的有限元法都是以变分原理为基础的，随着研究的深入，逐渐将拉普拉斯方程和泊松方程等高端算法都融入其中，用以描述实际工程中所遇到的各类物理场和耦合场[60]。有限元法的核心即把所要计算的求解区域剖分成许多小的单元体，再将这些单元体组合起来形成一个整体，就是用这种方式来代替求解，描述求解场域，从而将最初的泊松方程通过一系列替代与求解，将复杂的问题划分为对泛函数求解极值的一种方法。

1. 基本假设

电磁场求解的基本假设如下：①电机的磁场关于隔磁段截面和铁心截面对称；②不考虑硅钢片以及机壳中涡流的影响；③定子绕组产生的磁场仅存在于机壳内部；④忽略电机中油对扶正轴承的影响。

2. 模型剖分

模型剖分中的网格划分是有限元求解的重要组成部分。三维模型通常采用四面体单元来剖分，少数也可以采用多面体等单元来剖分。通常用节点或者结点来表示所剖分单元的顶点。对潜油电机分段处中存在的涡流损耗，采用剖分方式中的透入深度剖分，采用对集肤效应层进行加密剖分，而集肤效应层之下的网格相对稀疏的原则。图 5-1 是对电机扶正轴承进行网格划分后的单元剖分图，共剖分了 2804 个四面体单元。隔磁段剖分情况如图 5-2 所示，由于本章主要探究隔磁段漏抗对电机性能的影响，这部分剖分较为细致，共剖分四面体单元数为 38975 个。

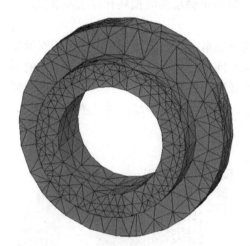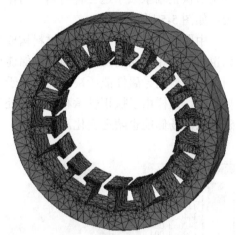

图 5-1　扶正轴承剖分图　　　　　　　图 5-2　隔磁段剖分图

转子以及导条和端环的剖分采用整体内部的剖分，转子剖分单元数为 305551 个，如图 5-3 所示。导条和端环剖分的单元数为 33291 个，如图 5-4 所示。

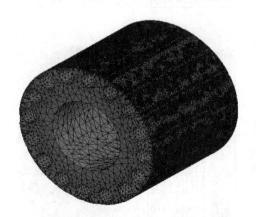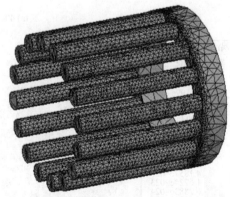

图 5-3　转子铁心剖分图　　　　　　　图 5-4　导条和端环剖分图

在三维涡流场中，通过对模型添加材料、激励以及边界条件后，对模型进行求解分析，即可得出所需要的各种场图，这里我们仅讨论扶正轴承中的涡流损耗以及隔磁段中的漏抗。

通过研究不同金属或合金材料的导电特性、导热特性和力学特性耦合作用机理，为了探究受力约束条件下的扶正轴承材料对电机涡流损耗和温度分布及热传递的影响规律，本章选取40Cr、镍铁合金以及钛合金这三种具有代表性的材料，分别对扶正轴承赋予这三种材料，得出了对扶正轴承涡流损耗和隔磁段漏抗的影响，如图5-5所示。

由图5-5可知，当由不同材料构成扶正轴承时，在扶正轴承上产生的涡流损耗也不同，相应的隔磁段上的磁场储能也不同，这是由材料内部的分子结构的不同以及材料的导磁性能所决定的，对于不导磁和弱导磁材料，其上产生的涡流损耗就小，同样由于扶正轴承和隔磁段处于一个复杂的耦合场，受互感的影响，隔磁段的磁场储能也随之变化。

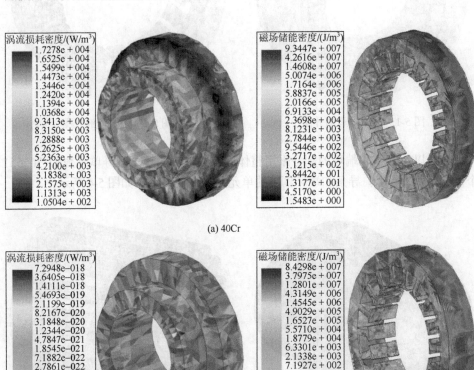

(a) 40Cr

(b) 镍铁合金

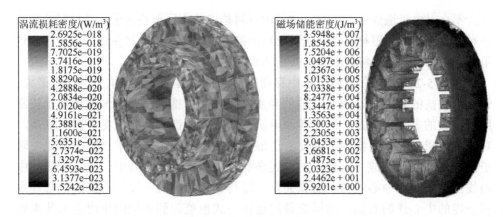

(c) 钛合金

图 5-5　扶正轴承涡流损耗及隔磁段磁场储能图

图 5-5 中钛合金材料对应的涡流损耗密度最小，为 $2.69 \times 10^{-18}\text{W/m}^3$，相应的隔磁段磁场储能密度也是最小的，为 $3.59 \times 10^7\text{J/m}^3$。因此，从涡流场的仿真结果来看，由钛合金制成扶正轴承时，电机的损耗和漏抗最小，但 40Cr 和镍铁合金的磁场储能和涡流损耗与钛合金相比，也相差不大，所以要综合流固耦合仿真和力学仿真的结果，选出最优的材料。

3. 数据分析

在后处理的过程中，运用后处理的场计算器，在上述场图的基础上，通过相关的电磁场理论，得出扶正轴承的涡流损耗以及隔磁段磁场储能，再根据式（4-27）得出隔磁段漏抗。

对样机建立三维有限元模型并分析求解后，计算出总的涡流损耗和隔磁段漏抗（该电机一共有 9 个这样的扶正轴承和隔磁段），表 5-1 列出了当扶正轴承由不同材料制成时总的涡流损耗和隔磁段漏抗（9 个）。

表 5-1　样机分段处电磁参数

扶正轴承材料	涡流损耗/W	隔磁段磁场储能/J	隔磁段漏抗实际值/Ω
40Cr	0.91134	0.1356	0.1743
镍铁合金	39.02625	0.1215	0.1554
钛合金	66.7944	0.0789	0.1013

由上述结果可知，扶正轴承中的涡流损耗很小，即使是涡流损耗最大的钛合金，也仅仅产生 66.7944W 的损耗，相对于潜油电机中其他损耗几乎可以忽略不

计，不会对电机造成太大影响。这是由材料构成的不同所决定的，当材料的成分中有不导磁或弱导磁材料时，这种材料中的涡流损耗便不会产生或较少产生。这里便利用材料的导磁特性来降低扶正轴承中的涡流损耗。

　　由表 5-2 可知，在潜油电机中存在很多漏抗，其中谐波漏抗所占比重最大，约占总漏抗的 65.87%，对于一般的异步电机利用斜槽来削弱谐波漏抗是比较常用和有效的方式。但是，对于潜油电机，斜槽会使铁心的叠压变得极为复杂，对工艺要求较高不易实现。因此，这部分漏抗可以利用将转子槽的中心线与转子键的中心线相互成一定角度的方式来加以削弱，也就是其中一段转子槽的中心线在转子键的中心线的左面成夹角，而与其相邻的另一段转子槽的中心线在转子键的中心线的右面，这样交替的连接方式也能起到斜槽的作用且工艺也较为简单。隔磁段漏抗占总漏抗的 13.24%，这是由于隔磁段的存在而产生的，且不能避免。因此，计算潜油电机隔磁段漏抗极为重要。这部分漏抗在潜油电机的电磁计算中不可忽视。

　　由于在电机运行中铁心损耗、定子铜耗、转子铜耗和各种机械摩擦损耗以及扶正轴承中涡流损耗的存在，电机内部发热严重，为了更好地探究潜油电机内部发热和传热的机理，采用流固耦合传热的方法进行计算以及仿真潜油电机内部的温度场。

表 5-2　样机定子漏抗标幺值

参数	标幺值	占总漏抗的百分比/%
端部漏抗	0.00072	1
槽漏抗	0.01427	19.89
谐波漏抗	0.04740	65.87
隔磁段漏抗	0.00968	13.24

5.2.2　分段处温度场分析

　　利用流固耦合传热的方法对潜油电机温度场进行分析，考虑到分段处的各种物理场之间的影响的复杂性，对潜油电机分段处温度场的计算要忽略一些次要因素，力求最大限度地还原实际工况，准确地分析分段处的传热规律[39]。

　　1. 基本假设

　　温度场求解的基本假设如下：①不考虑转子铁心损耗；②转子外表面与气隙中的润滑油产生摩擦损耗；③忽略油的轴向速度。

2. 模型剖分

首先，对潜油电机进行三维建模，所建模型与前面电磁仿真所建模型的尺寸及各部件形状相同，这样就相当于采用同一个模型对分段处的耦合场进行分析研究，避免了由于模型的不同而造成的不必要的误差，更有力地保证了仿真的准确性。然后，采用有限元法对潜油电机模型进行剖分，模型的剖分采用六面体八节点单元，模型整体剖分图如图 5-6 所示，图 5-7 为隔磁段剖分图。分段处是潜油电机特有的部分，对潜油电机的性能有着较大影响。分段部分是潜油电机必不可少的组成部分，它的存在对潜油电机有积极影响，同时也有不利影响，如涡流和漏抗。由于扶正轴承要承受转子的重量，起到多点支撑的作用，它和转子之间必然存在摩擦，这就使得扶正轴承发热较为严重，考虑到扶正轴承中涡流损耗也会生热，所以扶正轴承是温度场分析的主要热源，需要重点研究、细致剖分。模型总体剖分单元总数为 743767 个，节点数为 837560 个。由图 5-8 可见，对模型的剖分疏密均匀细致，这就为准确仿真创造了条件。

图 5-6　整体剖分图

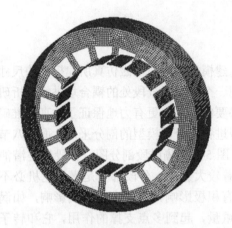

图 5-7　隔磁段剖分图

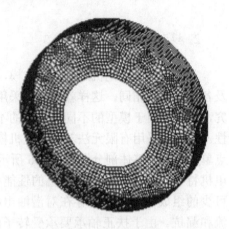

图 5-8　扶正轴承剖分图

3. 数据分析

在前面电磁计算中得出了电机的定子铁心损耗、定子铜损耗、转子铜损耗以及扶正轴承涡流损耗。止推轴承动静块之间的摩擦损耗、扶正轴承的摩擦损耗以及润滑油与定转子的摩擦损耗是潜油电机在运行时所产生的主要的机械损耗。在温度场的计算中只考虑起主要作用的定转子的摩擦损耗对温度的影响。

将计算出的损耗比上所在部位的体积，将得到该部位的生热率，将生热率赋给相应的部位，如表 5-3 所示。

表 5-3　损耗值与生热率

损耗类型	损耗值/W	生热率/(W/m³)
定子铁心损耗	195.951	81339.2
定子铜损耗	221.215	214039
转子铜损耗	171.197	463521
机械损耗	281.845	297222
涡流损耗	0.0233	49633

图 5-9 给出了三种材料构成扶正轴承的温升分布图。由图可知，40Cr 和镍铁合金材料构成扶正轴承时的径向散热效果较好。而钛合金材料的散热效果相对较差，故定子冲片温度较高。

因此，以 40Cr 为例，定子部分的平均温度为 125.47℃，定子中绕组的温度最高为 134.61℃。由图 5-9 可知，定子齿处的温度较高，最低温度在定子轭部，接近 120℃。转子部分的温度较高，平均温度为 150.29℃，最高温度集中在导条处，为 159.01℃。从散热的角度来看，潜油电机的散热方式主要是径向散热，轴向散热效果较差，温度变化不明显。定子轭部散热效果较好，而转子处散热效果较差，说明机壳处的井液在流动过程中可以迅速带走大量的热量，而电机内部的油路循环系统只起到辅助散热的作用。

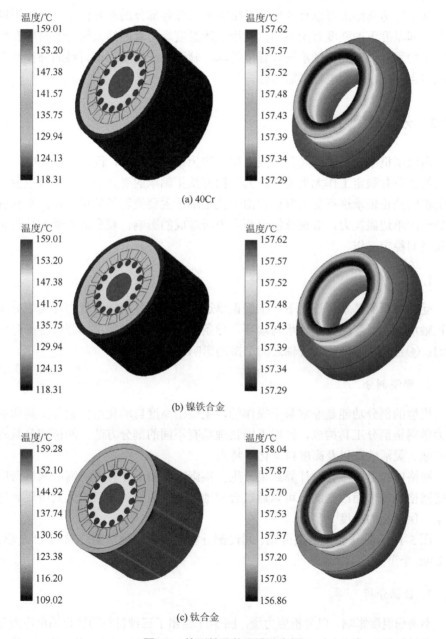

图 5-9　扶正轴承的温升分布图

　　由图 5-9 可知，电动机径向温度变化很大，轴向温度变化不大，这主要是由于机壳外面的原油井液起到了降温作用，带走了大量热量，而电动机气隙及转轴内腔的油路循环系统在轴向上起到了转子向定子传热、促进电动机轴向温度均衡的作用，减小了轴向温度梯度。

　　从上述仿真结果可以直观地反映出电机内部各部分的温升情况，由于不同材料在不同温度下的强度有所不同，利用上述温度场仿真的结果结合各材料在相应温度下的强度值对扶正轴承进行强度仿真，验证相应温度下该材料的强度是否能实现多点支撑，保证电机可靠运行。

5.2.3　分段处受力分析

　　潜油电机中扶正轴承起到多点支撑、防止扫膛的作用，因此能否长时间承受相应的载荷并稳定工作尤为关键。为了探究扶正轴承的受力情况，本节主要对潜油电机的扶正轴承进行受力分析，由于扶正轴承主要受转子的重力和由于转轴偏心导致的单边磁拉力，着重分析这两个力所造成的影响，观察能否满足扶正轴承的长时间稳定工作。

　　1. 基本假设

　　受力分析的基本假设如下：①假设单边磁拉力和各段转子重力都集中分布在扶正轴承上；②忽略扶正轴承与端环、导条之间互感的影响；③假设各部分受力均匀；④忽略扶正轴承与转轴之间摩擦的影响。

　　2. 模型剖分

　　模型的剖分功能是非常易于操作的，主要由高度自动化网格剖分工具和流体动力学网格剖分工具构成，针对不同物理场有不同的剖分方法。网格剖分具有稳定性强、灵活性高以及高度自动化等特点。

　　网格的疏密程度会对计算结果产生直接影响，由于计算时所需的网格密度是不随网格的加密而改变的，可以通过合理地改变收敛控制选项来达到所要计算的结果，保持高的精度[61]。

　　图 5-10 为扶正轴承的剖分图。通过剖分将扶正轴承模型剖分成 1242 个单元，共 2395 个节点。

　　3. 数据分析

　　不考虑温度影响，仅分析应力场，图 5-11 给出了三种材料的扶正轴承应力分布图。各种材料所受应力如表 5-4 所示。由表可知，扶正轴承所受应力较小，均远小于各材料的强度极限值，可以保证电机长时间稳定运行，不会影响电机正常工作。由表可知，40Cr 所受应力在三种材料中最小，而钛合金所受应力在三种材料中最大。

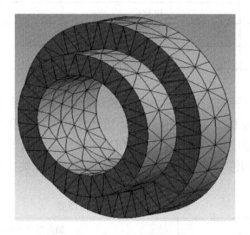

图 5-10　扶正轴承的剖分图

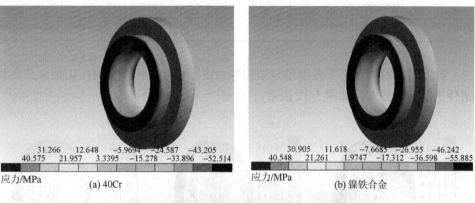

| 31.266 | 12.648 | −5.9694 | −24.587 | −43.205 |
| 40.575 | 21.957 | 3.3395 | −15.278 | −33.896 | −52.514 |

应力/MPa　　　　　　(a) 40Cr

| 30.905 | 11.618 | −7.6685 | −26.955 | −46.242 |
| 40.548 | 21.261 | 1.9747 | −17.312 | −36.598 | −55.885 |

应力/MPa　　　　　　(b) 镍铁合金

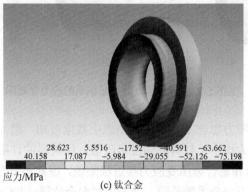

| 28.623 | 5.5516 | −17.52 | −40.591 | −63.662 |
| 40.158 | 17.087 | −5.984 | −29.055 | −52.126 | −75.198 |

应力/MPa　　　　　　(c) 钛合金

图 5-11　不考虑温度时扶正轴承的应力分布图

表 5-4　不考虑温度时各种材料所受应力

材料	所受应力/MPa	强度极限/MPa
40Cr	49.884	400
镍铁合金	50.191	380
钛合金	51.694	450

　　表 5-5 给出了三种材料扶正轴承在电机运行时的轴向形变，40Cr 和镍铁合金形变量基本一致，而钛合金形变量较大。由计算结果可以看出，上述材料的形变量都较小，均可满足电机的可靠运行，40Cr 和镍铁合金的形变程度明显优于钛合金。对于长期工作的潜油电机，40Cr 和镍铁合金能更好地实现多点支撑的目的。

表 5-5　扶正轴承轴向形变

材料	轴向形变量/mm
40Cr	0.0017
镍铁合金	0.0016
钛合金	0.0036

　　针对不同材料，对其温度场与结构静力进行耦合分析，得出扶正轴承在高温条件下的应力分布，如图 5-12 所示。

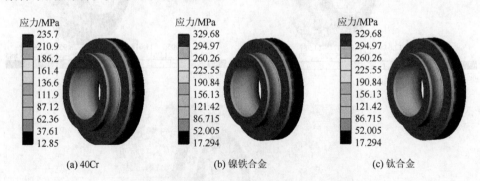

(a) 40Cr　　　　　　　　　　(b) 镍铁合金　　　　　　　　　　(c) 钛合金

图 5-12　考虑温度时扶正轴承的应力分布图

　　各种材料所受应力如表 5-6 所示。由表中数据可知，潜油电机在工作温度情况下扶正轴承上的应力均小于材料的强度极限值，但材料的许用应力安全系数一般在 1.5～2.0，镍铁合金和铝合金所受应力接近极限值，因此不符合材料的安全条件；钛合金所受应力远小于安全系数范围，处于绝对安全位置；40Cr 所受应力的安全系数为 1.69，在安全系数范围内，因此适合制作扶正轴承，不会影响电机正常工作。

表 5-6　考虑温度时各种材料所受应力

材料	所受应力/MPa	强度极限/MPa
40Cr	235.7	400
镍铁合金	329.68	380
钛合金	102.7	450

由机械强度的计算结果可知，扶正轴承处受力较大，对材料机械性能要求较高，考虑到潜油电机工作的长期性以及材料的疲劳极限，采用 40Cr 能更好地实现扶正轴承多点支撑的目的、保证电机的稳定运行。由 40Cr 制成扶正轴承时，涡流损耗相对较小、传热好、无过热点且应力分布均匀，可实现潜油电机多点支撑的目的，相比书中提到的其他材料优势明显，更适合做成扶正轴承。

5.3　分段处尺寸变化对电动机耦合特性的影响

研究表明，潜油电机隔磁段电磁参数对电机性能指标有较大的影响，在今后的设计中必须予以考虑。如果每次潜油电机设计时都要先进行三维电磁场计算，对设计人员来说是不现实的。但是，如果不计算三维电磁场，又不能在电机的设计中充分考虑隔磁段电磁参数的影响。

针对这种情况，本节对潜油电机的隔磁段电磁参数、电磁-热-力多场耦合开展应用研究，对现有的潜油电机的隔磁段电磁参数进行计算，并形成具有通用价值的隔磁段电磁参数曲线族，供从事潜油电机的设计人员参考。

1. 隔磁段漏抗

第 4 章的研究表明，潜油电机定子隔磁段漏抗对潜油电机性能指标有较大影响，在设计中应该充分考虑。应用前面所述的方法，对潜油电机定子隔磁段漏抗进一步研究，对现有潜油电机在不同隔磁段长度下的隔磁段漏抗进行计算，得到潜油电机定子隔磁段漏抗曲线族，供今后设计时使用。只要根据所设计潜油电机的功率等级、隔磁段宽度和个数，就可以从该曲线族直接插值得到其漏抗，既减轻了设计人员的工作量，又能有效提高电机的设计准确度。

计算表明，隔磁段的轴向尺寸对漏抗影响较大，而径向尺寸对漏抗影响非常小。为简化计算，仅考虑隔磁段的轴向变化。隔磁段宽度增大会增加电机制造成本，综合考虑，其宽度最大设定为 60mm；扶正轴承宽度太小将无法承受多点支撑所必需的机械强度，因此最小宽度设定为 15mm，此时扶正轴承两侧较窄部分完全伸入相邻转子端环。调整隔磁段宽度得到不同功率潜油电机对应不同宽度的漏抗曲线族，如图 5-13 所示。

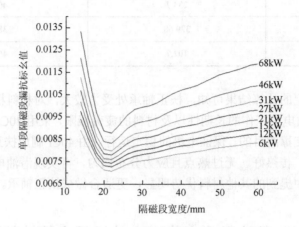

图 5-13　潜油电机单段定子隔磁段漏抗曲线族

　　图 5-13 中的曲线表明，当隔磁段宽度降低到对应的转子扶正轴承的两肩已完全伸入左右两侧的转子端环内时，此时的隔磁段漏抗最小，但此时的扶正轴承附加损耗最大。因此，这时要看这两个量哪个对电机的性能指标影响更大，要综合考虑，选择合适的隔磁段宽度。另外，电机的功率等级越大，相比较而言隔磁段漏抗越大，对电机的综合性能的影响也越大。因此，对于潜油电机，尤其是大功率的潜油电机，在设计时一定要考虑隔磁段漏抗。

2. 扶正轴承附加损耗

　　在前面已经指出，对于大容量的有几十个扶正轴承的潜油电机，扶正轴承附加损耗的影响是较大的。另外，扶正轴承处在隔磁段下面的部分是钢，这也会使附加损耗较大，有时能够达到额定功率的 1%。即使这样，扶正轴承附加损耗对电机效率的影响也是很小的，而且这只是在扶正轴承的两肩伸入左右两侧的转子端环下才会如此大，这仅是特例。

　　原油开采现场实际使用的潜油电机，尽管扶正轴承的宽度不全相同，但为降低其中的附加涡流损耗，没有扶正轴承两肩伸入左右两侧的转子端环内的情况，因此该附加损耗是很小的。

　　对现有潜油电机在不同扶正轴承宽度时的附加损耗进行计算，图 5-14 给出了不同隔磁段宽度时扶正轴承中的磁场分布，图 5-15 是不同功率等级的潜油电机在不同扶正轴承宽度下的扶正轴承附加损耗曲线族。

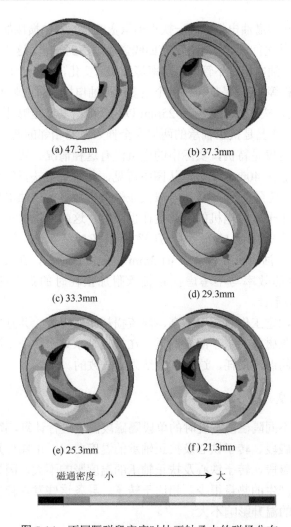

(a) 47.3mm 　　　　　 (b) 37.3mm

(c) 33.3mm 　　　　　 (d) 29.3mm

(e) 25.3mm 　　　　　 (f) 21.3mm

磁通密度　小　————→　大

图 5-14　不同隔磁段宽度时扶正轴承中的磁场分布

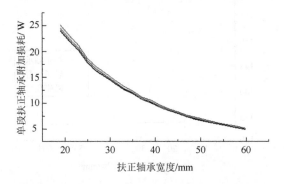

图 5-15　潜油电机单段扶正轴承附加损耗曲线族

　　不同功率等级的潜油电机在同一扶正轴承宽度时的附加损耗都很接近，表现在图 5-15 中就是曲线之间间隔很小，所有曲线紧凑地挤到一起。这说明采用同样尺寸规格扶正轴承的潜油电机，不管电机功率等级如何变化，每一个扶正轴承内的附加涡流损耗基本是相等的，只是扶正轴承个数多的潜油电机的总的附加损耗会大一些。

　　图 5-15 表明，扶正轴承宽度在 25mm 以内，随着其宽度减小，附加损耗迅速增加，这时的实际情况是扶正轴承的两肩完全伸入左右相邻的两节转子的端环内。正如前面所述，这仅是特例，实际中的电机没有这种情况。实际中潜油电机的扶正轴承宽度一般选在 40mm 左右，从图中可见，此时一个扶正轴承中的附加损耗仅为 10W 左右，甚至不到 10W。一般扶正轴承个数多的潜油电机其总的附加损耗会大一些，但由于此时电机的容量往往也很大，这就使得扶正轴承附加损耗对电机的效率所造成的影响很小，几乎可以忽略不计。第 4 章所提到的YQY114P-31kW 潜油电机共有 9 个 41.3mm 宽的扶正轴承，在表 4-4 中考虑扶正轴承附加损耗时的效率与不考虑扶正轴承附加损耗时的效率的相对误差仅为0.75%，可以忽略不计。

　　潜油电机在额定工作时频率不高，涡流损耗相对不大，并且定子分段处采用铜片叠压来形成隔磁段，定子漏磁严重，在扶正轴承处定转子交链磁通很小，因此不会产生较大的涡流损耗，这与试验结果是一致的。

3. 隔磁段温度

　　对潜油电机不同隔磁段宽度时的单段隔磁段温度进行计算，图 5-16 给出了不同宽度时定子隔磁段、转子铁心及扶正轴承的温度曲线。由图可知，隔磁段轴向宽度的大小对隔磁段、转子铁心及扶正轴承的温度影响不大，因为扶正轴承中的涡流损耗很小，产生的热量很少。相比于转子、导条这些发热较多的部位，扶正轴承对电机整体的温升影响不大。

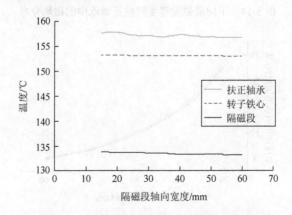

图 5-16　潜油电机单段定子隔磁段温度曲线

4. 隔磁段受力

对潜油电机不同隔磁段宽度时的单段隔磁段危险截面受力进行计算，图 5-17 给出了不同隔磁段宽度时的危险截面受力曲线。由图可知，潜油电机危险截面受力随着隔磁段轴向宽度的变大而变大，应适当减小隔磁段轴向宽度；但是如果隔磁段轴向宽度太小，扶正轴承又无法承受多点支撑所需的机械强度。对于大功率潜油电机，设计时一定要充分考虑隔磁段轴向宽度的问题。

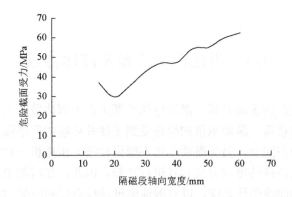

图 5-17　潜油电机单段定子隔磁段受力曲线

第6章　潜油电机三维稳态传热特性研究

为了能够在理论分析方面解决潜油电机温度场的计算问题，本章将研究设计潜油电机的模拟样机，同时针对样机研究潜油电机三维温度场耦合计算的方法，针对潜油电机特殊的结构和运行环境，对其进行分析计算。

6.1　潜油电机冷却及流体特点

作为潜油电泵的驱动装置，潜油电机长期工作于深达数千米的油井中，油井中的环境温度非常高，潜油电机的散热受到了油井环境的严格限制，因此必须加强各部件的冷却和润滑，另外潜油电机不能像传统异步电机一样采用通风等冷却方式，只能通过特殊的冷却方式对其进行冷却。因此，在潜油电机内部设计出了一个非常特殊的油路循环系统，以对潜油电机进行必要的冷却和润滑。

6.1.1　潜油电机特殊的油路系统

1. 油路循环系统的组成

潜油电机内部的油路循环系统主要是由循环动力源、油道、流体介质等组成的。在最初的潜油电机设计中，油路循环系统的循环动力源是由上部的止推轴承提供的；油路循环的油路是由电机轴的中心孔空腔、扶正轴承及电机轴的径向轴孔以及电机定转子之间的气隙连通而组成的；其中，流体介质是一种特殊的潜油电机润滑油，对于这种润滑油，其自身不仅要具有一定的黏度，还要具有较高的绝缘强度等级[62]，该油路循环系统如图 6-1 所示。

2. 油路循环过程

当潜油电机正常运行时，在电机内部密闭的润滑油将随着电机转子带动止推轴承的动块以非常高的速度旋转，从而将定转子气隙中的电机润滑油强引导进入电机轴的轴向油孔并压入电机轴的空腔内，最后从电机轴上端的出口流回到定转子气隙中。由此便组成了由电机气隙经由电机轴的轴孔到电机轴的上端出口，再回到电机气隙中的潜油电机润滑油的油路循环结构。利用循环的不间断往复作用，不但润滑了潜油电机内部的各个运动部件，而且还可以把潜油电机内部产生的大量热量通过潜油电机的端部及定子铁心传给机壳。

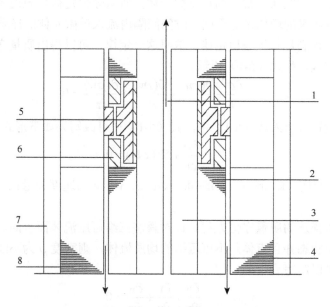

图 6-1　潜油电机油路循环系统示意图

1-空心轴中的油；2-转子铁心；3-电机轴；4-气隙油；5-扶正轴承；6-端环；7-电机壳体；8-定子铁心

3. 井液散热

在深至几千米的油井中工作，潜油电机内部产生的热量通过电机的两端及定子硅钢传给机壳最后散到油井的井液中，井液流经潜油电机机壳后进入离心泵，由泵举升井液至地面，带走电机所产生的热量。

综合以上几点，潜油电机的散热过程可以归纳为：由潜油电机内部润滑油将热量传递给机壳，再由机壳散到油井的井液中并最终被井液带走。

6.1.2　潜油电机内流体流动的约束条件

流体物质的流动必然要受一些自然规律的限制，其中最基本的守恒定律分别是质量守恒定律、动量守恒定律以及能量守恒定律。如果流体物质同时有不同的混合成分或者有其他物质的相互作用，流体流动系统同时还必须遵守组分守恒定律。而且如果流体的流动处于紊流状态，流体的流动系统还要遵守附加的紊流方程。对于这些守恒定律，控制方程便是描述它们的数学方程。

1. 质量守恒方程

对于固定在空间位置上的任意微元体，质量守恒定律可表述为单位时间内微元体中流体质量的增加量等于同一时间间隔内流入该微元体的净质量[63]。任何流动问题都必须满足质量守恒定律。按照这一定律，可以得出质量守恒方程，也称为连续性方程，如式（6-1）所示。

$$\frac{\partial \rho}{\partial t} + \frac{\partial(\rho u)}{\partial x} + \frac{\partial(\rho v)}{\partial y} + \frac{\partial(\rho w)}{\partial z} = 0 \tag{6-1}$$

将矢量符号引入式（6-1）中，式（6-1）便可改写为如下形式：

$$\frac{\partial \rho}{\partial t} + \nabla \cdot (\rho \boldsymbol{U}) = 0 \tag{6-2}$$

式中，ρ 为密度（kg/m³）；t 为时间（s）；u、v、w 为速度矢量在 x、y、z 方向上的分量。

以上所描述的质量守恒方程是针对瞬态三维可压流体而言的。如果流体的流动处于稳定状态并且流体是不可压缩的均质流体，则密度 ρ 为不随时间变化的常数，方程可以简写为

$$\frac{\partial u}{\partial x} + \frac{\partial v}{\partial y} + \frac{\partial w}{\partial z} = 0 \tag{6-3}$$

2. 动量守恒方程

对于任何流动的系统，还必须满足的另一个基本定律就是动量守恒定律。动量守恒定律用恒等式的形式来表述可表示为：微元体中流体动量的增加率 = 作用在微元体上各种力之和[64]，也就是

$$\frac{\partial(\rho u)}{\partial t} + \frac{\partial(\rho uu)}{\partial x} + \frac{\partial(\rho vu)}{\partial y} + \frac{\partial(\rho wu)}{\partial z}$$

$$= \rho f_x - \frac{\partial p}{\partial x} + \frac{\partial}{\partial x}\left[2\mu\frac{\partial u}{\partial x} + \lambda\left(\frac{\partial u}{\partial x} + \frac{\partial v}{\partial y} + \frac{\partial w}{\partial z}\right)\right] \tag{6-4}$$

$$+ \frac{\partial}{\partial y}\left[\mu\left(\frac{\partial u}{\partial y} + \frac{\partial v}{\partial x}\right)\right] + \frac{\partial}{\partial z}\left[\mu\left(\frac{\partial w}{\partial x} + \frac{\partial u}{\partial z}\right)\right]$$

$$\frac{\partial(\rho v)}{\partial t} + \frac{\partial(\rho uv)}{\partial x} + \frac{\partial(\rho vv)}{\partial y} + \frac{\partial(\rho wv)}{\partial z}$$

$$= \rho f_y - \frac{\partial p}{\partial y} + \frac{\partial}{\partial y}\left[2\mu\frac{\partial u}{\partial y} + \lambda\left(\frac{\partial u}{\partial x} + \frac{\partial v}{\partial y} + \frac{\partial w}{\partial z}\right)\right] \tag{6-5}$$

$$+ \frac{\partial}{\partial z}\left[\mu\left(\frac{\partial v}{\partial z} + \frac{\partial w}{\partial y}\right)\right] + \frac{\partial}{\partial x}\left[\mu\left(\frac{\partial u}{\partial y} + \frac{\partial v}{\partial x}\right)\right]$$

$$
\frac{\partial(\rho w)}{\partial t} + \frac{\partial(\rho uw)}{\partial x} + \frac{\partial(\rho vw)}{\partial y} + \frac{\partial(\rho ww)}{\partial z}
$$

$$
= \rho f_z - \frac{\partial p}{\partial z} + \frac{\partial}{\partial z}\left[2\mu \frac{\partial w}{\partial z} + \lambda\left(\frac{\partial u}{\partial x} + \frac{\partial v}{\partial y} + \frac{\partial w}{\partial z} \right) \right] \tag{6-6}
$$

$$
+ \frac{\partial}{\partial x}\left[\mu\left(\frac{\partial w}{\partial x} + \frac{\partial u}{\partial z} \right) \right] + \frac{\partial}{\partial y}\left[\mu\left(\frac{\partial v}{\partial z} + \frac{\partial w}{\partial y} \right) \right]
$$

式中，f_x、f_y 和 f_z 为微元体的体力在 x、y 和 z 方向的分量，若体力只有重力，则 $f_x = 0$，$f_y = 0$，$f_z = -\rho g$；p 为压力（N）；μ 为黏性系数；λ 为第二分子黏度，对于气体可以取成 $-\dfrac{3}{2}$。

对于流动处于不可压缩并且密度以及黏性系数都是常数的稳态条件下的流体，动量守恒方程还可以写成如下形式：

$$
\begin{cases}
\dfrac{\partial(\rho uu)}{\partial x} + \dfrac{\partial(\rho vu)}{\partial y} + \dfrac{\partial(\rho wu)}{\partial z} = \dfrac{\partial}{\partial x}\left(\mu \dfrac{\partial u}{\partial x} \right) + \dfrac{\partial}{\partial y}\left(\mu \dfrac{\partial u}{\partial y} \right) + \dfrac{\partial}{\partial z}\left(\mu \dfrac{\partial u}{\partial z} \right) - \dfrac{\partial p}{\partial x} \\[3mm]
\dfrac{\partial(\rho uv)}{\partial x} + \dfrac{\partial(\rho vv)}{\partial y} + \dfrac{\partial(\rho wv)}{\partial z} = \dfrac{\partial}{\partial x}\left(\mu \dfrac{\partial v}{\partial x} \right) + \dfrac{\partial}{\partial y}\left(\mu \dfrac{\partial v}{\partial y} \right) + \dfrac{\partial}{\partial z}\left(\mu \dfrac{\partial v}{\partial z} \right) - \dfrac{\partial p}{\partial y} \\[3mm]
\dfrac{\partial(\rho uw)}{\partial x} + \dfrac{\partial(\rho vw)}{\partial y} + \dfrac{\partial(\rho ww)}{\partial z} = \dfrac{\partial}{\partial x}\left(\mu \dfrac{\partial w}{\partial x} \right) + \dfrac{\partial}{\partial y}\left(\mu \dfrac{\partial w}{\partial y} \right) + \dfrac{\partial}{\partial z}\left(\mu \dfrac{\partial w}{\partial z} \right) - \dfrac{\partial p}{\partial z}
\end{cases} \tag{6-7}
$$

3. 能量守恒方程

对于包含热交换的流动系统，还要遵循的另一个基本定律就是能量守恒定律。能量守恒定律可以描述为对于任意一个微元体，其能量的增加率必然等于进入该微元体的净流量以及体力与面力对该微元体所做的功的总和。这个定律实际是热力学的第一定律。从该定律可以得出以温度作为变量的能量守恒方程[65]，即

$$
\frac{\partial(\rho T)}{\partial t} + \frac{\partial(\rho uT)}{\partial x} + \frac{\partial(\rho vT)}{\partial y} + \frac{\partial(\rho wT)}{\partial z}
$$

$$
= \frac{\partial}{\partial x}\left(\frac{k}{c_p} \frac{\partial T}{\partial x} \right) + \frac{\partial}{\partial y}\left(\frac{k}{c_p} \frac{\partial T}{\partial y} \right) + \frac{\partial}{\partial z}\left(\frac{k}{c_p} \frac{\partial T}{\partial z} \right) + S_T \tag{6-8}
$$

式中，c_p 为比热容（J/(kg·℃)）；T 为温度（℃）；k 为流体传热系数（W/(m·℃)）；S_T 包括流体的内热源部分及在黏性作用下流体机械能转换为热能的部分。

对于三维稳态温度场，能量守恒方程可以简化为

$$
\frac{\partial(\rho uT)}{\partial x} + \frac{\partial(\rho vT)}{\partial y} + \frac{\partial(\rho wT)}{\partial z} = \frac{\partial}{\partial x}\left(\frac{k}{c_p} \frac{\partial T}{\partial x} \right) + \frac{\partial}{\partial y}\left(\frac{k}{c_p} \frac{\partial T}{\partial y} \right) + \frac{\partial}{\partial z}\left(\frac{k}{c_p} \frac{\partial T}{\partial z} \right) + S_T \tag{6-9}
$$

4. 紊流的基本方程

层流和紊流是自然界中流体流动状态的两种主要形式。自然环境和工程中的流动有很多是紊流流动。对于存在紊流流体状态的多物理场，在进行其他物理场的数值计算时必须同时求解紊流流体场[66]。

对于紊流，如果能够直接求解三维瞬态控制方程，就无须重新引入任何其他模型，但需要采用对计算机的内存和 CPU 速度要求非常高的直接计算方法，而目前此方法在实际工程中不可能得到应用。实际中最常采用的方法是利用紊流流动的时间平均特性进行求解。

工程中采用的方法是对瞬态纳维-斯托克斯方程进行时间平均处理。例如，$u_i = \bar{u}_i + u_i'$ 和 $p_i = \bar{p}_i + p_i'$，其中 $\bar{u}_i$ 表示时均流速分量；u_i' 表示脉动分量；$\bar{p}_i$ 表示时均压力分量；p_i' 表示脉动压力分量。也就是将瞬时状态的物理量分别表示成时均分量与脉动分量，再对两者进行求和。

在时均流动的方程里多出的与 $-\rho u_i u_j$ 有关的项，该项被定义为雷诺应力，可以看出在方程中的未知量数目增加了，因此必须引入新的紊流模型方程才能求解出时均化后的方程。

按照对雷诺应力的假设条件的不同，可以将工程中用到的紊流模型分为两大类，包括雷诺应力模型和涡黏模型。在这两者中，应用相对比较多的是涡黏模型。

在涡黏模型中，将引入湍动黏度 μ_t，通过把雷诺应力表示成 μ_t 的函数进行求解，而不是直接处理雷诺应力项。这样便把求解紊流问题的难点转化为求 μ_t 上。而作为空间坐标的函数，μ_t 的大小取决于流体的流动状态而不是流体的物性参数。

Boussinesq 假设是湍动黏度提出源头，可描述为

$$-\rho \overline{u_i' u_j'} = \mu_t \left(\frac{\partial u_i}{\partial x_j} + \frac{\partial u_j}{\partial x_i} \right) - \frac{2}{3} \left(\rho k + \mu_t \frac{\partial u_i}{\partial x_i} \right) \delta_{ij} \tag{6-10}$$

式中，$k = \frac{1}{2} \overline{u_i' u_j'}$，为湍动能；当 $i = j$ 时，$\delta_{ij} = 1$；当 $i \neq j$ 时，$\delta_{ij} = 0$。

根据求解 μ_t 的微分方程数的不同，涡黏模型可以分为零方程模型、一方程模型和两方程模型。在目前的工程应用中，两方程模型是最为广泛的。而标准 k-ε 模型又是最基本的两方程模型，也就是在湍动能 k 的基础上，又引入一个湍动耗散率 ε 的方程，湍动耗散率 ε 的定义如式（6-11）所示：

$$\varepsilon = \frac{\mu}{\rho} \frac{\partial u_i'}{\partial x_k} \frac{\partial u_j'}{\partial x_k} \tag{6-11}$$

从而湍动黏度 μ_t 可以表示成湍动能 k 和湍动耗散率 ε 的函数，可表述为

$$\mu_t = \rho C_\mu \frac{k^2}{\varepsilon} \tag{6-12}$$

式中，C_μ 为经验常数。

除了标准 k-ε 模型，还有其他求解涡黏模型的两方程模型，分别是 RNG k-ε（RNG 即 re-normalization group，意为重整化群）模型和 Realizable k-ε 模型[47, 48]。下面分别对这几种形式的 k-ε 模型进行介绍。

1）标准 k-ε 模型

针对不可压缩流动及无自定义源项，模型可表述为

$$\frac{\partial(\rho k)}{\partial t} + \frac{\partial(\rho k u_i)}{\partial x_i} = \frac{\partial}{\partial x_j}\left[\left(\mu + \frac{\mu_t}{\sigma_k}\right)\frac{\partial k}{\partial x_j}\right] + G_k - \rho\varepsilon \tag{6-13}$$

$$\frac{\partial(\rho\varepsilon)}{\partial t} + \frac{\partial(\rho\varepsilon u_i)}{\partial x_i} = \frac{\partial}{\partial x_j}\left[\left(\mu + \frac{\mu_t}{\sigma_\varepsilon}\right)\frac{\partial\varepsilon}{\partial x_j}\right] + C_{1\varepsilon}\frac{\varepsilon}{k}G_k - C_{2\varepsilon}\rho\frac{\varepsilon^2}{k} \tag{6-14}$$

式中，$G_k = \mu_t\left(\dfrac{\partial u_i}{\partial x_j} + \dfrac{\partial u_j}{\partial x_i}\right)\dfrac{\partial u_i}{\partial x_j}$，为平均速度梯度引起的湍动能 k 的产生项；$C_{1\varepsilon}$、$C_{2\varepsilon}$ 为常量；σ_k、σ_ε 为 k 方程和 ε 方程的紊流普朗特数（Pr）。

上述方程中，公式左边的第一项表示非稳态项，公式左边的第二项表示对流项；而公式右边的第一项表示扩散项，第二项表示产生项，最后一项表示耗散项。

标准 k-ε 模型适用的范围如下。

（1）标准 k-ε 模型中的相关系数主要通过特定条件下的研究结果确定得到，计算时需要查阅所研究的同类问题的相关文献进行选取。

（2）标准 k-ε 模型适用于高雷诺数的紊流发展充分的流动状态的计算模型，对于近壁面紊流发展并不充分的区域，或者在紧贴近壁面处，流体流动处于层流底层状态，这种情况下必须采用特殊的处理方式进行解决，如采用壁面函数或采用低雷诺数的 k-ε 模型。

（3）在强旋转、弯曲壁面或弯曲流线流动状态时，如果采用标准 k-ε 模型会产生失真。因为在上述情况下，紊流是各向异性的，湍动黏度 μ_t 也必然是各向异性的张量，而并不像标准 k-ε 模型中所应用的各向同性的标量形式。鉴于此，改进了标准 k-ε 模型，改进的模型中比较常用的包括 RNG k-ε 模型和 Realizable k-ε 模型。

2）RNG k-ε 模型

在 RNG k-ε 模型中，其通过修正黏度项来体现近壁面时流体流动状态的影

响。模型方程如下：

$$\frac{\partial(\rho k)}{\partial t} + \frac{\partial(\rho k u_i)}{\partial x_i} = \frac{\partial}{\partial x_j}\left[\alpha_k \mu_{\text{eff}} \frac{\partial k}{\partial x_j}\right] + G_k - \rho\varepsilon \tag{6-15}$$

$$\frac{\partial(\rho\varepsilon)}{\partial t} + \frac{\partial(\rho\varepsilon u_i)}{\partial x_i} = \frac{\partial}{\partial x_j}\left[\alpha_\varepsilon \mu_{\text{eff}} \frac{\partial\varepsilon}{\partial x_j}\right] + C_{1\varepsilon}^* \frac{\varepsilon}{k} G_k - C_{2\varepsilon}^* \rho\frac{\varepsilon^2}{k} \tag{6-16}$$

式中，$\mu_{\text{eff}} = \mu + \mu_t$；$\alpha_k$、$\alpha_\varepsilon$ 为常数；$C_{1\varepsilon}^*$、$C_{2\varepsilon}^*$ 为考虑时均应变率的修正系数。

与标准 $k\text{-}\varepsilon$ 模型一样，RNG $k\text{-}\varepsilon$ 模型也是针对高雷诺数的流动状态最有效，而对于近壁处以及低雷诺数的流动状态，也需要采用壁面函数法或采用低雷诺数的 $k\text{-}\varepsilon$ 模型，计算结果才合理。

3）Realizable $k\text{-}\varepsilon$ 模型

在 Realizable $k\text{-}\varepsilon$ 模型中，对于 k 和 ε 的输运方程表示如下：

$$\frac{\partial(\rho k)}{\partial t} + \frac{\partial(\rho k u_i)}{\partial x_i} = \frac{\partial}{\partial x_j}\left[\left(\mu + \frac{\mu_t}{\sigma_k}\right)\frac{\partial k}{\partial x_j}\right] + G_k - \rho\varepsilon \tag{6-17}$$

$$\frac{\partial(\rho\varepsilon)}{\partial t} + \frac{\partial(\rho\varepsilon u_i)}{\partial x_i} = \frac{\partial}{\partial x_j}\left[\left(\mu + \frac{\mu_t}{\sigma_\varepsilon}\right)\frac{\partial\varepsilon}{\partial x_j}\right] + \rho C_1 E\varepsilon - \rho C_2 \frac{\varepsilon^2}{k + \sqrt{\nu\varepsilon}} \tag{6-18}$$

式中，C_1、C_2 为常数；E 为时均应变率；ν 为运动黏度。

工程中，在各种类型的流动中 Realizable $k\text{-}\varepsilon$ 模型已被有效地应用，最常见的包括旋转均匀剪切流、管道流动以及边界层流动等。

6.1.3　计算边界条件

1. 流体边界条件

1）流体进口边界

流体进口边界是指在进口边界上指定流动参数的情况。常用的流体进口边界包括速度进口边界、压力进口边界和质量进口边界。速度进口边界表示给定进口边界上各节点的速度值，压力进口边界是指给定进口边界上各节点的压力值，质量进口边界主要用于可压缩流体。

2）流体出口边界

流体出口边界是指在指定位置（几何出口）上给定流动参数，包括速度、压力等，对于出口条件位置的边界条件可采用自由出口边界条件，流动出口边界条件是与流动进口边界条件联合使用的。

3）壁面边界

壁面是流动问题中最常用的边界。对于壁面边界条件，除压力修正方程外，各个离散方程的源项需要进行特殊处理。特别对于湍流计算，因湍流在壁面区演变为层流，所以需要针对近壁面区采用壁面函数法，将壁面上的已知值引入节点的离散方程的源项。

当给定壁面边界条件时，针对紧邻壁面的节点的控制方程，需要构造特殊的源项，以引入所给定的壁面条件。对于层流和湍流两种状态，离散方程的源项是不同的。对于层流流动，流动相对比较简单，而对于湍流流动，就需要区分近壁面流动与湍流核心区的流动状态。

4）对称边界

对称边界是指所求解的问题在物理上存在对称性，应用对称边界条件可以避免求解整个计算域，从而使求解规模缩减到整个问题的一半。

在对称边界上，垂直边界的速度取零，而其他物理量的值在该边界区外是相等的，即计算域外紧邻边界的节点的值等于对应的计算域内紧邻边界的节点的值。

5）周期性边界

周期性边界也叫循环边界，常常是针对对称问题提出的。例如，在轴流式水轮机或水泵中，叶轮的流动可划分为与叶片数相等数目的子域，在子域的起始边界和终止边界上，就是周期性边界。在起始边界和终止边界上的流动完全相同。

2. 温度边界条件

导热微分方程式是根据傅里叶定律和能量守恒定律所建立起来的描述物体的温度随时间和空间变化的关系式，为了求解导热微分方程式，需给定物体导热微分方程的边界条件。常见的边界条件的表达式可以分为以下三类[67]。

（1）第一类边界条件是已知任何时刻物体边界面的温度值，即

$$T\Big|_{S_1} = T_0 \qquad\qquad (6\text{-}19)$$

式中，S_1 表示边界面；T_0 既可表示稳态导热过程给定的边界温度值，也可表示 T_0 随时间变化的非稳态导热过程的边界温度值。

（2）第二类边界条件是已知任何时刻物体边界面上的热流密度值，其边界条件可写为

$$\frac{\partial T}{\partial n}\Big|_{S_2} = -\frac{q_0}{\lambda} \qquad\qquad (6\text{-}20)$$

式中，q_0 为给定的通过边界面 S_2 的热流密度，对于稳态导热过程，q_0 为常量，对于非稳态导热过程，q_0 为随时间变化的量；λ 为传热系数；n 为垂直于边界的法线方向。

对于绝热的边界面，根据傅里叶定律，式（6-20）可写为

$$\frac{\partial T}{\partial n}\bigg|_{S_2} = 0 \tag{6-21}$$

（3）第三类边界条件是边界面周围流体的温度 T_f 和固体表面散热系数 α 为已知量，根据牛顿热力学公式，物体边界面 S_3 与流体间的对流换热量可写为

$$q = \alpha(T - T_f) \tag{6-22}$$

式中，T 为物体边界面温度值；根据傅里叶定律，第三类边界条件可写为

$$-\lambda \frac{\partial T}{\partial n}\bigg|_{S_3} = \alpha(T - T_f) \tag{6-23}$$

对于暂态传热问题，α 和 T_f 可以是常数，也可以是某种随时间和位置而变化的函数。而对于稳态传热问题，α 和 T_f 只能是随空间位置而变化的函数。

6.1.4　通用控制方程及其离散化

当求解流体以及传热的问题时，控制方程组包括质量守恒方程、动量守恒方程、能量守恒方程、湍动能方程和耗散率方程以及紊流黏度定义式。虽然从方程的数量以及方程的规模上来说，方程显得很复杂，但是从方程的结构上来说，每一个方程都可以表示成以下通用的矢量形式，即通用的控制方程式为

$$\frac{\partial(\rho\phi)}{\partial t} + \mathrm{div}(\rho U\phi) = \mathrm{div}(\Gamma\,\mathrm{grad}\phi) + S \tag{6-24}$$

其展开形式为

$$\frac{\partial(\rho\phi)}{\partial t} + \frac{\partial(\rho u\phi)}{\partial x} + \frac{\partial(\rho v\phi)}{\partial y} + \frac{\partial(\rho w\phi)}{\partial z}$$
$$= \frac{\partial}{\partial x}\left(\Gamma\frac{\partial\phi}{\partial x}\right) + \frac{\partial}{\partial y}\left(\Gamma\frac{\partial\phi}{\partial y}\right) + \frac{\partial}{\partial z}\left(\Gamma\frac{\partial\phi}{\partial z}\right) + S \tag{6-25}$$

式中，ϕ 为通用形式的变量，可以分别用来代表 u、v、w、T 等一些待求解的变量；Γ 为广义扩散系数；S 为广义源项。

对于特定的方程，ϕ、Γ 和 S 具有特定的形式，给出了这三个符号与各特定方程的对应关系，如表 6-1 所示。

表 6-1　通用控制方程中各符号的具体形式

方程	符号		
	ϕ	Γ	S
质量守恒方程	1	0	0
动量守恒方程	μ_i	μ	$-\dfrac{\partial p}{\partial x_i} + S_i$
能量守恒方程	T	k/c	S_T

续表

方程	符号		
	ϕ	Γ	S
湍动能方程	k	$\mu + \dfrac{\mu_t}{\sigma_k}$	$G_k + \rho\varepsilon$
耗散率方程	ε	$\mu + \dfrac{\mu_t}{\sigma_\varepsilon}$	$\dfrac{\varepsilon}{k}(C_{1\varepsilon}C_{2\varepsilon} - C_{2\varepsilon}\rho\varepsilon)$

从表 6-1 中可以看出，对于所有控制方程都可经过适当数学处理，将方程中的因变量、时变量、对流项和扩散项写成标准形式，然后将方程右端的其余各项集中在一起定义为源项，从而化为通用微分方程，只需要考虑通用方程的数值解，写出求解方程的源程序，就足以求解不同类型的流体流动。对于不同的 ϕ，只要重复调用该程序，并给定 Γ 和 S 适当的表达形式及适当的初始条件和边界条件，便可对其进行求解。

数值计算方法要把微分方程离散化，即对空间上连续的计算区域进行划分，把它划分成多个子区域，并确定每个区域中的节点，从而生成网格。然后，将控制方程在网格上离散，即将偏微分格式的控制方程转化为各个节点上的代数方程组。此外，对于瞬态问题，还需要涉及时间域离散。由于应变量在节点之间的分布假设及推导离散方程的方法不同，就形成了有限差分法、有限元法和有限体积法等不同类型的离散化方法。

6.2　潜油电机损耗分布特性的数值分析

潜油电机所产生的损耗最终转化成热量的形式，使潜油电机各部分温度升高，为了能够准确地计算出潜油电机内的温度分布情况，其最重要的条件是准确无误地计算出电机内部各主要发热部件的损耗大小并且准确地确定其分布情况。在本章电机温度场求解域中，主要的生热体包括定子线圈、定子铁心、转子铜条等部位。另外，由于转子的高速旋转，转子与润滑油以及扶正轴承的摩擦损耗也是电机温度场的另外一部分热源。

6.2.1　铁心损耗数值计算

电机的铁心损耗主要是主磁场变化时铁心中产生的损耗，称为基本铁耗。基本铁耗包括定子铁损耗和转子铁损耗。由于转子铁心中磁场交变频率（sf_1）很低，计算时转子铁损耗可以忽略不计，计算时只需计算定子铁损耗。而定子铁损耗又由定子的磁滞损耗和涡流损耗组成。另外，由于定子轭部和齿部的磁场密度大小不同，需要分别计算定子齿和定子轭的损耗值。

定子轭部的铁损耗为

$$Q_{\text{Fej}} = 1.5 P_{10/50} B_{\text{j}}^2 \left(\frac{f}{50}\right)^{1.3} G_{\text{Fej}} \tag{6-26}$$

定子齿部的铁损耗为

$$Q_{\text{Fet}} = 1.8 P_{10/50} B_{\text{t}}^2 \left(\frac{f}{50}\right)^{1.3} G_{\text{Fet}} \tag{6-27}$$

式中，B_{t}、B_{j} 分别为定子齿和定子轭中的最大磁通密度；$P_{10/50}$ 为当磁通密度为 1T、频率 f 为 50Hz 时，硅钢片单位重量内的损耗；G_{Fet}、G_{Fej} 分别为定子齿和定子轭的重量。

潜油电机的定子铁损耗占据了潜油电机总损耗的很大一部分，其数值计算的准确与否直接影响到潜油电机温度场求解的准确性。根据潜油电机的结构特点，在以往分析潜油电机温度的分布性能时，大多都是将铁损耗在齿部和轭部取平均，显然这种做法是不合理的。由于在实际工程中，电机定子轭部和齿部的磁通密度分布并不是均匀的，传统的磁通密度平均值的算法根本无法准确地反映出电机定子轭部和齿部磁通密度的真实分布情况，从而得到的铁损耗计算值与实际值之间必然存在着一定的误差。要想准确地分析出潜油电机温度情况，必须要准确地确定电机内定子铁心的损耗分布情况。基于此，本章以 YQY143 系列 40kW 的潜油电机为例，采用有限元法对电机铁损耗进行数值计算[68]，图 6-2 为样机二维电磁场求解模型。

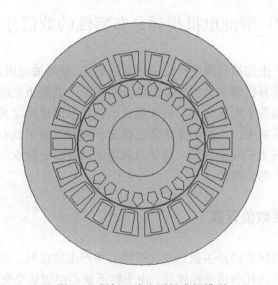

图 6-2　样机二维电磁场求解模型

对电机电磁场进行二维有限元分析需要进行如下假设。

（1）忽略潜油电机端部的磁场效应，并假设磁场是沿轴向均匀分布的，矢量电流密度 J 和矢量磁位 A 只有轴向分量。

（2）定转子铁心冲片为各向同性材料，具有单值的 $B\text{-}H$ 曲线（B 表示磁通密度，H 表示磁场强度。

（3）忽略潜油电机外部磁场的影响，并且假设定子外周为零磁矢位线。

根据上述基本假设条件，便可确定潜油电机二维电磁场的求解域，根据相应的边界条件，便可以得到潜油电机二维电磁场边值问题的具体描述，方程式如式（6-28）所示：

$$\begin{cases} \varOmega: \dfrac{\partial}{\partial x}\left(\dfrac{1}{\mu}\dfrac{\partial A_z}{\partial x}\right) + \dfrac{\partial}{\partial y}\left(\dfrac{1}{\mu}\dfrac{\partial A_z}{\partial y}\right) = -J_z \\ \varGamma_1: \ A_z = 0 \end{cases} \tag{6-28}$$

式中，μ 为磁导率；$\varOmega$ 为求解域；$\varGamma_1$ 为第一类边界条件。

利用有限元法对潜油电机定子二维电磁场进行求解后，便可得到其磁力线分布情况，如图 6-3 所示。

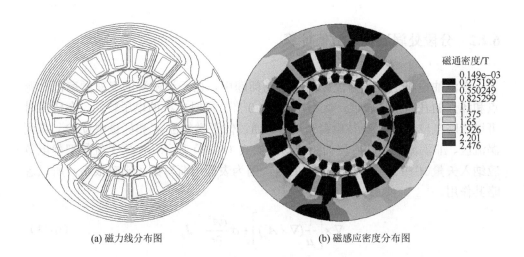

（a）磁力线分布图　　　　　　　　　　　　（b）磁感应密度分布图

图 6-3　磁场分布图

在二维电磁场计算的基础上，分别提取出定子轭部和齿部单元磁通密度及相应的单元面积，利用式（6-29）和式（6-30）可分别计算出定子轭部和齿部的铁损耗[69]。

$$P_y^e = 1.3 B_y^{e2} S_y^e (\sigma_h + \sigma_e)\left(\frac{f}{50}\right)^{1.3} \rho_{Fe} l \tag{6-29}$$

$$P_t^e = 1.5 B_t^{e2} S_t^e (\sigma_h + \sigma_e) \left(\frac{f}{50} \right)^{1.3} \rho_{Fe} l \tag{6-30}$$

式中，B_y^e、B_t^e 为电机定子轭部及齿部单元的磁通密度；S_y^e、S_t^e 为电机定子轭部及齿部单元的面积；σ_h 为材料常数；σ_e 为涡流损耗系数；ρ_{Fe} 为铁心的密度；l 为铁心长度。

通过求各单元损耗的和，便可得到定子轭部和齿部的总铁耗，如式（6-31）和（6-32）所示：

$$P_y^e = 1.3 \sum_{e=1}^{n} B_y^{e2} S_y^e (\sigma_h + \sigma_e) \left(\frac{f}{50} \right)^{1.3} \rho_{Fe} l \tag{6-31}$$

$$P_t^e = 1.5 \sum_{e=1}^{n} B_t^{e2} S_t^e (\sigma_h + \sigma_e) \left(\frac{f}{50} \right)^{1.3} \rho_{Fe} l \tag{6-32}$$

经过计算，用数值计算的方法得到定子轭部铁损耗为 159.12W，定子齿部铁损耗为 45.65W。

6.2.2　分段处涡流损耗数值计算

在潜油电机定转子分段处的涡流场问题中，由于激励源的交变频率低，源点和场点的几何距离较近，认为 $\partial D / \partial t = 0$[70]。同时电机的电压较低，在研究时可以忽略电位移矢量 D 与电荷密度 ρ。通过修正磁矢位 A^* 和标量电位 Ω，得到涡流区、非涡流区控制方程的统一形式如式（6-33）所示。实质上就是把静电效应纳入矢量 A^* 中。其中必须指出的是，因为表面电荷对磁场影响很小，所以忽略其作用。

$$\nabla \times \left[\frac{1}{\mu} (\nabla \times A^*) \right] + \sigma \frac{\partial A^*}{\partial t} = J_s \tag{6-33}$$

选取定子绕组电流密度作为激励源，其绕组形式为单层同心式，定子总槽数为 18 槽，每极每相槽数为 3 个槽，每相之间相差60° 电角度，定子线圈的电流密度可以由额定电流及定子槽内导体的有效面积计算得出，随后便可通过有限元分析软件对定子线圈加载电流密度，主要求解扶正轴承中的涡流损耗，因此对扶正轴承处采用加密剖分。对于上述 YQY143 系列 40kW 的潜油电机，满载时对转子导条和端环赋值加载求解。扶正轴承中的磁通密度分布如图 6-4 所示，此时涡流损耗为 212.22W。

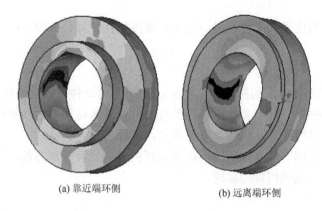

(a) 靠近端环侧　　　　　　　　(b) 远离端环侧

图 6-4　负载时扶正轴承磁通密度分布图

6.2.3　机械损耗数值计算

潜油电机的机械损耗主要包括两部分：其一是止推轴承的泵吸过程产生的功耗，尽管泵吸过程是主动做功的过程，但其是潜油电机内部的做功，对外表现为潜油电机自身的损耗；其二是潜油电机内部的摩擦损耗。摩擦损耗是由转动部与固定部之间的相对旋转运动产生的，同时也对旋转运动起到一个反作用，表现为能量的消耗。由前所述，在潜油电机内部，充满了绝缘电机油，转子在润滑油中高速旋转。而电机油的黏滞性表现为阻碍流动的内部摩擦力或黏滞阻力，当转动部与固定部发生相对运动时，即产生了摩擦损耗。因此，摩擦损耗实际上是由电机油内部的摩擦力造成的。根据电机油的载体不同，将机械摩擦损耗分为定转子表面的摩擦损耗、轴承的摩擦损耗等。

由以上分析可知，电机的机械损耗可以分成三部分，即定转子与润滑油的摩擦损耗、扶正轴承的摩擦损耗和止推轴承动静块的摩擦损耗，其中起主要作用的是转子与润滑油的摩擦损耗。由于本章三维温度场计算模型的需要，只考虑定转子与润滑油的摩擦损耗以及扶正轴承的摩擦损耗。

定转子与润滑油的摩擦损耗在潜油电机正常运转时，内部的电机油的运动主要受到两个方面的作用[71]。一方面是转动部的旋转，这使绝缘电机油产生了径向的绕轴旋转；另一方面是止推轴承的泵吸过程，这使电机油产生了轴向的循环流动。这两方面的影响使绝缘电机油在转子表面的速度变化十分复杂，但从能量损耗的角度分析，绝缘电机油轴向运动的能量主要来自于止推轴承的泵吸过程，因此绝缘电机油轴向运动与定转子表面的摩擦损耗包含在止推轴承泵吸过程产生的损耗中；绝缘电机油的径向绕轴旋转在定转子表面产生的摩擦损耗则可认为主要由转子相对于定子的旋转产生，并将其记为 P_{mr}（单位为 W）。如果转子总数为 j，每节转子与定子表面的摩擦损耗记为 P_{mu}（单位为 W），则 $P_{mr} = j \cdot P_{mu}$。

每节转子与定子表面与润滑油之间的摩擦损耗计算公式如下：

$$P_{\text{mu}} = K_{\text{mu}} v_{\text{su}}^3 D_{\text{su}}^2 \left(1 + \frac{5l_{\text{su}}}{D_{\text{su}}}\right) \tag{6-34}$$

式中，v_{su} 为转动件外圆的圆周速度（m/s）；l_{su} 为转动件与固定件配合长度（m）；D_{su} 为转动件外径（m）；K_{mu} 为修正系数，与相对运动表面之间的粗糙度、间隙大小、电机油黏度及水流雷诺数等都有关，可取 $K_{\text{mu}} = 2\sim3$。

此处给出了因气隙充油所致油摩擦损耗的另外一种计算方法，扶正轴承的摩擦损耗见第 2 章机械损耗的描述。

6.2.4　定转子铜耗数值计算

电机的基本铜耗指的是电机运行时定子绕组及转子导条中产生的电损耗，该值的大小与电机的运行状况有着密切的关系。对于额定运行状态的电机，其定子绕组的基本铜耗可由式（6-35）计算。

$$P_{\text{Cu}} = mI^2R \tag{6-35}$$

式中，m 为相数；I 为定子电流有效值；R 为潜油电机工作环境温度下的定子每相电阻。

转子导条中的损耗也称为电气损耗，它是导体中电流产生的损耗，可以利用有限元法按照式（6-36）计算定转子铜耗，其中转子铜条的电流密度可以根据电磁场计算得到。转子导条电流密度分布如图 6-5 所示（其中数值表示的是转子导条感应的电流密度值，正负表示电流的方向）。

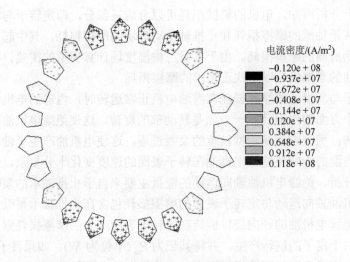

图 6-5　转子导条电流密度分布图

$$P_{\mathrm{Cu}} = \sum_{e=1}^{N_e} J_{\mathrm{Te}}^2 \frac{\Delta_{\mathrm{ei}} L_{\mathrm{ef}}}{\sigma} \tag{6-36}$$

式中，J_{Te} 为单元的电流密度；Δ_{ei} 为每个单元的面积；σ 为电导率；L_{ef} 为导条的长度。

6.2.5　热源的分布

通过电磁计算可得出半段潜油电机的铁损耗、定转子铜损耗和附加损耗[72]，另外应用流体力学相关理论计算出摩擦损耗值，计算出 YQY143 系列 40kW 各种损耗值，如表 6-2 所示。计算出 YQY143 系列 40kW 潜油电机各部分的损耗后，便可将其转换成生热率在后续计算中应用。

表 6-2　单节电机损耗计算值　（单位：W）

损耗类型	数值	损耗类型	数值
定子铜损耗	504.75	附加损耗	250
定子轭部铁损耗	159.12	扶正轴承涡流损耗	212.22
定子齿部铁损耗	45.65	摩擦损耗	317
转子铜损耗	430.5	—	—

6.3　潜油电机稳态传热特性研究

6.3.1　传热模型建立

1. 求解模型

由于沿轴向方向上的电机各段彼此独立，分析温度时可单独建立一段定转子模型。另外考虑电机每段上下对称，原油在单段电机长度内的流速以及温度变化很小，可以建立单段电机中的半段进行分析。基于以上分析，本计算模型选择了一段电机中的半段定子、半段转子、半段扶正轴承、半段隔磁段，同时包括此轴向范围内气隙间的润滑油以及机壳。

为了减少计算量，本节将模型进行如下简化处理。

（1）将定子槽内导体简化为一个方形的整体。

（2）按照发热量相同的原则处理生热率。

（3）考虑到电机轴中心孔内润滑油对电机整体温度影响较小，因此忽略此部分的结构，将电机轴建成一个完整部分。

按照如上简化，以 YQY143 系列 40kW 的潜油电机为例，建立如图 6-6 所示的三维模型。

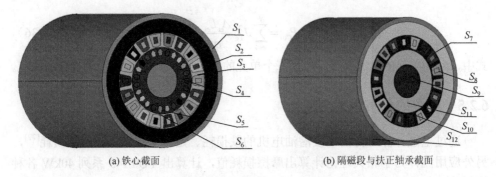

(a) 铁心截面　　　　　　　　　　　　　(b) 隔磁段与扶正轴承截面

图 6-6　温度场计算三维模型

S_1-机壳截面；S_2-定子铁心轭截面；S_3-定子铁心齿截面；S_4-转子铁心截面；S_5-转子导条截面；S_6-气隙机油入口；S_7-绝缘截面；S_8-定子线圈截面；S_9-转轴截面；S_{10}-气隙机油出口；S_{11}-转子扶正轴承截面；S_{12}-机壳散热面

2. 基本假设

基本假设如下。

（1）将定子槽内导线生热平均分配到槽内方形区域，即认为槽内导体分布在一个紧密的区域，其他区域为不产生热量的绝缘物质[73]。

（2）忽略转子铁心基本铁损耗。

（3）机壳外表面与原油之间通过对流散热传递热量。

（4）潜油电机的机械损耗全部集中于定子内表面、转子外表面以及扶正轴承外表面处。

（5）根据结构的对称性，转子铜条横截面、转子铁心横截面、扶正轴承横截面、转轴横截面、气隙内润滑油截面、定子隔磁段截面、定子线圈截面、定子铁心截面、机壳截面为绝热面。

（6）因为潜油电机内部的绝缘电机油以及外部流动的原油这两种流体的雷诺数都非常小，属于层流状态，所以本书中采用层流模型对潜油电机计算区域的流体场进行求解计算。

（7）对于潜油电机温度场耦合计算模型中的流体场，其流体流速远小于声速，也就是计算所得的马赫数很小，因此把计算区域中的流体作为不可压缩的流体进行处理。

（8）由于只研究潜油电机温度场耦合计算模型中流体的稳定状态，也就是定常流动状态，方程中省去了时间项。

基于假设条件，计算模型具体边界条件分别如下。

（1）在图 6-6 中 $S_1 \sim S_5$、$S_7 \sim S_9$、$S_{11} \sim S_{12}$ 为绝热面，即第二类边界条件。

（2）流体与固体交界面为耦合换热边界，即第三类边界条件。图 6-6 中 S_6 和 S_{10} 分别作为流体的入口和出口，入口设置为速度入口，出口设置为自由流动出口。

6.3.2　相关系数的确定

1. 材料导热系数的确定

通过前述分析可知，潜油电机的热量传递过程主要包括热传导和对流换热的过程，介质的导热系数将直接影响热传导的效果。计算区域内各部分媒质确定的导热系数大小的准确度对潜油电机温度场计算的精确度有非常大的影响，因此为了准确地确定各部分的导热系数，必须认真核对潜油电机所应用的确切材料及其相关系数[74]。

潜油电机传热耦合计算区域内包括定转子铁心叠片、定子线圈、绝缘、转子铜条、扶正轴承以及润滑油等媒质。其中，由于铁心叠片是叠压而成的，认为其导热系数为各向异性，在计算时，轴向为 z 方向，径向为 x 和 y 两个方向，并且轴向导热系数比径向导热系数要小得多。其他媒质为具有各向同性导热系数的媒质，即在 x、y、z 三个方向具有相同的导热系数。

通过查取物体导热系数表，各单元媒质的导热系数如下：定转子铁心沿径向的导热系数为 37.01W/(m·℃)；定转子铁心沿轴向的导热系数为 3.55W/(m·℃)；转子铜条、端环的导热系数相同，都是 386W/(m·℃)；扶正轴承的导热系数为 40W/(m·℃)；电机转轴的导热系数为 44.20W/(m·℃)；电机润滑油的导热系数为 0.28W/(m·℃)；电机槽内绝缘物质的导热系数为 0.48W/(m·℃)；电机定子线圈的导热系数为 386W/(m·℃)。

2. 换热系数的计算

根据前面介绍的潜油电机特殊的油路循环系统，潜油电机热交换过程中对流换热过程分为两部分。一部分是定子机壳与井液之间的对流换热，另一部分是润滑油在气隙中与定转子硅钢片之间的对流散热。本章只进行第一部分换热系数的计算，第二部分采用流体固体传热全耦合的计算方法进行计算。

机壳外表面散热系数可按式（6-37）计算：

$$h = \frac{\lambda}{d_u} Nu \tag{6-37}$$

式中，λ 为流体热导率；d_u 为流体管的等效直径；Nu 为努塞尔数，采用格尼林斯基公式计算。对于气体，其为

$$Nu = 0.0214 \left(Re^{0.8} - 100 \right) Pr_f^{0.4} \left[1 + \left(\frac{d_u}{l_u} \right)^{2/3} \right] \left(\frac{Pr_f}{Pr_w} \right)^{0.45} \tag{6-38}$$

式（6-38）在式（6-39）的试验验证范围内可以应用，即

$$0.6 < Pr_f < 1.5, \quad 0.5 < \frac{T_f}{T_w} < 1.5, \quad 2300 < Re < 10^6 \quad (6-39)$$

对于液体：

$$Nu = 0.0214(Re^{0.87} - 280)Pr_f^{0.4}\left[1 + \left(\frac{d_u}{l_u}\right)^{2/3}\right]\left(\frac{Pr_f}{Pr_w}\right)^{0.01} \quad (6-40)$$

式（6-40）在式（6-41）的试验验证范围内可以应用，即

$$1.5 < Pr_f < 500, \quad 0.05 < \frac{Pr_f}{Pr_w} < 20, \quad 2300 < Re < 10^6 \quad (6-41)$$

式中，T_f 为流体温度；T_w 为固液交界面温度；Pr 为普朗特数，下角 f 指流体，下角 w 指固液交界面；l_u 为流体管长度；Re 为雷诺数。

6.3.3 流速与传热特性的关系

流体温度场耦合求解本质上是对离散后的控制方程组的耦合求解，通过求解上述离散化方程便得到各节点数据，可将求解步骤归纳为如下三步。

（1）第一步为假设。先假设一组速度、温度等变量，并且确定在离散化方程中所需的各个系数和必要的常数项等。

（2）第二步为计算。联立计算质量守恒方程、动量守恒方程以及能量守恒方程。

（3）第三步为判断。判断当前时间步上的计算是否达到收敛水平。如果没有收敛，重新返回第二步中，继续进行迭代计算。依次逐步重复以上三个步骤，直到计算达到收敛[75]。

根据假设条件以及计算所得到的数值设置边界条件，包括各个发热部位的生热率、材料属性、流体出口和入口条件。考虑到原油流速对散热的影响，本书中原油流速采用国际规定的最低速度，为 0.3m/s，这种最不利的散热条件进行计算。根据目前现有的潜油电机结构，假设润滑油的轴向入口流速为 0.5m/s。

对 YQY143 系列 40kW 潜油电机在 90℃井温情况下求解流体温度耦合场，逐次耦合计算得到电机整体温度分布情况，如图 6-7 所示，可见电机温度分布极其不均匀。

为了更好地分析电机内各部分的温度情况，将各部件的温度分布分别取出，如图 6-8～图 6-14 所示。其中，图 6-8 是转子铁心温度分布图，图 6-9 是转子导条温度分布图，图 6-10 是电机转子端环温度分布图，图 6-11 是定子铁心温度分布图，图 6-12 是定子线圈部分温度分布图，图 6-13 是定子槽绝缘温度分布图，图 6-14 是电机壳体温度分布图。

温度/℃
108.417　112.774　117.13　121.487　125.844
　　110.595　114.952　119.309　123.665　128.022

图 6-7　电机整体温度分布图

温度/℃
120.817　121.794　122.772　123.749　124.726
　　121.306　122.283　123.26　124.237　125.215

图 6-8　转子铁心温度分布图

温度/℃
120.965　121.909　122.854　123.798　124.742
　　121.437　122.381　123.326　124.27　125.215

图 6-9　转子导条温度分布图

温度/℃
120.933　120.983　121.033　121.083　121.133
　　120.958　121.008　121.058　121.108　121.158

图 6-10　转子端环温度分布图

温度/℃
108.907　111.194　113.482　115.77　118.058
　　110.051　112.338　114.626　116.914　119.201

图 6-11　定子铁心温度分布图

温度/℃
115.148　115.826　116.504　117.182　117.86
　　115.487　116.165　116.843　117.521　118.199

图 6-12　定子线圈部分温度分布图

温度/℃ ▬▬▬▬▬▬▬▬▬▬▬▬▬
　209.21　111.426　113.642　115.858　118.073
　110.318　112.534　114.75　116.966　119.101

温度/℃ ▬▬▬▬▬▬▬▬▬▬▬▬▬
108.474　108.816　109.158　109.5　　109.843
108.645　108.987　109.329　109.672　110.014

图 6-13　定子槽绝缘温度分布图　　　　图 6-14　电机壳体温度分布图

　　通过以上电机温度分布云图，我们可以看到，潜油电机的温度分布极其不均匀。电机气隙内部温度非常高，电机气隙外部温度相对较低。为了更好地分析造成此种温度分布的原因，将在下面进行具体分析。

6.3.4　流体流动特性对传热特性的影响

　　潜油电机气隙中流动的润滑油的流动状态变化将直接影响转子表面的散热能力，进而会影响定子内的传热特性。为了从理论上分析出润滑油对电机温度变化的影响，本节将在相同假设条件下针对流体流速对电机的传热特性的影响关系进行数值研究，通过数值分析计算希望能够寻求到最好的冷却方式，并以最经济的冷却介质达到最有效降低电机内的温度的效果，特别是最高温度点的温度。因此，需要对流体流动特性对潜油电机温度场的影响情况进行必要的分析研究。

　　由于潜油电机气隙中机油的流速变化对其分布的特性没有任何影响，此处仍然可以采用如图 6-6 所示的求解模型对潜油电机三维温度场进行数值计算。为了使求解具有一定的代表性，假设潜油电机内部气隙机油的轴向入口速度为 0.1m/s 和 1m/s 两种状态。本节仍以 YQY143 系列 40kW 的潜油电机为例，对气隙中机油的入口速度分别为 0.1m/s 和 1m/s 时的潜油电机温度场进行数值求解。图 6-15～图 6-22 分别为入口流速为 1m/s 和 0.1m/s 时潜油电机各部位的三维温度分布图。

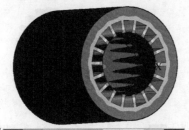 

温度/℃ ▬▬▬▬▬▬▬▬▬▬▬▬▬
　108.94　111.215　113.49　115.765　118.04
　110.077　112.352　114.627　116.902　119.177

(a) 1m/s

温度/℃ ▬▬▬▬▬▬▬▬▬▬▬▬▬
108.847　111.154　113.462　115.77　118.077
110.001　112.308　114.616　116.923　119.231

(b) 0.1m/s

图 6-15　不同流体流速下定子铁心温度分布图

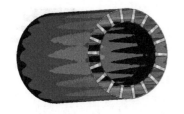 

温度/℃
109.338　111.525　113.711　115.897　118.084
　　110.432　112.618　114.804　116.991　119.177
(a) 1m/s

温度/℃
109.129　111.374　113.619　115.864　118.108
　　110.251　112.496　114.741　116.986　119.231
(b) 0.1m/s

图 6-16　不同流体流速下定子铁心齿部温度分布图

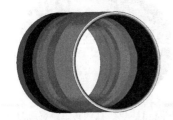 

温度/℃
108.503　108.837　109.171　109.506　109.84
　　108.67　109.004　109.339　109.673　110.007
(a) 1m/s

温度/℃
108.417　108.774　109.131　109.488　109.845
　　108.596　108.953　109.31　109.666　110.023
(b) 0.1m/s

图 6-17　不同流体流速下机壳齿部温度分布图

温度/℃
119.109　120.132　121.155　122.179　123.202
　　119.62　120.644　121.667　122.691　123.714
(a) 1m/s

温度/℃
123.912　124.826　125.74　126.654　127.568
　　124.369　125.283　126.197　127.111　128.025
(b) 0.1m/s

图 6-18　不同流体流速下转子铁心温度分布图

　　对比电机各不相同部位的温度分布图可以看出，当入口处流体流速不同时，潜油电机内部的冷却效果有很大区别。随着潜油电机气隙入口处流体流速的增加，定转子温度场的最低温度以及最高温度均有所下降，并且电机整体的温度趋于一致。造成如上现象是因为入口处流体流速增加，增强了冷却介质散热的能力，使潜油电机外温差变小。

温度/℃
115.12　　115.81　　116.5　　117.19　　117.879
　　115.465　116.155　116.845　117.534　118.224

(a) 1m/s

温度/℃
115.63　　115.838　116.507　117.177　117.847
　　115.503　116.172　116.842　117.512　118.848

(b) 0.1m/s

图6-19　不同流体流速下定子线圈温度分布图

温度/℃
109.09　　111.34　　113.59　　115.84　　118.091
　　110.215　112.465　114.715　116.966　119.154

(a) 1m/s

温度/℃
109.303　111.492　113.681　115.87　　118.06
　　110.398　112.587　114.776　116.965　119.216

(b) 0.1m/s

图6-20　不同流体流速下定子绝缘温度分布图

温度/℃
119.231　120.227　121.223　122.22　　123.216
　　119.729　120.725　121.721　122.718　123.714

(a) 1m/s

温度/℃
124.087　124.962　125.837　126.712　127.587
　　124.524　125.399　126.274　127.149　128.025

(b) 0.1m/s

图6-21　不同流体流速下转子导条温度分布图

温度/℃
119.197　119.251　119.306　119.36　　119.415
　　119.224　119.278　119.333　119.387　119.442

(a) 1m/s

温度/℃
124.049　124.095　124.142　124.188　124.234
　　124.072　124.119　124.165　124.211　124.257

(b) 0.1m/s

图6-22　不同流体流速下扶正轴承温度分布图

　　针对潜油电机内部气隙机油入口处流体流速变化时潜油电机的传热特性，将电机不同部件的温度数值进行了比较，分别将气隙入口流体流速为 0.1m/s、0.5m/s 以及 1m/s 情况下的最高温度、最低温度、平均温度进行如表 6-3 所示的对照。

表 6-3　流体流速对电机温度场的影响

流体流速/(m/s)	温度项	定子铁心齿部温度/℃	定子铁心轭部温度/℃	定子线圈温度/℃	定子绝缘温度/℃
0.1	最低温度	109.338	108.940	115.630	109.303
	最高温度	119.231	113.106	118.848	119.216
	平均温度	114.285	111.023	117.239	114.260
0.5	最低温度	109.247	108.847	115.148	109.210
	最高温度	119.201	112.094	118.199	119.181
	平均温度	114.224	110.4705	116.674	114.200
1	最低温度	109.129	108.705	115.120	109.090
	最高温度	119.177	110.845	118.224	119.154
	平均温度	114.153	109.775	116.672	114.122

流体流速/(m/s)	温度项	转子铁心温度/℃	转子导条温度/℃	扶正轴承温度/℃
0.1	最低温度	123.912	124.087	124.049
	最高温度	128.025	128.025	124.257
	平均温度	125.969	126.056	124.153
0.5	最低温度	120.817	120.965	120.933
	最高温度	125.215	125.215	121.158
	平均温度	123.016	123.09	121.046
1	最低温度	119.109	119.231	119.197
	最高温度	123.714	123.714	119.442
	平均温度	121.412	121.473	119.320

　　从表 6-3 中可以看出，无论是电机的定子铁心齿部温度、定子铁心轭部温度、定子线圈温度、定子绝缘温度、转子铁心温度还是转子导条温度均随着入口流体流速的变大，冷却效果变佳，最高温度、最低温度总体呈下降状态，并且电机内外温差趋于减小。

第7章 基于流体网络解耦的潜油电机温升预测

采用流体网络的方法解耦潜油电机全域流体场。根据潜油电机内循环油路中各部分流体的流速及压力的数量级的不同，将电机全域流体场划分为多个局部分区解耦流体场，整体通过流体网络将其进行有效耦合，构建潜油电机全域流体网络。局部典型区域通过三维流体场分析，整体考虑电机的轴向分段及重复性，建立流体网络，计算电机的全域流体场及传热效应。

7.1 潜油电机流体网络模型

7.1.1 数学模型及边界条件

应用计算流体动力学求解流体的运动，以及流体与固体之间的相互作用规律，需要将流体和固体之间的运动过程采用相应的控制方程即数学模型表示，在此基础上加上相应的边界条件进行求解。

1. 数学模型的建立

对在额定工作状态下潜油电机的流体及其传热进行分析，应当遵循物理守恒定律，即质量守恒定律、动量守恒定律、能量守恒定律。在计算的过程中假设电机中的流体全部为原油，即不可压缩黏性流体。

下面给出电机中的流体在运动过程中所遵循的物理守恒定律及其相对应的控制方程。

（1）质量守恒定律。相应的不可压缩液体非恒定流的连续性方程为

$$\frac{\partial v_x}{\partial x} + \frac{\partial v_y}{\partial y} + \frac{\partial v_z}{\partial z} = 0 \tag{7-1}$$

式中，v_x、v_y、v_z 分别是速度矢量 v 在 x、y、z 方向上的分量。

式（7-1）的意义为单位时间内流体微元体中增加的质量等于同一时间内流入微元体的净质量。

（2）动量守恒定律。相应的不可压缩黏滞性液体的纳维-斯托克斯方程为

$$\begin{cases} \dfrac{\partial(\rho v_x)}{\partial t} + \mathrm{div}(\rho v_x v_x) = \dfrac{\partial p}{\partial y} + \dfrac{\partial \tau_{xx}}{\partial x} + \dfrac{\partial \tau_{yx}}{\partial x} + \dfrac{\partial \tau_{zx}}{\partial z} + F_x \\[2mm] \dfrac{\partial(\rho v_y)}{\partial t} + \mathrm{div}(\rho v_y v_x) = \dfrac{\partial p}{\partial y} + \dfrac{\partial \tau_{xy}}{\partial x} + \dfrac{\partial \tau_{yy}}{\partial x} + \dfrac{\partial \tau_{zy}}{\partial z} + F_y \\[2mm] \dfrac{\partial(\rho v_z)}{\partial t} + \mathrm{div}(\rho v_z v_x) = \dfrac{\partial p}{\partial y} + \dfrac{\partial \tau_{xz}}{\partial x} + \dfrac{\partial \tau_{yz}}{\partial x} + \dfrac{\partial \tau_{zz}}{\partial z} + F_z \end{cases} \quad (7\text{-}2)$$

式中，ρ 为密度；t 为时间；p 为微元体上的压力；τ_{xx}、τ_{xy}、τ_{xz}、τ_{yy}、τ_{yx}、τ_{yz}、τ_{zz}、τ_{zx}、τ_{zy} 为应力 τ 的分量；F_x、F_y、F_z 为微元体上的体力。

式（7-2）的意义为微元体中流体动量对时间的变化率等于外界作用在微元体上的力之和。

（3）能量守恒定律。能量守恒定律即热力学第一定律，相应的能量守恒方程为

$$\frac{\partial(\rho T)}{\partial t} + \mathrm{div}(\rho v T) = \mathrm{div}\left(\frac{k}{c}\,\mathrm{grad}\,T\right) + S_T \quad (7\text{-}3)$$

式中，T 为温度；k 为导热系数；c 为比热容；S_T 为黏性耗散项。

式（7-3）的意义为微元体中能量的增加率等于进入微元体的净热量加上体力与面力对微元体所做的功[76]。

2. 边界条件的确立

对潜油电机的流体场及其热效应进行计算，采用流固耦合求解的计算方法，在流固耦合交界面处，应满足如下方程：

$$\begin{cases} \tau_f \cdot n_f = \tau_s \cdot n_s \\ d_f = d_s \\ q_f = q_s \\ T_f = T_s \end{cases} \quad (7\text{-}4)$$

式中，τ 为应力；d 为位移；q 为热流量；T 为温度；n 为速度；下标 f 表示流体；下标 s 表示固体[77]。

计算的流体场及其几何边界具有周期性的重复，采用周期性边界条件进行求解。相对应的不允许计算压降的周期性速度以及允许计算压降的周期性速度的计算公式为

$$\begin{cases} v_z r = v_z(r+L) = v_z(r+2L) = \cdots \\ \Delta p_z = p_z r - p_z(r+L) = p_z(r+L) - p_z(r-2L) = \cdots \end{cases} \quad (7\text{-}5)$$

式中，v_z 为速度；r 为位置矢量；L 为周期位置矢量；Δp_z 为压降；p_z 为压力。

7.1.2　流体场的网络模型

潜油电机是立式放置的,在额定工作条件下转速为 2859r/min,在电机底端尾部安有打油叶轮,电机原油管路中原油的运动情况可以看成这两种运动的叠加:一种是在离心力作用下的沿轴心线的旋转运动,一种是在重力和原油黏性力作用下的管路流动。

离心力作用下的旋转运动以及重力作用下的管路流动应用计算流体力学的知识,在采用有限体积法计算时施加。现在求解在原油黏性力作用下的管路流动情况。

1. 全域流体场的网络模型

考虑电机各节之间串联的影响,对电机的全域流体场进行分析,图 7-1 为电机全域流体场网络图,可以看出单节电机内部的流体网络是相同的。用单节电机端部之间连接处的损耗压降和流速作为控制条件,将电机的全域流体场解耦为局部流体场。

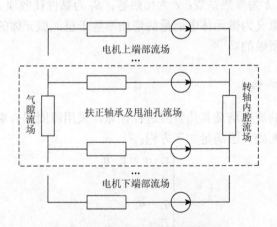

图 7-1　电机的全域流体场网络图

图 7-2 为单节电机原油管路结构尺寸图,在流体网络结构参数已知的前提下,应用工程流体力学中关于管路流动阻力和能量损失的知识,可求解在黏性力作用下单节电机内部的流体网络,再确定单节电机流体场端部的边界条件。

2. 单节电机内部流体场的计算

流体运动时,克服黏性阻力会造成能量损失,即压力损失。压力损失由沿程压力损失和局部压力损失组成。沿程压力损失是指流体在平直固体边界水路中从

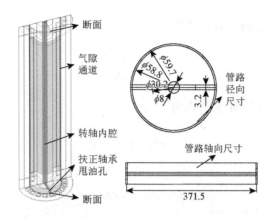

图 7-2　单节电机原油管路结构尺寸图（单位：mm）

一个断面流至另一个断面时产生的压力损失；局部压力损失是指流体运动管道的局部边界形状发生改变时产生的压力损失。沿程压力损失 P_i 可由沿程损失阻抗 R_i 来计算。

在管路为直管时，R_i 的计算公式为

$$R_i = \frac{8\lambda l_g \rho}{\pi^2 d_g^5 g} \tag{7-6}$$

式中，λ 为沿程损失系数，其计算十分复杂；l_g 为管路的长度；d_g 为管路的内径；g 为重力加速度。

在圆管中流体的流动形式为层流时，λ 仅由雷诺数 Re 决定，计算公式为 $\lambda = 64/Re$。在圆管中流体的流动形式为湍流时，λ 的计算通常由试验和公式相结合来确定，主要有卡门-普朗特公式、布拉修斯公式以及莫迪图。

R_i 对应的 P_i 的计算公式为

$$P_i = R_i \times Q_i^2 g \tag{7-7}$$

式中，Q_i 为通过所在支路的流量。

局部损失压降 P_j 的计算公式为

$$P_j = \frac{8\zeta \rho}{\pi^2 d^4} \times Q_j^2 \tag{7-8}$$

式中，ζ 为局部损失系数；Q_j 为通过断面的流量。其中，ζ 的计算值取决于液体局部变化以及边界几何形状。

下面仅给出在断面突然扩大或者缩小时 ζ 取值的计算方法。

图 7-3 为过流断面突然扩大或者缩小的示意图。其中，A_1 和 A_2 分别为所在管路的过流断面的面积；u_1 和 u_2 则为通过所在管路的过流断面的流体的平均速度[40]。

图 7-3（a）中 ζ 的计算公式为

$$\zeta = \left(1 - \frac{A_1}{A_2}\right)^2 \tag{7-9}$$

图 7-3（b）中 ζ 的计算公式为

$$\zeta = 0.5\left(1 - \frac{A_2}{A_1}\right) \tag{7-10}$$

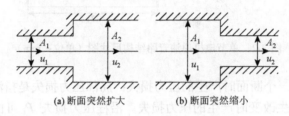

(a) 断面突然扩大　　　(b) 断面突然缩小

图 7-3　过流断面突然变化图

图 7-4 为单节电机内部流体场的解析图。其中，R 为所在支路的沿程损失阻抗；P 为所在支路的局部损失压降。

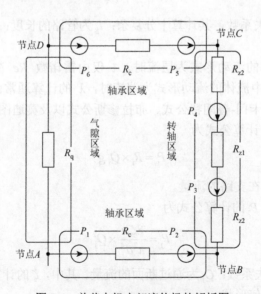

图 7-4　单节电机内部流体场的解析图

关于气隙中原油流量的计算，参考文献[78]，可以看出气隙中原油的运动属于缝隙流动中的同心圆环间隙流动。图 7-5 为同心圆环间隙流动示意图。

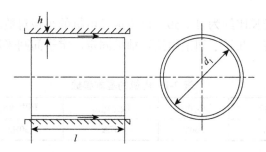

图 7-5　同心圆环间隙流动示意图

同心圆环间隙之间损失流量 Q 的计算公式为

$$Q = \frac{\pi d_1 h_1^3 \Delta p}{12\mu l} \tag{7-11}$$

式中，d_1 为圆环的直径；h_1 为圆环的间隙；Δp 为同心圆环断面两端压降；μ 为动力黏度。

根据质量守恒定律，流入节点的流量等于流出节点的流量，则节点流量平衡方程为

$$\sum Q_k = 0 \tag{7-12}$$

式中，Q_k 为通过所在支路的流量。

根据能量守恒定律，闭合回路中各个分支管路压降的代数和为 0，则回路压力平衡方程为

$$\sum \Delta P_k = 0 \tag{7-13}$$

式中，ΔP_k 为所在支路的压降。

通过上述公式，计算出单节电机流体场端部断面之间的损失压力差，并将其作为单节电机流体场端部的边界条件求解单节电机流体场的分布情况。

7.1.3　物理模型及网格剖分

计算流体力学的本质就是将控制方程在其区域上进行点离散化或区域离散化，转变成在网格点或者子区域上的代数方程组，再用线性代数的方法迭代求解。这其中就涉及将计算实体物理模型转化为对物理模型进行网格剖分。

1. 物理模型的建立

本节以一台工作在井温为 60℃ 的油井中的绝缘等级为 H 级、型号为 YQY114J-15D 的 4 节转子相串联的潜油电机为研究对象，单节电机的基本结构以及电机的基本参数分别如图 1-1 和表 7-1 所示，其中单节定子长度为 330.2mm。

安放在油井中工作，决定了潜油电机的外径，而输出功率决定了电机的长度，

电机结构细长，径长比约为 1∶50，也决定了电机的小极对数。电机多节串联立式放置，高速旋转，在转子间采用扶正轴承固定，定子间则采用隔磁段隔开。

表 7-1　电机的基本参数

基本参数	额定功率	额定电压	额定电流	额定频率	额定转速
参数值	15kW	360V	37A	50Hz	2900r/min

电机长期在由气、油和水的混合介质形成的高温、高压的环境中工作，因而需要加强各个部件之间的传热和散热。在电机的转轴中部具有内腔通道，在扶正轴承中部具有甩油孔，在电机的底部具有打油叶轮，从而形成了"气隙→转轴的上端出口→扶正轴承甩油孔→转轴的下端出口→气隙"的循环回路，达到降低温度的作用。图 7-6 为带有内充油循环回路电机的轴向示意图，图中标有箭头的部分为内充油循环回路。

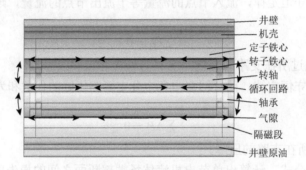

图 7-6　带有内充油循环回路电机的轴向示意图

潜油电机结构复杂，具有特殊的循环回路，建模时需要对电机的流体场结构进行一定的简化处理。潜油电机内部流体的基本假设如下。

（1）研究电机稳态时三维温度场的分布，电机中的流体全部为原油。由于电机是立式放置的，考虑重力的作用，设重力加速度的值为 $9.8\mathrm{m/s^2}$。

（2）井壁与机壳之间的油道宽度为 4.98mm，油道中原油的流速为 0.3m/s，通过计算雷诺数判断出油道中流体的流动情况为层流。

（3）电机内充油循环回路由转轴内部的"工"字形通道和扶正轴承中部的"一"字形油孔以及定转子之间环形气隙组成。

（4）对于电机自身和内部流体场的运动情况，采用多重参考模型进行模拟。由于扶正轴承和电机的转速不同，建模时假设轴承的转速为 0。

（5）各个时刻，即扶正轴承的中部油孔与转轴的两端油孔的角度不同时的运动情况很难模拟，计算时建立两者重合以及垂直时的模型，以下简称油路重合和油路垂直时的模型。

潜油电机采用各节结构相同的多节电机串联连接，立式放置，分析温度时可以只建立单节电机的 1/2 模型，两端采用周期性边界条件，模型的内部则采用流固耦合解耦的方法施加边界条件。图 7-7 为油路重合和油路垂直时电机的物理模型。

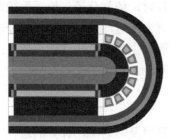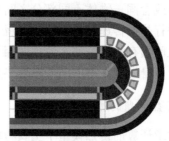

(a) 油路重合　　　　　　　　　　　(b) 油路垂直

图 7-7　电机的物理模型图

2. 物理模型的网格剖分

网格的生成是应用计算流体力学对物理模型进行求解过程中至关重要的一步，网格主要分为结构化网格和非结构化网格。结构化网格是指在网格区域内的所有点都具有相同的毗邻单元，该网格的生成速度快、质量好、易于计算，但是很难适用于几何形状复杂结构的划分。非结构化网格是指在网格区域内的内部点不具有相同的毗邻结构，该网格的网格拓扑的形成需要大量的人工处理，但是适合于复杂区域的网格划分，尤其对于奇性点的处理。

图 7-8 为油路重合和油路垂直时电机物理模型的网格剖分图，其中对于连接转轴内腔和扶正轴承甩油孔的复杂几何形状结构采用非结构化网格进行网格划分，其余几何形状规则的结构采用结构化网格和非结构化网格进行划分。

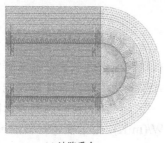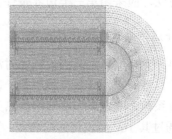

(a) 油路重合　　　　　　　　　　　(b) 油路垂直

图 7-8　电机物理模型网格剖分图

7.2　传热模型的建立及损耗的计算

7.2.1　传热模型的建立

热量传递的基本方式为热传导、热对流和热辐射。热传导是指当具有温差的不同物体或者同一物体不同部分之间直接接触时，依靠分子、原子等微观粒子的热运动进行热量传递的现象。热对流是指具有宏观运动的内部存在温差的流体，各部分之间具有相对位移，流体间相互掺混而产生的热量传递的现象。热辐射是指物体因自身温度具有的向外发射热量的本领。

1. 传热问题的边界条件

在本章计算的传热模型中主要考虑热传导以及热对流，计算的过程中可以用以下三类传热边界条件进行描述。

第一类：给定物体表面温度 T_w 随时间 t 的变化关系，表达式为

$$T_w = f(t) \tag{7-14}$$

第二类：给出通过物体表面的比热流密度 q 随时间 t 的变化关系，表达式为

$$\lambda \frac{\partial T}{\partial n} = q(x, y, z, t) \tag{7-15}$$

式中，λ 为导热系数。

第三类：给出物体周围介质温度 T_f 以及物体表面与周围介质的换热系数 h 的变化关系[79]，表达式为

$$\lambda \frac{\partial T}{\partial n} = h(T_w - T_f) \tag{7-16}$$

对于所要计算的潜油电机的温度场，电机原油管套的外壁为绝热面，应采用第二类边界条件；管路中的原油需要给定流入温度，电机的内部则应用流固耦合求解的方法，应采用第三类边界条件。

2. 导热系数及对流传热系数

材料导热系数以及流固接触面对流传热系数的准确选取决定着求解传热问题的准确性，下面给出计算过程中关于以上两者数值的选取以及计算过程。

导热系数 λ 的定义为在稳定传热条件下，当 1m 厚的材料两侧表面的温差为 1K 时，通过其 1m³ 面积传递的热量，单位为 W/(m·K)，用于描述材料的导热能力。

下面给出样机计算模型采用材料的基本导热系数，如表 7-2 所示。

在建立物理模型时，由于进行了一定的简化，计算的过程中对于一些材料需

要引用等效导热系数这一概念。其中,主要包括由绝缘漆包裹的绝缘导线和槽绝缘填充的绕组槽以及由硅钢片叠压而成的铁心。

1)绕组槽的导热系数

电机的绕组是由导电金属表层包有绝缘层的电磁线构成的,并且在将绕组嵌入绕组槽之前,要预先在槽内插入槽楔以及槽绝缘。在计算绕组槽的导热系数时,将槽内绕组中的导电金属等效为一个实体,认为其为电机的等效绕组,再将导电金属表层包有的绝缘层以及槽绝缘、槽楔等效为包裹在等效绕组的一个实体,认为其为电机的等效槽绝缘,如图 7-9 所示。

表 7-2 计算模型材料的基本导热系数

材料	导热系数/(W/(m·K))	应用部件
Q345B 低碳合金钢	30	机壳
QSn6.5-0.1 铜	67	隔磁段
H45 合金钢	43.53	转轴、轴承
由云母等无机物改性的合成树脂漆和醇酸等制成的组合物	0.3	绝缘材料
原油	0.1236	气隙、循环油路、井液
T2 紫铜	387.6	定子绕组
DW470 硅钢片	48	定子、转子
T2 纯铜	407	转子导条、端环

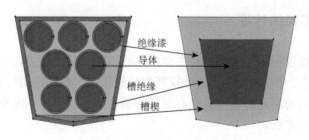

图 7-9 绕组的等效示意图

根据传热学基本定律,电机的等效绕组以及等效槽绝缘的等效导热系数 λ_r 的计算公式如下[80]:

$$\lambda_r = \sum_{r=1}^{m} \frac{\delta_r}{\sum_{r=1}^{m}(\delta_r / \lambda_r)} \tag{7-17}$$

式中,δ_r 为各种材料的等效厚度;λ_r 为各种材料的导热系数。

2）铁心的等效导热系数

电机铁心采用表面经过绝缘处理的硅钢片叠压而成，因此在径向和轴向的导热系数会发生变化。根据传热学基本定律，铁心叠片等效热传导系数的计算公式如下：

$$\begin{cases} \lambda_x = \dfrac{\delta_{Fe}\lambda_{Fe} + \delta_0\lambda_0}{\delta_{Fe} + \delta_0} \\ \lambda_z = \dfrac{\delta_{Fe} + \delta_0}{\delta_{Fe}/\lambda_{Fe} + \delta_0/\lambda_0} \end{cases} \tag{7-18}$$

式中，λ_x、λ_z 为铁心沿径向和轴向的等效导热系数；δ_{Fe} 为硅钢片的厚度；λ_{Fe} 为硅钢片的导热系数；δ_0 为绝缘介质薄层的厚度；λ_0 为绝缘介质薄层的导热系数。

3）对流换热系数

换热系数 h 的定义为当流体和固体表面的温差为 1K 时，1m^2 面积壁面在每秒传递的热量，单位为 $\text{W}/(\text{m}^2\cdot\text{K})$，用于描述流体与固体表面之间的换热能力。

在以往计算换热系数时多采用经验公式计算，本章则采用流固耦合解耦的方法计算。在计算的过程中将流体与固体的接触面设置为耦合面，根据传热问题的边界条件施加温度边界条件、热通量边界条件以及对流热交换边界条件。其中流固耦合面换热系数的计算是针对式（7-16）应用 Fourier 级数展开形式进行计算的。

书中计算的带有内充油循环回路的潜油电机的传热模型中涉及对流换热的地方主要为机壳-井液-井壁、转子-原油气隙-定子、转子-循环油路-扶正轴承。

7.2.2　电机损耗的计算

在电机运行过程中产生的损耗主要由铁心损耗、基本铜损耗、杂散损耗和机械损耗组成。对于中小型电机，杂散损耗和机械损耗一般均是由经验估算出来的，并且对电机稳态的温升影响没有铁心损耗和基本铜损耗大。下面介绍电机主要损耗的定义及计算方法。

1. 铁心损耗

铁心损耗是指由铁心中交变的主磁场产生的损耗，主要由磁滞损耗和涡流损耗构成。磁滞损耗是铁磁材料内部的磁畴在交变磁化的过程中因摩擦而引起的损耗，计算公式为

$$P_h = K_h f B_m^n V \tag{7-19}$$

式中，K_h 为磁滞损耗系数；f 为交变磁场的频率；B_m 为磁通密度的最大值；n 为计算参数；V 为材料的体积。

涡流损耗是交变磁场在铁磁材料内部感生出的电流围绕磁通形成的环流引起的电阻损耗，计算公式为

$$P_e = K_e f^2 B_m^2 \delta_{Fe}^2 V \tag{7-20}$$

式中，K_e 为涡流损耗系数。

将式（7-19）和式（7-20）相加并进行相应的调整得到铁心损耗的计算公式为

$$P_{Fe} = K_{Fe} f^{1.3} B_m^2 G \tag{7-21}$$

式中，K_{Fe} 为铁心损耗系数；G 为材料的质量[81]。

已知铁心损耗曲线以及磁场分布情况，通过上述公式即可求取铁心损耗的数值。

2. 基本铜损耗

基本铜损耗实质是由工作电流在绕组中产生的损耗。根据焦耳-楞次定律，绕组损耗等于绕组中电流的二次方与绕组的电阻的乘积，绕组损耗的计算公式为

$$P_{Cu(Al)} = \sum (I_x^2 R_x) \tag{7-22}$$

式中，I_x 为绕组 x 中的电流值；R_x 为换算到基准工作温度时绕组 x 的电阻值。

需要指出的是，在计算电气损耗时，假定绕组中的电流在导线截面上均匀分布，电阻指的是直流电阻。

3. 杂散损耗

杂散损耗主要是由绕组的漏磁场与气隙的谐波磁场产生的。前者在绕组及邻近处的金属部件中感生出涡流损耗和磁滞损耗；后者在铁心表面、定转子齿部和转子导条中感生出涡流损耗。

4. 机械损耗

机械损耗主要由轴承摩擦损耗、通风损耗和电刷摩擦损耗组成，对于潜油电机，则主要由转子与原油之间的摩擦损耗、扶正轴承的摩擦损耗以及止推轴承的摩擦损耗构成。

本章计算的潜油电机的单节功率为 3.75kW，为小型三相鼠笼式异步电动机，结构如图 7-10 所示。其中，定子采用梯形槽，转子采用圆形槽。

对于样机，损耗主要为定子铁心损耗、定子绕组铜耗、转子导条和端环铜耗以及电机的杂散损耗和整体机械损耗。杂散损耗和整体机械损耗难以准确地计算，采用经验公式进行估算。

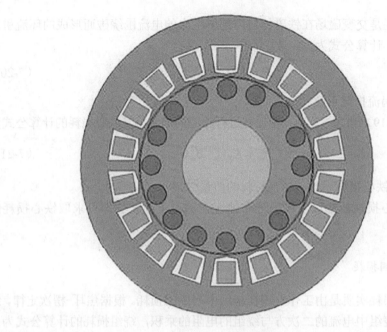

图 7-10　电机结构图

杂散损耗 P_Z 的估算公式为[82]

$$P_Z = 0.0324 P_N^{0.78} \tag{7-23}$$

式中，P_N 为额定输出功率。

整体机械损耗 P_{fw} 的估算公式为

$$P_{fw} = 627 D_2^2 l_t (8865 D_2^{1.5} + 52 D_2 + 59) \tag{7-24}$$

式中，D_2 为电机转子的直径；l_t 为电机转子的长度。

经计算，杂散损耗的值为 90.84W，整体机械损耗的值为 134.93W。

定子铁心损耗、定子绕组铜耗、转子导条和端环铜耗的计算经过求解电机内部电场和磁场的分布，再根据式（7-21）可算出。为了计算结果的准确性，本节先后采用场和路的方法对电机内部电场和磁场的数值分布进行计算，再对计算出的损耗值进行整理。

（1）基于等效电路和磁路的方法，求解电机额定工作状态下的性能参数以及损耗值。

采用的等效电路为 T 型等效电路图，如图 7-11 所示。图中，I_1 为定子电流；U_1 为定子电压；R_1 为定子电阻；R_2 为转子电阻；X_1 为定子漏电抗；X_2 为转子漏电抗；X_m 为激磁电抗；R_{Fe} 为铁心损耗所对应的电阻；s 为转子滑差。

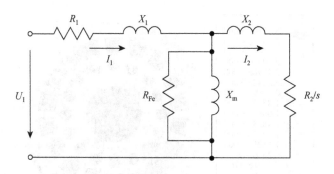

图 7-11　T 型等效电路图

磁路计算的原理：电机磁场的分布是对称性的，在计算过程中取一个磁极范围，应用安培环路定律和磁路的欧姆定律将磁场简化为等效磁路，根据磁路的基尔霍夫定律结合电机的尺寸参数以及材料特性求出气隙、定子齿、定子轭、转子齿以及转子轭的磁压降，从而求得电机磁路的分布情况。

经过计算求得损耗值的结果如表 7-3 所示。

表 7-3　电机的损耗值

损耗类型	定子铁耗	绕组铜耗	转子铜耗
损耗值/W	109.25	290.25	199.50

（2）基于麦克斯韦方程，采用有限元法，计算电机的二维瞬态电磁场，求解出电机的主要损耗。

计算原理：采用二维有限元法，将计算区域进行离散化，即网格剖分，给离散单元赋予磁矢位的插值函数，利用插值方法将场域内边值条件的变分问题离散化为多元函数的极值问题，通过解代数方程组来获得磁矢位的数值。

电机二维瞬态电磁场的磁矢位 A 满足的方程为[83]

$$\frac{\partial}{\partial x}\frac{1}{\mu}\frac{\partial A}{\partial x}+\frac{\partial}{\partial y}\frac{1}{\mu}\frac{\partial A}{\partial y}=-J_z+\sigma\frac{\partial A}{\partial t} \tag{7-25}$$

式中，μ 为磁导率；J_z 为源电流的密度；σ 为电导率。

计算过程中所进行的假设如下：①电机磁场在轴向上不发生变化，忽略端部效应；②不考虑电机的外部磁场；③不考虑定子和转子导体的集肤效应。

经过计算，电机磁通密度的分布如图 7-12 所示，图 7-13 和图 7-14 为电机主要损耗密度的分布云图。在传热计算中施加的热源为损耗密度，即生热率，现将前面求解出的电机的损耗值及损耗密度的结果分析整理，如表 7-4 所示。

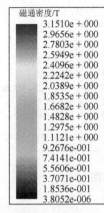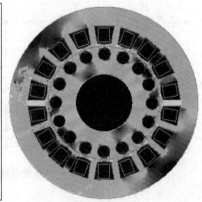

图 7-12　电机磁通密度的分布图

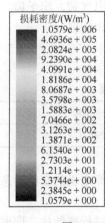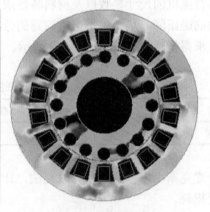

图 7-13　电机铁心损耗密度的分布图

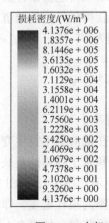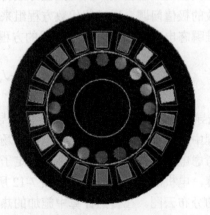

图 7-14　电机定子绕组和转子导条铜耗的分布图

表 7-4　单节电机的损耗值及生热率

损耗类型	定子齿铁耗	定子轭铁耗	绕组铜耗	导条铜耗	端环铜耗	机械损耗
损耗值/W	28.52	80.73	290.25	183.05	16.45	134.93
生热率/(W/m³)	113556	87274	1306164	1079404	635039	4338251

7.3　潜油电机流体场及传热计算

7.3.1　电机温度场计算结果

采用按照前面所述方法，对潜油电机的温度场进行求解，并且计算当电机的主要尺寸和电磁参数相同时不含有循环油路的潜油电机的温度场，对比分析循环油路对电机传热的影响。

1. 电机整体的温度分布情况

图 7-15～图 7-17 分别为当轴承转速为 0 时，不含循环油路以及油路重合、垂直时潜油电机温度场的分布云图。从图中可以看出，循环油路明显促进了电机定转子之间热量的传递，将温度最高的部分从电机的转子部分转移到了定子部分。电机定子部分的热量可以通过机壳外面的流动井液进行传递，从而降低了电机的整体温度。

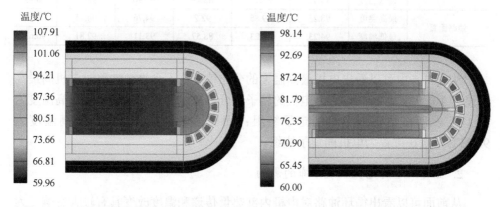

图 7-15　不含循环油路时温度场分布云图　　图 7-16　油路重合时温度场分布云图

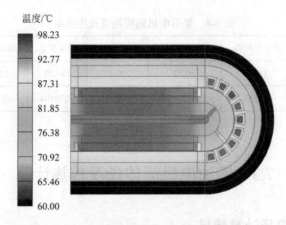

图 7-17　油路垂直时温度场分布云图

　　为了更加明确地反映出在以上三种情况下电机温度的分布情况，将电机各部件温度数据的分布情况进行整理，如表 7-5 所示。表中的数据表明，含有循环油路的电机的温度更低，比同等情况下不含循环油路的电机的最高温度低 10℃左右。当油路的位置不同时，电机的整体温度分布大体相同，各部件的最高温度和最低温度基本一致。

表 7-5　电机各部件温度值的分布表　　　　（单位：℃）

部件		定子绕组	定子铁心	原油气隙	转子导条	转子铁心	转轴
不含循环油路	最高温度	105.26	97.86	102.54	107.91	107.91	107.91
	最低温度	104	91.63	99.37	106.27	105.86	102.85
油路重合	最高温度	98.14	89.76	92.1	94.65	94.65	94.63
	最低温度	94.42	83.15	88.49	92.96	92.67	90.55
油路垂直	最高温度	98.23	89.85	92.2	94.76	94.75	94.74
	最低温度	94.23	83.23	88.57	93.11	92.81	90.67

　　从表 7-5 中可以看出电机最高温度的分布情况，不含循环油路时电机的最高温度为 107.91℃，所在位置为电机的转子部分；在油路重合时电机的最高温度为98.14℃，所在位置为电机的定子绕组；而在油路垂直时电机的最高温度为98.23℃，所在位置为电机的定子绕组。

　　2. 循环油路对电机温度分布的影响

　　从前面可以看出循环油路对电机内部热量传递和温度改变具有较大影响。为了进一步研究循环油路对电机温度分布的影响，对电机三维稳态温度场沿轴向分两段进行切片处理，如图 7-18～图 7-20 所示。

观察图 7-18～图 7-20，并结合表 7-5 中的数据，可以看出在不含循环油路以及油路重合、垂直三种情况中，电机整体中部温度最高，这主要是由于在电机的两端具有产热很小的扶正轴承和隔磁段；电机两端的温度略有偏差，左部高于右部，原因在于重力的影响，图中从右向左为重力加速度的方向。在图 7-19、图 7-20 中，循环油路所处地方的温度与相邻处不同，这是由原油本身与其周围材料的传热物性参数不同产生的。

电机整体中部温度最高，现着重分析中部切片的温度分布情况，如图 7-21～图 7-23 所示。

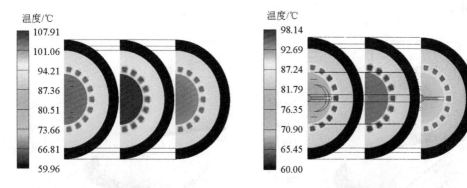

图 7-18 不含循环油路时温度场的切片图　　　图 7-19 油路重合时温度场的切片图

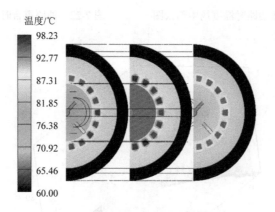

图 7-20 油路垂直时温度场的切片图

从图 7-21～图 7-23 中可以看到电机径向温度的变化趋势，除去电机定子部分，不含循环油路电机的温度从井壁到电机转轴中心逐渐升高，从 59.96℃升到 107.91℃；油路重合时，从井壁到电机转轴逐渐升高，从 60.00℃升到 94.63℃，从转轴到转轴内腔逐渐降低，从 94.63℃降到 93.64℃；油路垂直时，从井壁到电机转轴逐渐升高,从 60.00℃升到 94.74℃,从转轴到转轴内腔逐渐降低,从 94.74℃降到 93.79℃。循环油路对电机温度分布有重要的影响作用,但是油路的位置对电机温度分布的影响不大。

3. 电机气隙的温度分布情况

电机气隙是循环油路的重要组成部分,也是电机定转子热量传递的关键通道,其温度分布情况十分重要。下面给出在轴承转速为 0 时,不含循环油路以及油路重合、垂直时潜油电机的原油气隙温度场的分布云图,如图 7-24~图 7-26 所示。

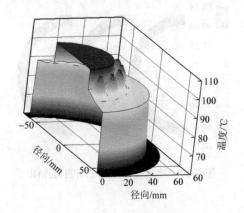
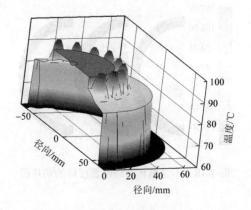

图 7-21　不含循环油路时温度场中部云图　　　图 7-22　油路重合时温度场中部云图

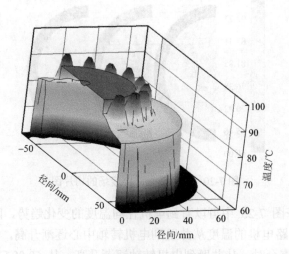

图 7-23　油路垂直时温度场中部云图

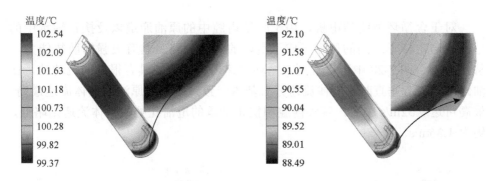

图 7-24　不含循环油路时原油气隙温度场云图　　图 7-25　油路重合时原油气隙温度场云图

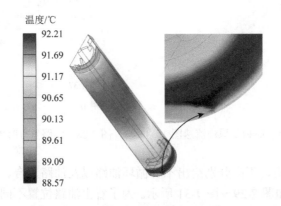

图 7-26　油路垂直时原油气隙温度场云图

从图 7-24～图 7-26 中可以发现在含循环油路时电机的气隙靠近轴承甩油孔附近的地方与不含循环油路时电机的相同地方，温度发生了不同的变化，如图中放大的部分所示。该变化源于甩油孔与电机的气隙和转轴内腔相连接，加速了电机气隙和转轴内部热量的传递，改变了此处气隙温度的分布。

7.3.2　电机流体场的热效应

前面已经给出了传热模型中换热系数的计算方法，下面具体给出循环油路中对流换热系数的计算结果，从而分析电机流体场的热效应。

1. 循环油路的流动特性

循环油路的流动特性决定着其本身的散热效果，图 7-27、图 7-28 为在油路重合以及垂直时电机循环油路内部原油的流动情况。

　　对于含循环油路的电机，由于转轴内腔中的原油通道以及扶正轴承中的甩油孔与定转子之间的气隙形成了良好的流动回路，具有很强的散热能力。从图 7-27、图 7-28 中可以看到，循环油路内部的原油具有很好的流动性，在油路重合或者垂直时，整体流速分布基本一致，气隙处原油的整体流速最高，最高可达 9.52m/s 左右，转轴内腔和扶正轴承的甩油孔处的整体流速则略低，约为 1.36m/s。

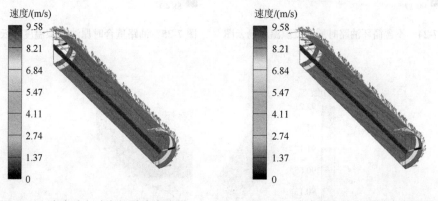

图 7-27　油路重合时内部原油流速图　　　　图 7-28　油路垂直时内部原油流速图

　　为了对比分析，下面分别给出不含循环油路以及油路重合、垂直时气隙内部原油的流速图，如图 7-29～图 7-31 所示。为了看出油路位置不同对气隙内部原油流速的影响，在图中进行了放大处理。

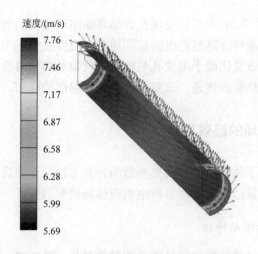

图 7-29　不含循环油路时气隙内部原油流速图

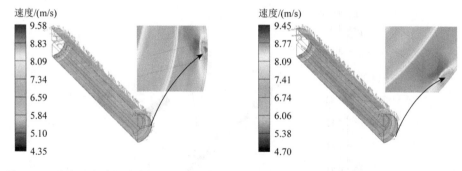

图 7-30　油路重合时气隙内部原油流速图　　图 7-31　油路垂直时气隙内部原油流速图

在不含循环油路与含循环油路时，电机气隙中原油整体的流速基本相同，不含循环油路时流速约为 7.84m/s，含循环油路时整体流速略高，油路重合时约为 8.83m/s，油路垂直时约为 8.77m/s。可以认为，循环油路对电机气隙整体流速的影响不大，具有一定的促进作用。观察图 7-30 和图 7-31 中的放大处，可以发现气隙与甩油孔连接处附近原油的流速发生了巨变，具有流速过高和过低的地方，原因是在连接处管道边壁发生了急剧的变化，流体流动时受到了局部阻力，压强发生了巨变。

图 7-32 和图 7-33 为含循环油路在油路重合以及垂直时，与气隙相连接的扶正轴承甩油孔以及转轴内腔中原油的流速图。从图中可知，假设扶正轴承不动，扶正轴承中甩油孔里面的液体依然发生了流动，油路位置不同对扶正轴承甩油孔中原油的流速分布具有影响。在油路重合时，靠近转轴内腔一侧与靠近气隙一侧的流速最高约为 1.30m/s，中部的流速略低，约为 0.65m/s；在油路垂直时，靠近气隙一侧的流速最高约为 1.41m/s，靠近转轴内腔一侧与中部的流速略低，约为 0.71m/s。这主要是因为转轴内腔和气隙中的原油在离心力、重力和黏性力作用下进行运动，转轴内腔和气隙与甩油孔两端相连接，从而在甩油孔两端形成一定的压力差。

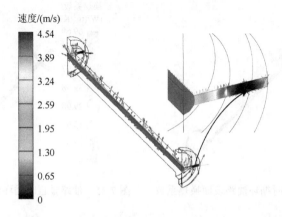

图 7-32　油路重合时扶正轴承甩油孔以及转轴内腔中原油的流速图

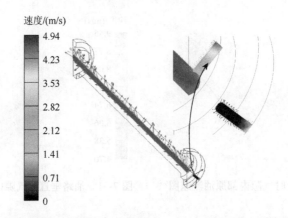

图 7-33　油路垂直时扶正轴承甩油孔以及转轴内腔中原油的流速图

2. 循环油路的散热特性

计算电机流体场的目的是明确电机内部流体的流动状态，从而确定流体场对温度场的影响。前面介绍了循环油路的流动特性，下面阐述循环油路的散热特性。流体和固体接触面的换热系数是十分重要的热力学边界条件，本节采用流固耦合解耦的方法计算。图 7-34、图 7-35 为油路重合以及垂直时循环油路表面换热系数的分布情况。从图中可以看到，循环油路表面具有良好的散热性，气隙表面的整体散热效果最好，表面换热系数最高可达 69.82W/(m^2·K)左右，转轴内腔和扶正轴承的甩油孔表面的换热系数则略低，约为 9.97W/(m^2·K)。

为了对比分析，下面分别给出不含循环油路以及油路重合、垂直时气隙表面换热系数，如图 7-36～图 7-38 所示。为了看出油路位置不同对原油气隙表面换热系数分布的影响，在图中进行了放大处理。

图 7-34　油路重合时循环油路表面换热系数　　图 7-35　油路垂直时循环油路表面换热系数

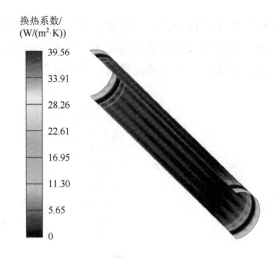

图 7-36　不含循环油路时气隙表面换热系数

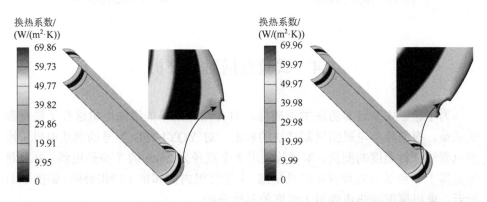

图 7-37　油路重合时气隙表面换热系数　　　图 7-38　油路垂直时气隙表面换热系数

不含循环油路与含循环油路时，电机原油气隙表面换热系数相差很大，不含循环油路时整体均值约为 5.65W/(m²·K)，含循环油路时整体均值约为 39.90W/(m²·K)，结合前面的分析，可以知道这是由气隙表面两端的热流量不同引起的。观察图 7-37、图 7-38 中的放大处，可以发现气隙与甩油孔连接附近表面的换热系数发生了巨变，原因在于此处原油转速发生了巨变。

图 7-39、图 7-40 为含循环油路在油路重合以及垂直时，与气隙相连接的扶正轴承甩油孔以及转轴内腔表面换热系数的分布图。

从图 7-39、图 7-40 中可知，假设扶正轴承不动，扶正轴承中甩油孔的表面依然具有良好的散热性，油路位置不同对扶正轴承甩油孔表面换热系数的分布具有影响。油路重合时，靠近转轴内腔一侧的换热系数约为 13.37W/(m²·K)，在靠近气隙一侧的换热系数约为 $5.73\mathrm{W/(m^2 \cdot K)}$，两侧相差很大；油路垂直时，靠近转轴内腔一侧与靠近气隙一侧换热系数的值相差很小，约为 $4.88\mathrm{W/(m^2 \cdot K)}$。结合前面的分析，这是由扶正轴承甩油孔表面热流量的不同引起的。

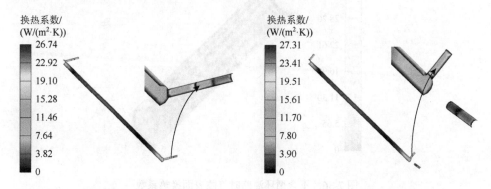

图 7-39　油路重合时扶正轴承甩油孔以及转　　图 7-40　油路垂直时扶正轴承甩油孔以及转
　　　　　轴内腔表面换热系数　　　　　　　　　　　　　轴内腔表面换热系数

7.4　试验数据对比分析

为了验证本章计算方法的准确性，对含循环油路的潜油电机进行了温度测试试验。根据异步电机温度测试法的规定，对 YQYJ-15D 型号的潜油电机采用热电偶法进行温度的测量。本试验采用 3 个直径为 2mm 的 T 型热电偶，并且将热电偶 1、2 和 3 分别埋置在电机尾部、定子绕组内侧和定子绕组外侧，如图 7-41 所示。电机尾部的热电偶用于温度的对比分析。

由于潜油电机工作环境的特殊性，很难模拟出电机所在的真正的工作环境，在测试过程中，60℃的井液采用 16.9℃的自然水代替。此次负载温升测试在高温试验井中进行，井液流速为 0.006m/s。由于之前的计算结果与试验所处的环境不同，需重新计算与所处试验条件相同时电机温度的分布情况。由前面分析可以看出，循环油路的位置对电机温度分布的影响不大，此时分析仅采用油路重合时的模型。图 7-42、图 7-43 分别为在试验条件下电机整体温度场的分布情况以及电机定子绕组温度场的分布情况。

表 7-6 为仿真结果与试验数据的误差对比。从表中可以看出，含循环油路的电机绕组的仿真结果与试验结果的相对误差在允许范围内，验证了本计算方法的准确性。

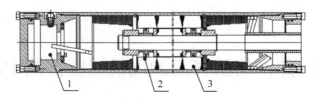

图 7-41　测温热电偶的埋置位置

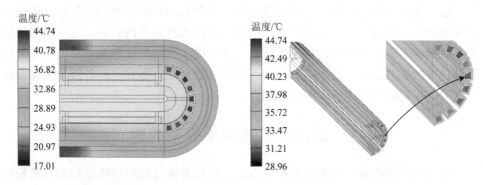

图 7-42　试验条件下电机整体温度场分布　　图 7-43　试验条件下电机定子绕组温度场分布

表 7-6　电机温度仿真结果与试验数据的对比

测试点	仿真结果/℃	试验数据/℃	相对误差/%
2	42.49～44.74	45.30	1.24～6.20
3	34.61～39.21	36.60	5.44～7.13

第8章 热网络法在潜油电机温度预测中的应用

本章采用热网络法研究潜油电机的传热特性。针对其实际运行情况和结构特点，建立热网络模型；根据电机传热理论，求解热网络模型中的热参数。为提高计算的精度，模型中考虑了电机生产工艺对潜油电机温度的影响，引入接触热阻来解决两种不同材料之间的传热问题。充分考虑电机内外油的流动对电机温升的影响，根据热力学第一定律，采用高斯-赛德尔迭代法，得到电机各部分平均温度及温升，实现温度与流体和电磁的耦合。

8.1 潜油电机热网络模型的建立

基于热网络法分析潜油电机传热性能，根据潜油电机的特殊结构形式和相应的边界条件，取潜油电机整段电机中的一段，建立潜油电机热网络模型，将潜油电机中各个部件按传热原理划分相应的节点，所有节点之间通过等效热阻联系起来，比拟电路中的基尔霍夫电压定律和基尔霍夫电流定律建立潜油电机热网络方程。潜油电机热网络模型中参数的求解直接影响着最终的计算结果，本节对潜油电机热网络模型中的等效热阻、热源、热容与电机温度计算关系进行详细的介绍。

8.1.1 热网络法基本原理

热网络法是一种很常见的电机热分析方法，其计算的精度完全在于节点疏密程度。在求解电机热网络模型时，需比拟电学上的基尔霍夫电流定律和基尔霍夫电压定律，对于热网络模型中的每一个节点都需要满足热力学定律和能量守恒定律[84]。

热网络模型中，一定时间内通过同一温度截面的热流量与热导率和温度变化梯度的关系如下：

$$q = -\lambda \mathrm{grad}T \tag{8-1}$$

式中，q 为热流量；λ 为热导率；$\mathrm{grad}T$ 为温度变化梯度。

在笛卡儿正交坐标系中，式（8-1）的温度变化梯度可表示为

$$\mathrm{grad}T = \frac{\partial T}{\partial x}\boldsymbol{i} + \frac{\partial T}{\partial y}\boldsymbol{j} + \frac{\partial T}{\partial z}\boldsymbol{k} \tag{8-2}$$

式中，$\boldsymbol{i}$、$\boldsymbol{j}$、$\boldsymbol{k}$ 分别为笛卡儿正交坐标系中各轴的单位矢量。

基于传热学基本原理以及电机物理模型的相应边界条件可知，电机热网络模

型可表示为

$$\frac{\partial}{\partial x}\lambda_x\frac{\partial T}{\partial x}+\frac{\partial}{\partial y}\lambda_y\frac{\partial T}{\partial y}+\frac{\partial}{\partial z}\lambda_z\frac{\partial T}{\partial z}=-q_v \tag{8-3}$$

$$\lambda\frac{\partial T}{\partial n}\bigg|_{s_2}=0 \tag{8-4}$$

式中，T 为温度；λ_x、λ_y、λ_z 分别为笛卡儿正交坐标系中各轴的热导率；q_v 为单位体积上的热流量；s_2 为边界面。

上述方程是在建立电机热网络模型时，需要满足的基本原理。根据上述方程和热力学第一定律，就可以将电机温度求解简化为方程组的形式，这些方程组就是建立热网络模型的基础。结合电机实际的情况，就可以有针对性地建立电机的热网络模型，进而求解电机温度。在电机热网络模型中，每个节点都应该满足：

$$\begin{cases} q_1=q_1(T_1,T_2,\cdots,T_n) \\ q_2=q_2(T_1,T_2,\cdots,T_n) \\ \quad\vdots \\ q_n=q_n(T_1,T_2,\cdots,T_n) \end{cases} \tag{8-5}$$

式中，$q_1,q_2,\cdots,q_n$ 为各节点的热流量；$T_1,T_2,\cdots,T_n$ 为各节点的温度。

根据该方程组就可以求解热网络模型中电机各节点的温度，其中 $T_1,T_2,\cdots,T_n$ 的具体形式要根据热网络模型的实际情况进行求解[85]。

8.1.2　潜油电机的热网络模型

潜油电机的定子铁心与转子铁心都是分段式的结构，潜油定转子之间由隔磁段和扶正轴承交错连接。电机内部填充了矿物质润滑油潜油，电机的上方有止推轴承，用来支撑转子。一般来说，潜油电机的结构与普通三相感应电动机相似。但由于潜油电机的特殊工作环境，潜油电机多为细而长的结构。因此，为保证潜油电机稳定安全运行以及制造便捷等，潜油电机的转子必须采用分段结构，利用扶正轴承连接，来实现多点支撑提高电机的可靠性。相应地，为了保证电机气隙磁场的均匀，扶正轴承上方一般都对应着隔磁区域，该区域称为隔磁段，隔磁段一般由铜片叠压而成。潜油电机由于长时间工作在井下，且周围环境温度高，内部需要充冷却油或循环油路来保证潜油电机内部各部件之间的润滑和散热。

潜油电机温度计算涉及多个学科，如传热学、流体力学、电磁学和机械学等。在应用热网络法计算潜油电机温度时，由于潜油电机细长的结构，不可能对潜油电机进行全域建模。因此在保证精度的前提下，为提高计算效率，本章依据潜油电机结构上的重复性，仅取一段电机进行建模分析。取潜油电机的机壳、定子铁心、定子绕组、油隙、转子铁心、转子绕组、轴、隔磁段和扶正轴承为潜油电机热网络模型求解区域。为建立样机热网络模型进行如下假设[86]。

（1）潜油电机各段电机之间的散热和冷却条件相同，且沿周向对称；

（2）忽略潜油电机端部的影响；

（3）潜油电机的定转子槽部集肤效应忽略不计；

（4）忽略潜油电机各部件导热系数随温度的变化；

（5）忽略重力对潜油电机内外流体流动特性的影响。

以样机 YQY114J-15D 潜油电机为计算实例，应用热网络法计算潜油电机各部件温升。样机的额定数据如表 8-1 所示。

表 8-1　样机的额定数据

名称	参数	数值	名称	参数	数值
额定功率/kW	P_N	15	铁心长度/mm	l	1703.9
额定相电压/V	$U_{N\varphi}$	248	定子外径/mm	D_1	100.4
极对数	p	1	定子内径/mm	D_{i1}	59.7
定子频率/Hz	f_1	50	转子外径/mm	D_2	58.8
并联支路数	a	1	转子内径/mm	D_{i2}	30.2
定子槽数	Q_1	18	隔磁段	n_v	4
转子槽数	Q_2	16	隔磁段宽度/mm	b_{sk}	41.3

基于上述分析，潜油电机热网络模型图如图 8-1 所示。潜油电机的热网络模型节点划分区域包括机壳、定子轭部、定子齿部、定子绕组、油隙、转子铁心、转子导条、轴、隔磁段、端环和扶正轴承，该求解区域满足假设，可以保证潜油电机正常工作需求。

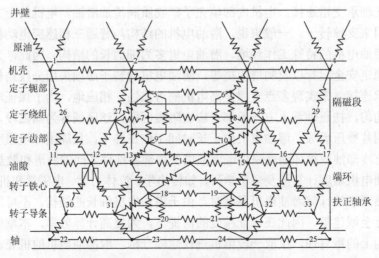

图 8-1　潜油电机热网络模型图

8.2 潜油电机热网络模型参数的求解

8.2.1 等效热阻

在热网络模型中，潜油电机的等效热阻承担着传递电机热量的任务，电机的热量都是通过等效热阻进行传递的，最终达到热平衡状态。但在潜油电机热网络模型中，比拟电学的基尔霍夫电流定律和基尔霍夫电压定律，上述过程可以理解为热量通过热网络模型中的热阻进行传递，达到最终节点之间的相互平衡。由此可见，热网络模型中热阻对热网络模型最终求解准确性的重要性。因此本章潜油电机热网络模型主要考虑了以下三种等效热阻。

1. 传导热阻

当潜油电机内部各部件存在温差时，电机内就会以热传导方式为电机传递热量。本章的热网络模型传导热阻可分为轴向传导和周向传导，传导热阻可以根据以下公式进行计算[87]：

$$R_{cond} = \begin{cases} \dfrac{L}{k \cdot A_c}, & \text{轴向传导} \\[2ex] \dfrac{\ln(D_{out} / D_{in})}{2\pi L \cdot k}, & \text{周向传导} \end{cases} \qquad (8\text{-}6)$$

式中，L 为传导热阻轴向传导路径的长度；D_{out}、D_{in} 分别为周向热量传递方向内外径长度；A_c 为传导热阻轴向传导的导热面积；k 为材料的传热系数，由于电机温升不会超过 100K，各部件的传热系数受温度影响不大，可以当成定值求解。电机各部件的传热系数如表 8-2 所示[88]。

根据表 8-2，除了潜油电机硅钢片和隔磁段，潜油电机各部件在轴向和周向的传热系数是一致的。这是由于潜油电机的铁心和隔磁段分别由一片片硅钢片和铜片叠压而成，在叠压过程中，导致潜油电机定转子硅钢片和隔磁段在轴向的传热特性发生了变化，与周向方向的传热特性不一致。

表 8-2 电机各部件的传热系数 （单位：W/(m·K)）

名称	周向	轴向
机壳	35.6	35.6
定子硅钢片	35.6	3.4
绕组	378	378

名称	周向	轴向
绕组绝缘	0.2	0.2
转子硅钢片	35.6	3.4
转子导条	378	378
转轴	16.2	16.2
油	0.2	0.2
隔磁段	378	67
扶正轴承	25	25

在图 8-1 潜油电机热网络模型中，节点 1 和 2 之间的热阻 $R_{1,2}$、节点 2 和 3 之间的热阻 $R_{2,3}$、节点 3 和 4 之间的热阻 $R_{3,4}$ 为机壳传导热阻，节点 5 和 6 之间的热阻 $R_{5,6}$ 为定子轭部传导热阻，节点 7 和 8 之间的热阻 $R_{7,8}$ 为定子绕组传导热阻，节点 9 和 10 之间的热阻 $R_{9,10}$ 为定子齿部传导热阻，节点 11 和 12 之间的热阻 $R_{11,12}$、节点 12 和 13 之间的热阻 $R_{12,13}$、节点 13 和 14 之间的热阻 $R_{13,14}$、节点 14 和 15 之间的热阻 $R_{14,15}$、节点 15 和 16 之间的热阻 $R_{15,16}$、节点 16 和 17 之间的热阻 $R_{16,17}$ 为油隙的传导热阻，节点 18 和 19 之间的热阻 $R_{18,19}$ 为转子铁心传导热阻，节点 20 和 21 之间的热阻 $R_{20,21}$ 为转子绕组传导热阻，节点 22 和 23 之间的热阻 $R_{22,23}$、节点 23 和 24 之间的热阻 $R_{23,24}$、节点 24 和 25 之间的热阻 $R_{24,25}$ 为电机轴的传导热阻，节点 26 和 27 之间的热阻 $R_{26,27}$、节点 28 和 29 之间的热阻 $R_{28,29}$ 为隔磁段的传导热阻，节点 30 和 31 之间的热阻 $R_{30,31}$、节点 32 和 33 之间的热阻 $R_{32,23}$ 为扶正轴承的传导热阻。节点 1 和 26 之间的热阻 $R_{1,26}$、节点 2 和 27 之间的热阻 $R_{2,27}$、节点 3 和 28 之间的热阻 $R_{3,28}$、节点 4 和 29 之间的热阻 $R_{4,29}$ 为机壳和隔磁段的传导热阻，节点 2 和 5 之间的热阻 $R_{2,5}$、节点 3 和 6 之间的热阻 $R_{3,6}$ 为机壳和定子轭部的传导热阻，节点 18 和 23 之间的热阻 $R_{18,23}$、节点 19 和 24 之间的热阻 $R_{19,24}$ 为转子铁心和转轴的传导热阻，节点 18 和 31 之间的热阻 $R_{18,31}$、节点 19 和 32 之间的热阻 $R_{19,32}$ 为转子铁心和扶正轴承的传导热阻，节点 22 和 30 之间的热阻 $R_{22,30}$、节点 23 和 31 之间的热阻 $R_{23,31}$、节点 24 和 32 之间的热阻 $R_{24,32}$、节点 25 和 33 之间的热阻 $R_{25,33}$ 为转轴和扶正轴承的传导热阻。

2. 对流热阻

对流传热是当流体流过固体表面时会发生的热量交换。在热网络模型中对流热阻可根据如下公式计算[89]：

$$R_{conv} = \frac{1}{h_c \cdot A_d} \tag{8-7}$$

式中，h_c 为流体与固体之间的对流传热系数；A_d 为流体与固体之间的对流传热面积。

　　准确地计算电机传热系数十分关键。由于潜油电机发热问题严重，由后续计算可知电机散热对流系数影响很大，准确地计算各节点的对流系数是准确预测电机温升的关键。

　　根据式（8-8）可知，如果知道了电机的努塞尔数 Nu，就可计算出电机各部件的对流系数。

$$Nu = \frac{h \cdot L}{k} \tag{8-8}$$

　　根据文献[90]可知，对于潜油电机机壳上的努塞尔数，可以根据式（8-9）、式（8-10）估计。

　　层流（$Re < 5 \times 10^5$）和（$0.6 < Pr < 50$）

$$Nu = 0.664 \times Re^{0.5} \times Pr^{0.33} \tag{8-9}$$

　　湍流（$Re > 5 \times 10^5$）

$$Nu = (0.037 \times Re^{0.8} - 871) \times Pr^{0.33} \tag{8-10}$$

式中，Re 为雷诺数；Pr 为普朗特数。

$$Re = \rho \frac{v \times L}{\mu} \tag{8-11}$$

$$Pr = \frac{c_{flu} \times \mu}{k} \tag{8-12}$$

式中，ρ 为井液流体的密度；v 为井液流体的速度；μ 为井液流体的动力黏性系数；c_{flu} 为井液流体的等压比热容。

　　机壳上井液流体的速度可用式（8-13）表示：

$$v = \frac{1250q}{27\pi \left(D^2 - D_1^2 \right)} \tag{8-13}$$

式中，q 为排量；D 为套管内径；D_1 为电机外径。

　　对于潜油电机油隙中的努塞尔数 Nu 可根据式（8-14）～式（8-16）推算。

$$Ta = Re \cdot \left(\frac{2 \times \delta}{D_2} \right)^{0.5} \tag{8-14}$$

式中，δ 为气隙长度；D_2 为转子外径；Ta 为泰勒数。

　　如果计算 Ta 数值小于 41，说明此时潜油电机油隙中流体的传热方式以热传导为主，此时 $Nu = 2$；如果计算 Ta 数值为 41～100，说明此时潜油电机油隙中流体的热传递由热传导和对流共同作用，此时 Nu 可由式（8-15）求得，即

$$Nu = 0.202 \times Ta^{0.63} \times Pr^{0.27} \tag{8-15}$$

　　如果计算 Ta 数值大于 100，说明此时潜油电机油隙中的流体为湍流状态，此时 Nu 可由式（8-16）求得，即

$$Nu = 0.386 \times Ta^{0.5} \times Pr^{0.27} \tag{8-16}$$

其中,潜油电机油隙中流体的速度受转子切向的速度和定子内径面阻滞作用的影响。通常,潜油电机油隙中的流体的速度可计算为

$$v \approx \frac{1}{2}u \tag{8-17}$$

式中,u 为转子线速度。

根据上述公式,潜油电机内外流体的对流系数受流体的流动特性影响,而潜油电机内外流体的流动特性也会随着温度的变化而变化。需要注意的是,相比于其他流体参数,潜油电机内外流体的动力黏滞系数受温度影响最大。潜油电机内外流体的动力黏滞系数受温度影响如图 8-2 所示。

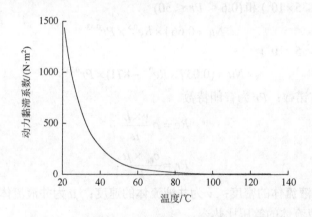

图 8-2　潜油电机内外流体的动力黏滞系数受温度影响

根据图 8-2,潜油电机内外流体的动力黏滞系数随着潜油电机内部温度升高而变小,尤其是在低温区,温度升高 10℃,油的黏滞系数会相差几十倍、几百倍,甚至上千倍。

因此,计算潜油电机内外流体的对流传热系数不能单纯地按经验系数计算,否则,所得到的误差结果较大,所以必须单独考虑。经过对潜油电机内外流体黏滞系数反复地试验,得到了一系列的数据,将数据拟合可得到式(8-18)。根据式(8-18)就可得到随温度变化的油的黏滞系数

$$v_{\text{oil}} = 1.748 \times 10^{-12} \times e^{8056/T_{\text{oil}}} \tag{8-18}$$

式中,v_{oil} 为油的黏滞系数;T_{oil} 为油的温度。

式(8-18)的提出直接为潜油电机流体特性与传热特性的耦合提供了基础。利用式(8-9)～式(8-18)反复迭代就可以得到潜油电机流体的实时对流系数,这极大增加了热网络法计算潜油电机温度的准确性,也为后续的研究提供了借鉴意义。

在图 8-1 潜油电机热网络模型中，节点 11 和 26 之间的热阻 $R_{11,26}$、节点 12 和 26 之间的热阻 $R_{12,26}$、节点 12 和 27 之间的热阻 $R_{12,27}$、节点 13 和 27 之间的热阻 $R_{13,27}$、节点 15 和 28 之间的热阻 $R_{15,28}$、节点 16 和 28 之间的热阻 $R_{16,28}$、节点 16 和 29 之间的热阻 $R_{16,29}$ 为油隙与隔磁段的对流热阻，节点 9 和 13 之间的热阻 $R_{9,13}$、节点 9 和 14 之间的热阻 $R_{9,14}$、节点 10 和 14 之间的热阻 $R_{10,14}$、节点 10 和 15 之间的热阻 $R_{10,15}$ 为定子齿部与油隙的对流热阻，节点 12 和 30 之间的热阻 $R_{12,30}$、节点 11 和 30 之间的热阻 $R_{11,30}$、节点 12 和 31 之间的热阻 $R_{12,31}$、节点 13 和 31 之间的热阻 $R_{13,31}$、节点 15 和 32 之间的热阻 $R_{15,32}$、节点 16 和 32 之间的热阻 $R_{16,32}$、节点 16 和 33 之间的热阻 $R_{16,33}$、节点 17 和 33 之间的热阻 $R_{17,33}$ 为油隙和扶正轴承的对流热阻，节点 13 和 18 之间的热阻 $R_{13,18}$、节点 14 和 18 之间的热阻 $R_{14,18}$、节点 14 和 19 之间的热阻 $R_{14,19}$、节点 15 和 19 之间的热阻 $R_{15,19}$ 为油隙和转子铁心的对流热阻。

3. 接触热阻

在之前热网络法文献中一直没有提到电机不同部件的接触面上的温度降，这种温度降对电机温度是有一定影响的，是不可忽略的。因此，这时要引入接触热阻这个概念。由于不同材料接触面之间存在间隙，实际上接触面之间的传热主要也是通过间隙的中间介质来传递热量的。该介质上的接触热阻主要受接触面不同材料之间表面粗糙度的影响。虽然接触热阻难以确定，现在最可信的接触热阻数据都是试验获得的，但是现在也已经有一些方法可以准确预测出接触热阻的大小。

有研究表明，固体接触面间的接触热阻能够在一定程度上影响设备的运行。因此，对接触热阻的预测成为传热工程中十分重要的环节。在以往的热网络模型计算中往往忽略固体传热面之间的影响，对计算结果造成了一定的误差。本章为增加热网络法计算的准确性，考虑固体与固体之间接触面的温度降对潜油电机传热的影响，引入接触热阻进行计算，如机壳与定子铁心等不同固体界面间接触热阻的大小[91]。

在图 8-1 潜油电机热网络模型中，节点 5 和 7 之间的热阻 $R_{5,7}$、节点 6 和 8 之间的热阻 $R_{6,8}$ 为定子轭部和定子绕组的接触热阻，节点 5 和 9 之间的热阻 $R_{5,9}$、节点 6 和 10 之间的热阻 $R_{6,10}$ 为定子轭部和定子齿部的接触热阻，节点 5 和 27 之间的热阻 $R_{5,27}$、节点 6 和 28 之间的热阻 $R_{6,28}$ 为定子轭部和隔磁段的接触热阻，节点 7 和 9 之间的热阻 $R_{7,9}$、节点 8 和 10 之间的热阻 $R_{8,10}$ 为定子绕组和定子齿部的接触热阻，节点 7 和 27 之间的热阻 $R_{7,27}$、节点 8 和 28 之间的热阻 $R_{8,28}$ 为定子绕组和隔磁段的接触热阻，节点 9 和 27 之间的热阻 $R_{9,27}$、节点 10 和 28 之间的热阻 $R_{10,28}$ 为定子齿部和隔磁段的接触热阻，节点 18 和 20 之间的热阻 $R_{18,20}$、节点 19 和 21 之间的热阻 $R_{19,21}$ 为转子铁心和转子绕组的接触热阻，节点 18 和 31 之间

的热阻 $R_{18,31}$、节点 19 和 32 之间的热阻 $R_{19,32}$ 为转子铁心和扶正轴承的接触热阻，节点 20 和 31 之间的热阻 $R_{20,31}$、节点 21 和 32 之间的热阻 $R_{21,32}$ 为转子绕组和扶正轴承的接触热阻。

单位接触热阻可根据式（8-19）计算：

$$R_{cont} = \frac{2h_y}{0.152k_1 + 0.152k_2 + 0.696k_3} \tag{8-19}$$

式中，h_y 为潜油电机热网络模型两固体接触面的表面粗糙度；k_1、k_2 分别为潜油电机热网络模型两固体接触面的传热系数；k_3 为潜油电机热网络模型两固体接触面中间介质的传热系数。

8.2.2　热源及热容

1. 热源

电机的运行效率由电机的损耗决定，电机的损耗越大，表明输入的能量转换效率越低，电机效率也越低。电机的损耗越小，表明输入的能量转换效率越高，电机效率也越高。在潜油电机实际运行过程中，潜油电机产生的损耗会转化成热量，使潜油电机温度升高。之后，潜油电机内部会通过传热的方式，将这部分热量向外界环境传递，直至电机达到动态热平衡。

潜油电机热网络中主要研究的损耗为定子铜耗 P_{Cu}、转子铝耗 P_{Al}、铁心损耗 P_{Fe}、机械损耗 P_{Ω} 及杂散损耗 P_{Δ}。

在潜油电机热网络模型中，这些损耗就充当着潜油电机热网络模型中的热源，使潜油电机各部件温度升高。因此，必须准确计算潜油电机的损耗，将计算好的结果附加在潜油电机热网络模型中的节点上，以此来准确地求解潜油电机的温度。各损耗具体求解方法见前面章节相关内容，此处不再赘述。

根据具体分析，结合表 8-1 中 YQY114J-15D 潜油电机的额定数据，经计算潜油电机损耗如表 8-3 所示。

表 8-3　YQY114J-15D 潜油电机损耗　　　　　　（单位：W）

损耗	P_{Cu}	P_{Al}	P_{Fe}	P_{Ω}	P_{Δ}
数值	1022	613	518	658	375

2. 热容

电机的电磁性能和传热性能是相互影响的。在潜油电机工作时产生的损耗会转换成电机的热量，使潜油电机传热系统发生变化。而且潜油电机传热系统是连续变化的，在到达稳态之前，电机内相关电磁参数会随温度变化而变化，同时潜油电机内外流体也会随着温度变化而变化。因此，必须考虑热容对潜油电机传热的影响。潜油电机各部件的热容可以通过式（8-20）进行计算：

$$C = c \times m \tag{8-20}$$

式中，c 为潜油电机各部件的比热容；m 为潜油电机的质量。

潜油电机各部件比热容如表 8-4 所示。

表 8-4　潜油电机各部件比热容　　　　　（单位：J/(kg·K)）

名称	比热容	名称	比热容
机壳	473	转子导条	405.7
定子硅钢	438	转轴	473
绕组	405.7	油	2000
绕组绝缘	2000	隔磁段	405.7
转子硅钢	438	扶正轴承	473

由于本节并没有考虑潜油电机启动时电机性能的变化，引入热容并不是要计算潜油电机瞬态温升的变化，而是通过热容的引入，时间变量变为迭代次数，利用高斯-赛德尔迭代法将潜油电机温度-电磁-流体流动特性相互耦合，以此使潜油电机热网络模型更加贴近潜油电机实际的运行情况，达到精确计算潜油电机温度的目的。

8.3　基于热网络法计算潜油电机温度

潜油电机温度和温升的情况能够影响潜油电机的电磁、机械等性能情况，如果温度和温升超过限值，有可能会使电机发生故障。因此，电机温度和温升是电机能否稳定运行的关键因素，准确地计算电机温度和温升是保证电机安全运行的关键。本节基于热网络法计算潜油电机温度，通过给出基于热网络法计算潜油电机温度的流程框图，编写了应用热网络法计算潜油电机温度的程序。该方法根据热力学第一定律，采用高斯-赛德尔迭代法，实现温度与流体和电磁的耦合，提高计算的精度。同时，为了验证得到的潜油电机各部分的平均温度及温升，搭建潜油电机温度测试系统，在潜油电机内部埋置热电偶，监测潜油电机温度，确定潜油电机各部件的温度情况，判断潜油电机热网络模型计算结果是否合理，验证基于热网络法计算潜油电机温度的准确性，同时也为潜油电机后续的传热研究提供一定的依据。

8.3.1　热网络法计算电机温度原理

根据对潜油电机的发热过程分析可知，起始时，潜油电机的温度与周围介质的温度基本一致，这时潜油电机内运行产生的损耗都将用以提高电机的温度。因此起始时，潜油电机各部分的温度上升得很快。但随着潜油电机温度增加，它会与周围介质的温差增大，这时热传导到周围介质中的热量也逐渐增加。但当温度上升到一定程度后，电机温升就不会发生太大变化。理论上当 $t = \infty$ 时，潜油电机才达到最终稳定温升，实际上 $t = 3T' \sim 4T'$（T' 为发热时间常数），潜油电机温升基本上就达到了动态稳定。

要得到潜油电机热网络模型中各节点的温度，需要应用能量守恒定律计算潜油电机热网络模型每一时刻下的结果。

潜油电机热网络模型中每一节点的能量守恒方程均可表示为

$$\rho V c \frac{\mathrm{d}T_i}{\mathrm{d}t} = \sum_{\mathrm{NB}} \dot{Q}_{\mathrm{NB},i} + \dot{Q}_{\mathrm{gen},i} \tag{8-21}$$

式中，c 为潜油电机热网络模型各节点材料的比热容；ρ 为潜油电机热网络模型各节点材料的密度；V 为潜油电机热网络模型各部件材料的体积；T_i 为潜油电机热网络模型各节点材料的温度；$\dot{Q}$ 为潜油电机热网络模型各节点材料的传热率；i 为潜油电机热网络模型中第 i 节点；下标 NB，i 为潜油电机热网络模型中第 i 节点与周围相接触的节点的关系；下标 gen，i 为潜油电机热网络模型中第 i 节点的热源[92]。

潜油电机热网络模型相邻节点的传热可表示为

$$\dot{Q}_{\mathrm{NB},i} = G_{\mathrm{NB},i}(T_{\mathrm{NB}} - T_i) \tag{8-22}$$

式中，$G_{\mathrm{NB},i}$ 为潜油电机热网络模型各节点之间的热导。潜油电机热网络模型节点温度的近似时间导数表示为

$$\frac{\mathrm{d}T_i}{\mathrm{d}t} = \frac{T_i - T_{ib}}{\Delta t} \tag{8-23}$$

根据式（8-21）～式（8-23），潜油电机热网络模型每一节点的能量守恒方程可以表示为

$$T_i = \frac{\sum\limits_{\mathrm{NB}} G_{\mathrm{NB},i} T_{\mathrm{NB}} + \dot{Q}_{\mathrm{gen},i} + \rho V c T_{ib} / \Delta t}{\sum\limits_{\mathrm{NB}} G_{\mathrm{NB},i} + \rho V c / \Delta t} \tag{8-24}$$

式中，T_{ib} 为上一时刻计算的 T_i 的值；$G_{\mathrm{NB},i}$ 热导方程若写成矩阵形式，则为

$$G_{NB} = \begin{bmatrix} 0 & \dfrac{1}{R_{1,2}} & \cdots & \dfrac{1}{R_{1,n}} \\ \dfrac{1}{R_{2,1}} & 0 & \cdots & \dfrac{1}{R_{2,n}} \\ \vdots & \vdots & & \vdots \\ \dfrac{1}{R_{n,1}} & \dfrac{1}{R_{n,2}} & \cdots & 0 \end{bmatrix} \tag{8-25}$$

由式（8-25）可知，热导矩阵是一个 $n \times n$ 的对称矩阵，这为我们计算提供了很大的便利。若将式（8-25）潜油电机热网络模型每一节点的能量守恒方程改写成矩阵形式，可表示为

$$T = (G + \rho Vc / \Delta t)^{-1}(Q_{gen} + \rho Vc / \Delta t T') \tag{8-26}$$

式中，T 为 $n \times 1$ 潜油电机热网络模型各节点温度矩阵；$\rho Vc / \Delta t$ 为 $n \times n$ 潜油电机热网络模型节点热容矩阵，其中 Δt 为迭代步长，计算时以 1s 为迭代步长；Q_{gen} 为 $n \times 1$ 潜油电机热网络模型节点热源矩阵；T' 为 T 的前一步的温度矩阵；G 为 $n \times n$ 潜油电机热网络模型各节点热导矩阵，相对于式（8-25）中 G_{NB} 的热导矩阵，G 的矩阵主对角线元素将改写为

$$G = \begin{bmatrix} \sum\limits_{i=1}^{n} \dfrac{1}{R_{1,i}} & -\dfrac{1}{R_{1,2}} & \cdots & -\dfrac{1}{R_{1,i}} \\ -\dfrac{1}{R_{2,1}} & \sum\limits_{i=1}^{n} \dfrac{1}{R_{2,i}} & \cdots & -\dfrac{1}{R_{2,i}} \\ \vdots & \vdots & & \vdots \\ -\dfrac{1}{R_{n,1}} & -\dfrac{1}{R_{n,2}} & \cdots & \sum\limits_{i=1}^{n} \dfrac{1}{R_{n,i}} \end{bmatrix} \tag{8-27}$$

在列出潜油电机热网络模型每一节点的热平衡方程后，通过求解热网络模型的方程组，就可求得潜油电机温度分布，从而求得电机整体的温度分布。但是，由于式（8-26）各项参数受温度影响，采用高斯-赛德尔迭代法，迭代求出各节点的温度。式（8-26）实现了温度与流体和电磁的耦合，极大地提高了潜油电机热网络模型仿真结果的准确性，对准确预测潜油电机各部件温度有重要意义。

8.3.2　求解程序设计

虽然通过潜油电机热网络模型和模型求解的介绍，已经完全可以求解潜油电机各部分的温度，但是应用热网络法计算潜油电机温度必须借助计算机软件编程才能计算，因此编制设计简便的基于热网络法的潜油电机温度计算程序是十分重要的。

为了减少不必要的工作量，首先给出如下基于热网络法的计算潜油电机温度步骤。

（1）根据潜油电机井下的工作环境、潜油电机的额定数据、潜油电机内外流体的流动情况以及潜油电机内部各部件的发热情况和传热方式，确定潜油电机的热网络模型。

（2）确定潜油电机热网络模型各个节点的发热情况，利用电磁计算潜油电机热网络模型的热源。

（3）根据潜油电机内部各部件的结构材料属性、实际运行情况和潜油电机内外流体的流动状态，计算热网络模型中各节点的热源、热阻和热容等相关参数。

（4）根据热力学第一定律，建立潜油电机热网络模型中每个节点的能量流动方程，利用高斯-赛德尔迭代法通过计算机软件编程求解潜油电机热网络模型中各个节点的温度。

（5）判断计算结果是否满足计算要求，若否，则重复上述计算继续迭代计算；若是，则输出计算结果。

采用计算机商业软件，将热网络法计算潜油电机温度的程序进行编程，求解潜油电机温度。这可以极大地简化计算的工作量，提高计算结果的精度，为后续的研究提供便利。本节根据基于热网络法计算潜油电机温度计算机编程步骤，绘制基于热网络法计算潜油电机温度的程序流程图，如图 8-3 所示。

根据图 8-3，当应用热网络法计算潜油电机温度时，首先需要结合表 3-3 中的样机数据，计算潜油电机的电磁参数，然后结合刚刚计算出来的潜油电机电磁参数，判断潜油电机内外流体流动的状态，为热网络模型中的热参数求解提供依据。按照图 8-1 中热网络模型中等效热阻的位置，对传导热阻、对流热阻及接触热阻进行编号。结合电机的数据与之前判断的流体流动状态进行计算，计算出潜油电机热网络中所有的等效热阻大小，然后继续计算潜油电机热网络模型每个节点的热源和热容。之后，根据热力学第一定律，建立潜油电机热网络模型中每一节点的能量流动方程，进而形成能量流动方程组，利用高斯-赛德尔迭代法联立求解就可以进行潜油电机热网络模型节点的温度计算，此时需要判断求解结果是否收敛，若无收敛，则应重复上述步骤，继续迭代计算，直至收敛。收敛结束后，将求解的各个节点温度对应到图 8-1 中的热网络模型。

所编制的计算程序，计算方式简单便捷，能够满足潜油电机温度计算的需求。本书所设计的程序，在已知潜油电机额定参数的前提下，只需要知道潜油电机的工作温度和潜油电机机壳上井液流速的大小，就可以根据内部算法，耦合电机电磁和流体的性能，计算潜油电机的温度。对于同系列潜油电机，也只需要改变一些必要的参数，就可以完成电机的温度计算，具有较强的适应性。

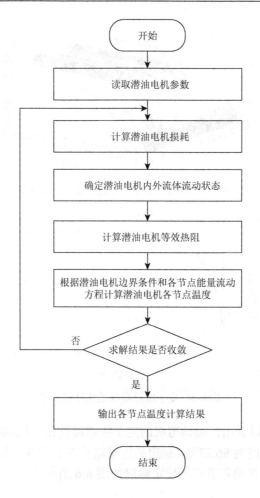

图 8-3　热网络法计算潜油电机温度的程序流程图

8.3.3　温度计算结果及试验验证

1. 温度计算结果

基于热网络法计算潜油电机温度，根据热力学第一定律，采用高斯-赛德尔迭代法，取迭代步长为 6000 步计算潜油电机热网络模型各节点温度。潜油电机热网络模型各节点温度迭代计算结果如图 8-4 所示。

由图 8-4 可以清晰地观察到潜油电机热网络模型各个节点的迭代温度图。在迭代 1800 步后潜油电机各节点温度趋于平稳，不再升高。为了便于观察潜油电机定子绕组温度，将图中定子绕组迭代温度图提取出来，如图 8-5 所示。

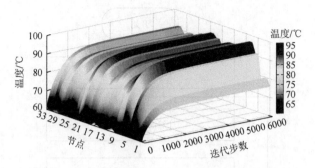

图 8-4 热网络模型各节点温度迭代计算结果

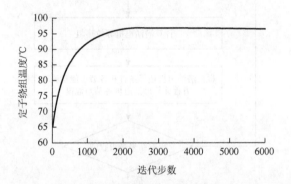

图 8-5 定子绕组温度迭代计算结果

从图 8-5 中可以看出，潜油电机的定子绕组温度在迭代 1800 步后趋于稳定，稳定的定子绕组温度为 96.27℃，稳定的定子温升为 36.27K。从图 8-4 提取潜油电机热网络模型中最终的各节点的稳定温度如图 8-6 所示。

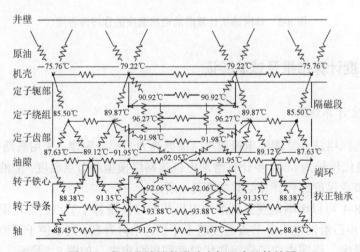

图 8-6 热网络法计算潜油电机温度计算结果

根据图 8-6，潜油电机热网络模型中最热点为潜油电机定子绕组处，温度为 96.27℃，温升为 36.27K。这表明潜油电机定子绕组温升和温度均在潜油电机 F 级绝缘限制内，能够保证潜油电机的稳定运行。从图中还可以看出，潜油电机的主要散热方向为周向方向，潜油电机机壳上的井液带走了大量的热量，而潜油电机轴向方向仅起到辅助散热的作用。

值得注意的是，由于潜油电机结构具有重复性，潜油电机的各段散热形式基本相同，只需要改变图 8-1 潜油电机热网络模型中相关热参数和相应的边界条件就可以得到同类型的潜油电机温度分布。

2. 试验验证

应用热网络法计算潜油电机热网络模型各节点的温度，为了验证本方法的准确性，需要搭建潜油电机温度测试系统来验证仿真结果。搭建的潜油电机的测温系统需要简单易行，能够准确真实地反映潜油电机实际运行情况；同时由于测温温度较高，搭建的潜油电机的测温系统需要保证试验安全，并且得到的试验数据能够准确地验证本章方法的有效性，为今后潜油电机设计的改进提供一定的依据。

潜油电机温度测试系统主要包括测功机、潜油电机、电缆、电机驱动、泵和水箱几部分。根据异步电机温度测试法的规定[93]，采用热电偶法对试验样机进行温度测量。考虑到潜油电机工作环境的恶劣性、潜油电机特殊结构和试验的准确性，在潜油电机内部埋置 3 个热电偶，如图 7-41 所示。

首先，使搭建的潜油电机测温系统进行工作，当测温系统中油路循环测温系统稳定后，利用测功机使试验样机工作在额定负载的情况，保证试验条件与仿真模型的一致，在潜油电机稳定工作后，开始每隔 10min 计温一次，直至埋置的 3 个测温点温度不再变化。潜油电机测温点的实时数据记录如表 8-5 所示。

表 8-5　潜油电机测温点的实时数据

时间/min	测温点 1 温度/℃	测温点 2 温度/℃	测温点 3 温度/℃
0	60	60	60
10	61.5	85.6	88.2
20	62	91.7	93.5
30	61.8	92.9	95.2
40	61	94	95.8
50	60.5	93.6	95.3
60	60.8	93.8	95.6
70	60.3	93.1	95.2
80	60.5	93.7	95.8

　　根据表 8-5 中的数据可知，埋置在潜油电机内部的各个测温点在 50min 时，温度基本上不再有大的波动，表明电机已进入了动态热平衡阶段。因此本节取各测温点 50～80min 的数据作为最终的试验数据，将这部分数据进行求和取平均值，作为样机各测温点的试验数据。这部分试验数据如表 8-6 所示。

表 8-6　样机各测温点的试验数据

测温点	温度/℃	温升/K
测温点 1	60.5	0.5
测温点 2	93.5	33.5
测温点 3	95.5	35.5

　　根据表 8-6 中的数据，可以知道试验样机各测温点温度变化情况。测温点 1 是试验样机尾部的温度，近似可以理解为电机机壳表面的环境温度，试验数据显示，测温点 1 的温度为 60.5℃，温升为 0.5K，与仿真的假设情况基本一致。测温点 2 和测温点 3 分别代表着定子绕组内外侧的温度，则定子内外侧的最终温度为 93.5℃ 和 95.5℃，平均温度为 94.5℃，温升分别为 33.5K 和 35.5K，平均温升为 34.5K。

　　试验结果表明，试验样机的模拟条件基本与仿真的假设一致，现将试验数据中定子绕组温度和仿真数据中定子绕组温度进行对比，所得到的对比数据如表 8-7 所示。

表 8-7　定子绕组试验值与仿真值的对比

仿真值/℃	试验值/℃	绝对误差/℃	相对误差/%
96.27	94.5	1.77	1.87

　　从表 8-7 中可知，采用热网络法计算潜油电机温度的仿真值与试验值基本一致，相对误差仅为 1.85%，说明本章的热网络法是一种有效的温度计算方法，可以为今后潜油电机温度计算提供一定的依据。

8.4　热力学第二定律在潜油电机传热中的应用

　　在以往的电机温度计算中，热力学第二定律很少被提及，往往只是根据热力学第一定律和能量守恒定律来分析电机传热问题。这样导致只能从温度角度分析电机传热问题，而更深层的传热问题无法得知。本节在潜油电机传热性能的基础上，引入热力学第二定律，通过分析熵产和㶲损率来分析潜油的传热性能，指出电机损耗是如何影响潜油电机温度以及潜油电机各部件对电机散热的影响，希望能为电机传热分析提供一个新的思路。

8.4.1 各节点熵产计算

熵是一个描述热力学系统中混乱程度的物理量。在热力学第二定律中，熵是描述一个热力学系统中自发不可逆性过程的物质状态参量。热力学第二定律与热力学第一定律不同，它是被大量监测结果总结出来的规律，在孤立系统中，系统都会满足熵增原理，即整个系统的熵值总是增大的。在实际发生过程中，在电机中节点熵产的计算公式可表示为[94]

$$\dot{\sigma}_i = \rho V \frac{\mathrm{d}s_i}{\mathrm{d}t} - \sum_{\mathrm{NB}} \frac{\dot{Q}_{\mathrm{NB},i}}{T_{\mathrm{NB}}} \qquad (8\text{-}28)$$

式中，s_i 为比熵。假设潜油电机各部件的材料比热恒定，则

$$\mathrm{d}s_i = c \frac{\mathrm{d}T_i}{T_i} \qquad (8\text{-}29)$$

若式（8-21）中的能量守恒方程等式两边同时除以 T_i，则

$$\frac{\rho V c}{T_i} \frac{\mathrm{d}T_i}{\mathrm{d}t} = \sum_{\mathrm{NB}} \frac{\dot{Q}_{\mathrm{NB},i}}{T_i} + \frac{\dot{Q}_{\mathrm{gen},i}}{T_i} \qquad (8\text{-}30)$$

结合式（8-28）～式（8-30），潜油电机热网络模型节点的熵产可由式（8-31）计算：

$$\dot{\sigma}_i = \sum_{\mathrm{NB}} \frac{\dot{Q}_{\mathrm{NB},i}}{T_i} + \frac{\dot{Q}_{\mathrm{gen},i}}{T_i} - \sum_{\mathrm{NB}} \frac{\dot{Q}_{\mathrm{NB},i}}{T_{\mathrm{NB}}} \qquad (8\text{-}31)$$

最后，假定潜油电机热网络模型节点间的温差远小于各临近节点的温度，则熵产的计算公式可写为

$$\dot{\sigma}_i = \sum_{\mathrm{NB}} \frac{\dot{Q}_{\mathrm{NB},i}(T_{\mathrm{NB}} - T_i)}{T_i^2} + \frac{\dot{Q}_{\mathrm{gen},i}}{T_i} \qquad (8\text{-}32)$$

若将式（8-22）代入式（8-32）中，则潜油电机熵产的计算公式可写为

$$\dot{\sigma}_i = \sum_{\mathrm{NB}} \frac{G_{\mathrm{NB},i}(T_{\mathrm{NB}} - T_i)^2}{T_i^2} + \frac{\dot{Q}_{\mathrm{gen},i}}{T_i} \qquad (8\text{-}33)$$

式（8-33）表明，只要通过热力学第一定律计算出潜油电机热网络模型的节点间热导、热源以及各个节点的温度，利用式（8-33）就可以计算出潜油电机热网络模型每个节点的最终稳态时的熵产。

根据潜油电机熵产计算原理，潜油电机热网络模型各节点熵产如图 8-7 所示。

根据图 8-7 可知，潜油电机热网络模型各节点熵产均大于 0，表明潜油电机热网络模型各节点温度均增加，符合熵增原理。其中机壳熵产远大于其他部件，这是由于本章假设周围环境温度恒为 60℃，而潜油电机热网络模型中定子绕组、转子导条的熵产较大，表明此段温升受热源影响较大。

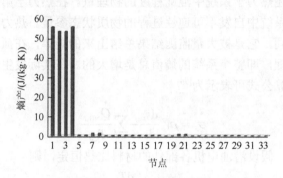

图 8-7　潜油电机热网络模型各节点的熵产

8.4.2　各节点㶲损率计算

㶲是热力系统或能流与环境互相作用而达到完全平衡时系统向外界输出的最大功量，从本质上讲，㶲是能的可转换性。实际上，能量在电机内进行转化和传递是十分复杂的，有电机与外界环境之间的转化和传递过程，也有电机内部自己的转化和传递过程。因此，分析和计算潜油电机的㶲损耗可以从传热本质上了解潜油电机的能量转换过程，可以从客观上评价潜油电机的传热性能。㶲损率是评价热力学系统的重要参数，电机的㶲损率越小表明其㶲损耗越少，传热性能越好。电机的传热性能可以根据㶲损率进行估计[95]。结合以上㶲损率分析，模型中节点的㶲损耗通过式（8-34）计算[96]：

$$\dot{X} = T_{in} \dot{\delta}_i \tag{8-34}$$

式中，$\dot{X}$ 为节点 i 的㶲损耗；T_{in} 为周围环境温度；$\dot{\delta}_i$ 为节点 i 的熵产。为了更好地研究电机传热策略，在计算熵产时，忽略热源项，只需考虑热传递项，因此式（8-34）改写为

$$\dot{\sigma}_i = \sum_{NB} \frac{G_{NB,i}(T_{NB} - T_i)^2}{T_i^2} \tag{8-35}$$

若将对潜油电机热网络模型各节点㶲损率进行标准化处理，可得到各节点㶲损率，即

$$\dot{X}_i = \frac{\dot{X}_i}{\sum_i \dot{Q}_{\text{gen},i}} \tag{8-36}$$

由于电机作为一个整体，烟效率可以通过 1 减去各节点烟损率之和得到，如式（8-37）所示：

$$\varepsilon_i = 1 - \sum_i \dot{X}_i \tag{8-37}$$

根据潜油电机烟损率计算原理，潜油电机的各节点烟损率如图 8-8 所示。从图中可以看出潜油电机热网络模型各节点的烟损率。其中，节点 1～4 与节点 26～29 的烟损率较大。但为了更加直观地观察潜油电机热网络模型各部件的烟损率，将潜油电机热网络模型中相同部件节点的烟损率进行归纳计算，仅显示潜油电机各部件的烟损率，如图 8-9 所示。

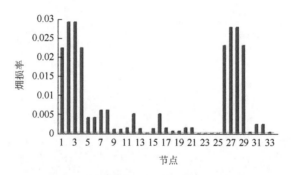

图 8-8　潜油电机各节点的烟损率

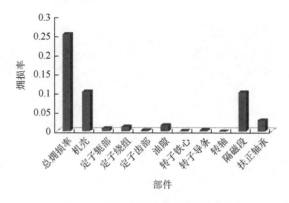

图 8-9　潜油电机各部件的烟损率

将图 8-9 的结果求和可知，潜油电机的烟损率为 0.253，烟效率为 0.747，说明电机各部件中潜油电机的机壳和隔磁段部分的烟损率占总的烟损率比例最大。

显然，这表明潜油电机的热量主要通过机壳和隔磁段向外界进行热量交换。由于隔磁段的材料为铜叠片，相对于电机的其他部件，铜的散热性能效果最好。但改变隔磁段的长度，会改变电机的电磁性能，进而使电机的损耗增加、性能下降，不能达到降温的效果。除此之外，增加隔磁段长度，会使电机的成本升高、机械性能变差。因此，改善潜油电机的热性能应从机壳入手。根据热力学第二定律可知，改善机盖传热条件可大大提高电机的热性能。因此对于潜油电机，改善机盖传热条件对改善热性能有明显的意义。

第9章　潜油电机温升试验

目前，潜油电机在进行试验时，主要进行空载特性和负载特性试验。负载特性试验只能采用间接测定法，测试方法不准确；同时，采用泵负载做负载试验，需要连接整套机组，费时费力，很不方便。建立独立的潜油电机性能试验测试系统，全面检测潜油电机的各项性能指标，测试更全面、更准确，为电机设计指明改进目标和方向。

9.1　潜油电机测试平台构建

9.1.1　潜油电机试验的现状

由于潜油电机结构的特殊性（一是整体的细长结构，二是转子采用的是悬挂式而非固定式），为保证潜油电机正常运转，电机能否可靠安装一直是制约潜油电机试验上的关键因素。目前潜油电机的试验采用两种方式，一是利用现有潜油电泵机组出厂试验的模拟油井进行试验，二是采用地面卧式试验台进行试验。

1. 模拟油井试验

潜油电机空载试验时，电机直接坐于井口之上。通电后按照普通异步电机空载试验方法进行试验，测取相应的电气参数。

负载试验时，与潜油电泵机组的实际安装方式相同，潜油电机位于最下部，向上依次为保护器、油气分离器、潜油离心泵，泵出口接头与模拟井地面管汇相连，电机运转时，分别测取扬程、排量、电机的运行电压、电流、转速等参数。

电机应在额定电压、额定频率、额定排量、规定的工作温度和流速下启动运行 2~4h，运行期间保证入井冷却介质温度在规定工作温度的±5℃范围内，输入功率稳定后开始测量。离心泵的试验宜从零流量开始，至少要试到大流量点的115%（大流量点是指泵工作范围内大于规定流量的边界点）。每点同时记录三相电压、三相电流、输入功率、转速、频率、流量、泵出口压力、泵出入口介质温度。采用振动测速仪测量电机转速，停机后应测量定子绕组电阻并用外推法修正断电瞬时的电阻。

通过空载试验分离出电机的铁耗和机械耗，通过负载试验计算电机的铜耗，其杂散损耗取其输入功率的 0.5%，计算出电机的效率和功率因数。

这种试验方法的优点很明显，电机的工作状态与实际电机运转一致。但由于采用泵负载做负载试验，需要连接整套机组，不但费时费力，而且泵的实际工作状态无法准确确定，由此计算出的电机性能参数不准确，只能是近似于电机额定状态下的性能参数。

2. 地面卧式试验

地面卧式试验就是将潜油电机倾斜一定的角度固定于试验台面上，以保证电机转子的悬挂状态，如图 9-1 所示。由于电机无法加载，这种试验方式只能进行空载试验，尽管电机安装方便，但由于电机处于倾斜的状态，电机的机械损耗大大增加，电机周围介质为空气，与实际电机的工作环境相距甚远。因此这种试验方式只能作为特殊情况下的电机出厂检验。

图 9-1　地面卧式试验

3. 制造新装置的必要性

在电机新设计产品后，或者设计、工艺上的变更足以引起电机某些特性和参数变化时，以及定期检查时均需要对电机进行试验。建立独立的潜油电机测试系统，操作更方便、快捷，可以在需要时全面检测潜油电机的各项性能指标，测试更全面、更准确，可以判断被检产品是否符合设计要求、电机品质是否优劣，为电机设计指明改进目标和方向。

潜油电机试验测试系统应具备以下特点：①电机的全负载试验；②测试准确、测试试验项目全面；③试验更方便、快捷、安全；④独立的试验测试分析平台。

9.1.2　潜油电机工作状态模拟

潜油电机实际工作状态主要包括两个部分：一是潜油电机的立式工作状态；二是潜油电机机壳表面的井液流动。本节将详细阐述如何实现两种状态的现场模拟。模拟潜油电机的立式工作状态，将测功机举高，试验时将被试的潜油电机安装于测功机的下方运行，通过测功机加载模拟潜油电机实际负载情况；模拟井下散热情况，通过水循环系统带走电机表面热量给电机散热；通过闸阀和流量计控制电机表面液体流速；通过电机内部镶嵌的热电偶测取电机内部各部位温度，并根据水循环系统的入口、出口水温，推算出电机各部位温升的准确数值。潜油电机试验测试系统示意图如图 9-2 所示。

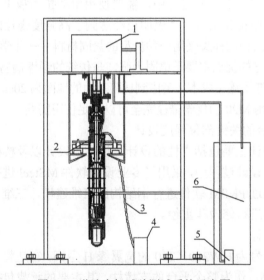

图 9-2　潜油电机试验测试系统示意图

1-测功机；2-潜油电机；3-潜油电缆；4-潜油电机驱动装置；5-水泵；6-水箱

1. 立式工作状态模拟

依据潜油电机的悬挂式工作特点，将测功机举高，试验时将被试的潜油电机安装于测功机的下方运行。采用试验平台的设计方式将潜油电机举高，此试验平台的强度能够承载测功机、被试电机及操作人员的重量，并能适应试验时电机运行的扭矩、振动等要求，保证试验的安全进行，防止测功机、被试电机运行时发生松脱、位移等问题，同时便于被试电机的安装、拆卸及调试。

通过综合考虑确定了平台的位置及占地面积、厂房、天吊等因素，为了使试验的潜油电机的功率尽量大地保证测试结果更接近于实际的应用情况，最后选定平台的总高度为 5m，根据人工进行试验电机和测功机的连接的要求，确定上下 2 层平台的方案。

1）试验平台的构成材料选择

试验平台的框架结构采用的是不同规格型号的宽翼缘 H 型钢，该型钢的特点是截面形状经济合理、力学性能好，轧制时截面上各点延伸较均匀、内应力小，与普通工字钢比较，具有截面模数大、重量轻、节省金属的优点，可使建筑结构减轻 30%～40%；又因其腿内外侧平行，腿端是直角，拼装组合成构件，可节约焊接、铆接工作量 25%。

试验平台的框架结构采用的是 150 个 M16 的扭剪型高强度螺栓连接，避免了焊接作业。该螺栓的优点是施工简单、受力性能好、可拆换、耐疲劳、在动力荷载作用下不致松动等。在安装过程中，需要使用电动扭力扳手拧掉高强度螺栓的梅花头，只有当拧断梅花头时，才表明已经达到了高强度螺栓的预紧力。

试验平台框架结构的柱脚采用一种新型的紧固材料——化学锚栓，由化学药剂与金属杆体组成。它的优点主要是锚固力强，与传统的预埋钢筋相比，大大节省了施工时间，从而降低了施工成本。考虑到试验基地的地面为 20cm 厚硬质水泥地面，通过计算可知，使用 M20 的化学锚栓完全可以满足使用需要。

2）钢结构平台的关键部位强度设计

平台的框架设计主要包括立柱的设计、横梁的设计以及楼梯的设计三部分。在进行钢结构平台设计过程中，采用了专业设计软件 MSteel 进行强度的校核和施工图纸的绘制，通过 PKPM 软件进行钢结构的三维建模，三维图直观、立体，并可以对细节的尺寸进行修改和重绘。

（1）立柱的设计。

采用了 4 根型号为 HW200×200 的宽翼缘 H 型钢，它是整个平台框架结构中型号最高的 H 型钢，作为整个平台的支撑柱，其主要的承载包括 2 层钢结构平台的重量、测功机的重量、试验电机的重量等，同时还应考虑到电机试验时所产生的扭矩。最后将上述所有的重量作为钢结构平台的设计载荷，对立柱进行强度校核。通过计算可知，型号为 HW200×200 的宽翼缘 H 型钢可以满足使用要求。

（2）横梁的设计。

横梁采用型号为 HW150×150 和型号为 HW125×125 的 H 型钢。在搭载测功机处使用的是 2 根型号为 HW150×150 的型钢，因为测功机和试验电机的重量都将担在此横梁上，所以选择规格相对较高的 H 型钢。而其余的横梁选用的是型号为 HW125×125 的型钢，通过这种合理的分配可以降低钢材的使用量，从而降低了成本。

最终研制的试验平台如图 9-3 所示。

图 9-3　潜油电机测试平台

2. 工作环境模拟

在潜油电机试验平台设计中，电机工作环境的模拟主要是电机外水循环系统的设计，主要由水源、管线、闸阀和流量计、套筒总成等组成。

1）套筒总成设计

根据试验样机 YQY143 电机的外径尺寸，套筒总成选用了 172 系列潜油离心泵壳体，在底部用接头的形式密封，在侧面适当位置开孔，并将活接头的公扣一端焊接在开孔位置，在顶部焊接法兰盘形状的下连接接头，通过下连接接头和另外的上连接接头使套筒总成与电机固定在一起，并密封，以便于套筒总成和电机作为一个整体与测功机连接。

2）水源的选择与计算

按照《潜油电泵机组》（GB/T 16750—2015）规定[97]，电机表面流速不低于 0.3m/s，根据流速和套筒与电机外表面形成的环形空间截面积求出套筒内的水流量，从而确定水源的排量，其计算过程如下：

$$Q_{环空} = S_{环空} \cdot v_1 = \pi \left[\left(\frac{d_1}{2} \right)^2 - \left(\frac{d_2}{2} \right)^2 \right] = 3.96 \, \text{m}^3/\text{h} \tag{9-1}$$

式中，$Q_{环空}$ 为套筒与电机外表面形成的环形空间内的水源的排量；$S_{环空}$ 为套筒与电机外表面形成的环形空间截面积；v_1 为电机表面流速；d_1 为套筒内径；d_2 为电机外径。

根据以上计算可知，要求水源的排量 $Q \geqslant 3.96\,\mathrm{m^3/h}$，为了试验方便和节约成本，选择试验基地的一处自来水作为水源，并预先进行了排量估算，证明可以满足 $Q \geqslant 3.96\,\mathrm{m^3/h}$ 的排量要求。

3）闸阀和流量计等的选择

由于温升试验的次数和时间有限，拟借用在试验基地其他气水分离器试验装置中的流量计和闸阀，该流量计和闸阀能够满足我们的使用要求，且可从气水分离器试验装置中拆卸下来，也可降低成本。

该流量计参数如下。

管径：$\varphi 40\mathrm{mm}$；量程：$2 \sim 20\,\mathrm{m^3/h}$；耐压：2.5MPa；被测介质温度：$-20 \sim 120℃$。

闸阀参数如下。

材质：碳钢；耐压：1.6MPa；管径：$\varphi 40\mathrm{mm}$。

该闸阀需要安装在离试验装置很近的位置，方便在试验时调节水流的排量，从而控制电机表面流速。除此之外，本设计中还需要在水源处使用一个总控制闸阀，由于要连接到 6 分水管，可以在市场上选择 6 分球阀。

9.1.3　温升测试装置研制

1. 测功机的选择

CW 系列电涡流测功机作为一种负载，主要是用来测量动力机械各种特性的试验设备。CW 系列电涡流测功机由制动器、测力机构和测速装置等几部分组成。制动器调节原动机的载荷，并同时把所吸收的原动机功率转换为热能，经水冷却后带走热量。测功机是根据作用力矩与反作用力矩大小相等方向相反的原理来测量扭矩的，因此所测扭矩可以通过作用在测功器上的旋转力矩（即制动器外壳反力矩）来指示。转速测量采用非接触式的磁电式转速传感器，将转速信号转换成电信号。

电涡流测功机的散热系统结合现场原有其他试验装置的供水系统重新设计了管路，所选择泵的具体参数如下：排量为 $20\,\mathrm{m^3/h}$；扬程为 15m，水池容积为 $10\,\mathrm{m^3}$。以可试验的 188 系列电机最大功率为标准计算每小时水温上升值。

根据热力学计算公式有

$$m \times s \times \Delta T = 0.24 \times P \times t \qquad (9\text{-}2)$$

式中，m 为质量；s 为比热容；P 为总损耗；t 为可运行时间。

由此可得出各系列电机的可运行时间为

$$\Delta T = 0.24 \times P \times t / m / s \qquad (9\text{-}3)$$

各系列电机可运行时间如表 9-1 所示（不考虑电机自身温升）。考虑到常温水的温度为 25℃，测功机允许最高温度为 55℃。

电涡流测功机的配电系统均根据现场的实际情况，重新进行了配电。而场地可提供电压为 220V，装置需电压为 1500V 左右。为了避免启动冲击，在电机试验时，采用控制三相感应调压器，逐步提高其输出电压，最终通过升压变压器升压后达到潜油电机的额定电压。同时还配备了中压变频器，可在电机的形式试验中加入变频测试。

原试验数据处理系统的改造：通过对原配软件的不足进行分析和总结，决定自主开发一套潜油电机试验数据分析系统，用以弥补原配软件的部分不足之处。完成的主要工作包括设计输出导入模块功能并编写代码、设计数据处理模块的功能并编写代码、设计试验报告生成模块的功能并编写代码。

表 9-1　不同规格电机测功机允许工作时间

型号	功率/kW	每小时水温上升值 ΔT/℃	可运行时间/h
YQY95	10	0.78	38.45
YQY114	18	1.4	21.4
YQY114G	21	1.64	18.3
YQY138	40	3.12	9.6
YQY143	40	3.12	9.6
YQY188	75	5.8	5.17

2. 潜油电机温度测试系统的设计安装

采用前面所述的环境和电机运行状态模拟装置，最终设计的潜油电机温度测试系统示意图如图 9-4 所示。

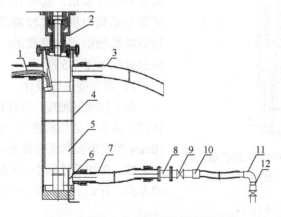

图 9-4　潜油电机温度测试系统示意图

1-潜油电缆；2-下连接接头；3-出水管；4-套筒总成；5-单节电机；6-热电偶引线；7-入水管；8-流量计；9-闸阀；10-变径接头；11-直角弯头；12-进水管

潜油电机温度测试装置安装过程如下。

（1）先将电机的电缆连接好，然后将电机打上 143 吊卡，将电机用天吊吊起，并把上护盖的丝堵拧下。

（2）用手摇泵对电机进行注油，注满油后将上护盖上好。

（3）将套筒总成平放在地面上，并将底部接头拧下。

（4）将注油后的电机平放在液压车上，卸下 143 吊卡，并将电缆从套筒尾部穿入，将其从上面出水孔穿出。

（5）将电机头部从套筒总成尾部水平穿入，至电机头部和套筒头部相平为止。在穿入的过程中，将电缆从出水孔拉出。

（6）将垫块从套筒尾部放入，将底部接头和"O"形环一起上到套筒底部，同时将热电偶引线从底部接头穿出，拧紧接头后将热电偶穿出部位用硅胶密封。

（7）在套筒外表面打上 172 吊卡，用天吊将套筒和电机整体吊起后，用叉车将其叉起移动至型式试验台附近。

（8）卸下电机上护盖，将工装上连接接头和"O"形环与电机上端相连，并用螺栓拧紧，然后连接上连接接头与套筒总成，并用螺栓拧紧。

（9）将电机和套筒总成的整体与型式试验台连接。

（10）将入水管和出水管通过快换接头与套筒总成连接在一起。

3. 潜油电机与测功机连接设计

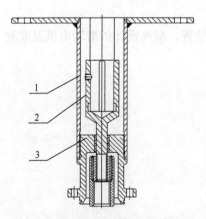

潜油电机在进行试验前，需要将测功机与电机连接，使被试电机固定在测功机的下方，设计要求如下：①连接紧固，无振动，满足安全性要求；②设计的通用性要求，兼顾各个系列电机的试验要求；③保证电机轴与测功机轴的同轴度要求；④操作方便。结构示意图如图 9-5 所示。

1）固定接头的设计

为了保证同轴度，设计用 18 个 M24 螺栓将固定接头与测功机连为一体。将固定接头用 10mm 厚的钢板和壳体焊接，保证安全性和可加工性，在加工过程中，采取先焊接后精加工的方式，保证上下两个法兰面平行。

图 9-5　潜油电机与测功机连接示意图

1-固定接头；2-联轴器；3-连接接头

2）联轴器的设计

在进行联轴器设计时，对可测试的最大功率电机进行扭矩的换算，通过计算结果来确定联轴器的轴径。为了减小联轴器的体积，选择强度较高的 40Cr 材质，并进行调质处理。

3）连接接头的设计

在设计连接接头时，应保证工装与潜油电机的顺利连接。

9.2　潜油电机温度测试试验

按照国家标准，异步电机的温度测试方法有以下四种[98]：温度计法、埋置检温计法、电阻法和局部温度检测器法。本节所采用的方法是埋置热电偶法，属于埋置检温计法的一种，符合国家标准的相关要求。

根据 9.1 节所介绍的温度测试装置，制定测试潜油电机温度的方案。另外，将充分考虑诸多方面的问题确定热电偶的埋置位置，以及阐述如何模拟潜油电机实际运行状态，从而更加准确地利用所建立的平台进行潜油电机温度值的检测。

9.2.1　测温方案的制定

针对所设计的潜油电机温度测试装置，需要对整个系统进行详细的设计，包括热电偶埋置位置的选择、电机环境的模拟、电机的负载情况、电机的驱动方式等。

1. 热电偶测温系统

1）热电偶的选择

常用热电偶可分为标准热电偶和非标准热电偶两大类。标准热电偶是指国家标准规定了其热电势与温度的关系、允许误差并有统一的标准分度表的热电偶，它有与其配套的显示仪表可供选用。由于可埋入热电偶线径的限制，选择了目前市场上最常用的 T 型热电偶，其具有线性度好、热电动势较大、灵敏度高、稳定性和均匀性较好、抗氧化性能强、价格便宜等优点。它的最小直径为 1mm，但考虑到其在穿线时需要良好的机械性能，因此采用直径为 2mm 的 T 型热电偶。

热电偶在穿过电机后，将通过补偿线与温度测试仪连接，在穿入热电偶时，要对电机各个位置的埋置点进行编号，并将编好号的热电偶补偿线依次连接到温度测试仪上。温度测试仪要选购 8 通道的，这样就可以实时显示电机内部各点的温度。

2）热电偶测温系统及密封解决方案

测温系统由热电偶探头、导线、温度测试仪和密封部分组成。在定子下线时将热电偶探头预先埋置在定子内部指定部位，从电机下部穿出，并做好密封，引线最终从套筒底部接头穿出，也需做好密封，然后接上显示仪表，根据编号知道电机各部位的温度变化情况。

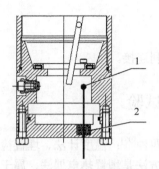

图 9-6　热电偶密封处理示意图

1-热电偶；2-硫化硅橡胶

当利用热电偶测量电机内部温度时，首先考虑到的是绝缘浸漆对热电偶的影响，为了保证电机绕组在浸漆过程中不损坏热电偶，将热电偶外表面套上绝缘护管，并仿照测温引线的方式，将其盘到定子内部，当完成浸漆后，拆掉绝缘护管。其次考虑热电偶穿出电机的密封问题，对于其 2mm 的直径，且较软，常规的一些密封方式将无法应用，准备利用硫化硅橡胶黏合的方式对其电机尾部进行密封，该橡胶有着密封、绝缘、防水等的性能。密封总装图如图 9-6 所示。

3）热电偶埋入点的选择

首先考虑到工艺方面的原因，在埋置热电偶时应该尽量减少测温点，从而减少热电偶的埋入个数。另外，需要选择容易操作的位置进行埋置，再者考虑到应该在电机的几个主要发热部位进行埋置，主要的位置就是定子绕组部位，还有一点就是为了尽量检测到电机绕组内外温度的区别，需要分别在接近槽口处线圈以及接近定子硅钢轭部的线圈位置埋置热电偶。最后是考虑到电机尾部为电机温度的最低点，应该与环境温度基本一致，因此为了与环境温度进行比较分析，在此部位埋入一个热电偶。通过上述分析，选择了在电机尾部以及定子槽的内部和外部各埋入一个热电偶。结构示意图如图 9-7 所示。

4）数值的读取

热电偶在穿过电机后，将通过补偿线与温度测试仪连接。为了防止混淆各个位置的热电偶，在穿入热电偶时，要对电机各个位置的测温点的热电偶进行编号，并将编好号的热电偶补偿线依次连接到温度测试仪上，这样就可以实时显示所测试的电机内部各点的温度。

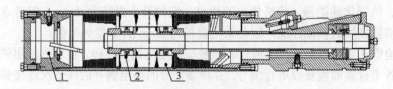

图 9-7　热电偶埋置位置示意图

1-测温点 1（电机尾部）；2-测温点 2（线圈内侧）；3-测温点 3（线圈外侧）

2. 样机的负荷及驱动

由于潜油电机长度太长，再带离心泵的带载试验将很难实现，本章利用测功机制动器来调节电机负荷的大小，以实现模拟电机带额定负载的目的。潜油电机与测功机的连接如图 9-5 所示。

　　针对第 6 章的额定功率为 40kW 的潜油电机，额定电压为 760V，设计频率为 50Hz，完全可以利用现有的潜油电机专用的定频驱动装置进行驱动。图 9-8 为潜油电机专用定频驱动装置。

图 9-8　潜油电机专用定频驱动装置

3. 电机运行环境的模拟

　　利用加温处理后的水强迫循环于潜油电机外壳与所设计的套管之间，模拟出原油流动的状态。为了避免电机运行时间过长而对其造成损坏，先保持电机不启动，使加热后的水循环一段时间后，利用测温装置测试电机绕组两个测温点的温度并取平均值，再和水的温度进行比较，当两者的温差小于 2K 时[99]，即可以认为此时电机已达到与环境温度相同的温度，继而可以进行后续试验。

　　在测量电机实际运行的温度时，通过速度式流量计控制流体的流速在 0.3m/s 左右，模拟出实际情况中原油速度的最低值。

9.2.2　样机温度测试

　　根据 9.2.1 节所阐述的试验方案，设计并制造了一台模拟样机，将所述潜油电机模拟试验台、测温试验装置以及模拟样机进行连接，试验整体装置如图 9-9 所示。为了模拟潜油电机的实际运行情况，本章采用加温装置对潜油电机外围循环流体进行加热处理，以达到模拟环境温度为90℃井液的目的。

图9-9　潜油电机温度测试系统

1-出水管；2-电机控制器；3-接线盒；4-潜油电机；5-流量计；6-阀门；7-进水管

为了使电机达到环境温度，按照前面描述进行操作，因为测温点2埋置得更深，所以本章选择测温点2作为线圈温度的参考点。

首先，启动水循环系统和水温加热系统，每10min记录一组测温点的温度，记录结果如表9-2所示。

通过表9-2可知，循环水的温度基本稳定，140min后，电机两个绕组测温点的温度与循环水的温差小于2K，可以认为与环境温度相同，继而通过潜油电机专用驱动装置驱动潜油电机运行，进行后续试验。

表9-2　电机线圈温度测量值

运行时间/min	室温/℃	测温点2温度/℃	循环水温度/℃	温差/K
0	30.5	30.6	87	−56.4
10	30.6	32.8	86.5	−53.7
20	30.6	35.3	88.7	−53.4
30	30.6	40.4	88.9	−48.5

续表

运行时间/min	室温/℃	测温点 2 温度/℃	循环水温度/℃	温差/K
40	30.7	45.7	89.2	−43.5
50	30.8	48.7	90	−41.3
60	30.8	50.6	90.1	−39.5
70	30.8	54.3	90.7	−36.4
80	30.8	57.4	90.7	−33.3
90	30.8	60.3	90.6	−30.3
100	30.8	65.1	90.4	−25.3
110	30.8	68.8	90.3	−21.5
120	30.8	75.5	90.4	−14.9
130	30.8	81	90.1	−9.1
140	30.8	88.9	90.5	−1.6

待水温及电机温度稳定后，启动潜油电机并调整测功机使潜油电机在额定负载运行。在测试电机实际运行的温度时，针对三个测温点每 10min 记录一次，记录数据如表 9-3 所示。

表 9-3　额定运行时各点温度测试结果

电机功率：40kW		负载情况：额定负载		
	时间/min	测温点 1 温度/℃	测温点 2 温度/℃	测温点 3 温度/℃
	30	85.8	110.2	100.8
	40	86.5	112.4	105.7
	50	89.8	113.2	104.6
	60	88.7	114.5	108.3
温度测试结果	70	88.8	116.7	108.7
	80	90.5	121.9	109.0
	90	91.2	122.0	109.5
	100	91.7	122.7	109.3
	110	90.8	122.4	109.7

由表 9-3 的检测结果可以看出，运行 80min 后，潜油电机的温度基本稳定。将稳定后的温度进行平均便得到了各测温点的实际温度，并且与环境温度（90℃）相比较得出各测温点的温升，如表 9-4 所示。

由表 9-4 可以看出，测温点 1 的温度为 91.1℃，温升为 1.1K；测温点 2 的温度为 122.25℃，温升为 32.25K；测温点 3 的温度为 109.38℃，温升为 19.38K。可以看出，电机线圈的温度及温升均在 F 级绝缘等级所能承受的范围内。而电机尾部的测温点 1 的温度与环境温度基本相同，从而可以推断出，其他两点所测得的温度也是可信的[100]。与线圈外部的温度相比较而言，线圈内部的温度比较低，从而可以判断出图 6-7～图 6-14 的趋势是正确的。而且可以判断出线圈的最高温度出现在内部靠近槽口的位置，最低温度出现在外侧靠近定子轭的位置。

表 9-4   各测温点的实测温度均值及温升

参考项	测温点 1	测温点 2	测温点 3
稳定后平均温度/℃	91.1	122.25	109.38
温升/K	1.1	32.25	19.38

将仿真试验所计算得到的结果与试验检测得到的结果进行对比，如表 9-5 所示。

表 9-5   试验与仿真结果对比

对比项	试验检测结果/℃	仿真试验结果/℃	相对误差/%
线圈内侧温度	122.25	118.199	3.31
线圈外侧温度	109.38	115.148	−5.27

通过表 9-5 可以看出，基于流体场的有限元法仿真得出的结果和试验检测到的数值基本相互吻合。通过结果的对比可以看出其误差范围在允许的范围内，从而可以推断出利用前面章节所阐述的方法仿真计算的潜油电机温度场的结果是可信的，这将对今后潜油电机的改进工作起到很大的指导作用。

另外，可以发现计算值与试验值在数值上有一定的差距，原因可能是所采用的循环流体是水，而不是原油，水的导热系数要比原油低一些，这可能导致电机的散热性能降低，电机温升变大。

第10章 潜油电机温升降低措施

以大庆油田和中原油田为例，深层油井和稠油井环境温度都在 90℃以上，加上潜油电机自身约 35K 的温升，要求潜油电泵机组在井下能够达到 130℃的耐温等级。潜油电机在井下高温环境中长期运行，必须确保电机各部件之间的润滑和冷却。潜油电机内充油运动过程是以气隙、转轴的上端出口、扶正轴承甩油孔、转轴的下端出口、打油叶轮、气隙等为闭合回路的循环过程，起到润滑及降低温升的作用。但是由于重力作用，内充油往往沉积在电机底部，上部的扶正轴承在运行过程中得不到有效润滑及散热，再加上电机整体温度高，始终处在超负荷超高温的条件下，将直接导致电机的过热烧毁。据统计，潜油电机自身故障有 80% 的原因是温升高。电机的发热冷却技术严重制约着电机容量及性能，始终是电机领域的重点研究方向。

研究潜油电机内部的温度分布及流体传热机理，对优化电机电磁负荷分布、降低电机的温升具有重要意义。在前面充分研究潜油电机特殊结构、热源分布、流体流态和传热的基础上，通过优化电机电磁负荷分布，设计新的电机结构形式，改善电机的温度分布，研发新型的高性能潜油电机。

10.1　电机内部油路循环系统的强化

潜油电机气隙和转轴内腔通过轴孔和扶正轴承处的孔相通，充满专用润滑油，起到润滑和散热的双重作用。通过改进现有电机的结构形式，在转轴下加装了打油叶轮，可促进电机内充油的循环，改善散热效果。同时外壳外部增加了与转轴内腔相通的可将高温内充油导出并通过井液散热的外套，进一步促进电机内充油的循环，改善电机散热条件。

10.1.1　打油叶轮的设计及安装

为了克服现有的潜油电机在电机表面流速低于 0.3m/s 时散热不好的现象，在其他措施无法实现的情况下，结构如图 10-1 所示。

这种散热新结构的高温潜油电机与普通的潜油电机一样，包括定子、转子、轴承、接头以及一些附属零件等常规部件。其创新的设计主要包括以下两处：

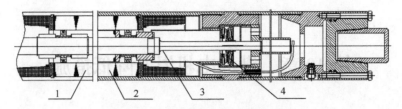

图 10-1　尾部打油叶轮的潜油电机

1-散热铜片；2-电机定子硅钢片；3-电机轴；4-打油叶轮

　　一是电机轴的下部安装了一副内置底部导壳和叶轮、导轮，使电机内部的润滑油循环有了动力源。润滑油将经由电机定转子之间的气隙进入电机并被吸入散热壳体内进行散热，再在散热壳体内经过散热的电机油在负压的作用下压入电机轴的中心孔，从电机上接头内的止推轴承压盖侧孔流出进入电机气隙，如此反复循环，吸收电机不同部位热量，平衡内部温度，可以大大降低电机温升，提高潜油电机的运转寿命，散热效果好，最终延长了电机使用寿命。

　　二是该潜油电机构建了上、下各两个储油腔。在电机定子上部设计了装有散热铜片的上散热油腔，电机轴上安装了扶正轴承保证电机转子的高速运转；安装导壳的接头连接带散热片的圆筒形散热壳体，增加了电动机中电机油的容量，增大了电机的表面积，提高了电机的表面散热能力，而且尤其是上部的储油腔位于电机主要发热部位，更有利于散热。

10.1.2　电机内充油外循环套筒的设计

　　由于电机结构的限制，电机内部加强循环仅仅对电机内部各部位的温度平衡有很大作用，但潜油电机的热量必须通过定子、电机壳体与电机表面的井液进行热交换达到散热的目的。

　　根据前面分析的电机内部温度的分布，电机转子的温升最高，考虑在潜油电机转子内部与电机定子表面建立电机油的大循环，使得电机油与电机外表面流过的井液直接进行热交换，增加热交换的效率。

　　潜油电机主要结构与常规的潜油电泵结构形式相同，其油路循环部分包括电机外壳体与定子壳体的环空、特殊设计的上下接头、电机轴中心孔，由安装在电机尾部的叶轮、导轮提供电机内部循环的动力。具体结构如图 10-2 所示。

　　其设计的关键如下：一是上下两个接头的设计。上接头承担着连接作用，包括与保护器、电机外壳体、定子壳体之间的连接，同时还支撑转子，最重要的是要建立与电机定子外环空的油路。下接头的设计关键就是建立与电机定子外环空的油路。二是电机定子壳体与电机外壳体与上下两个接头的连接设计。电机定子壳体上端与上接头为常规的螺纹连接，定子壳体下端仅采用"O"形环式定位止口连接。外壳体与上下两个接头均为螺纹连接。这样既保证了电机内腔与外腔的有效隔离，又保证了电机内外两个壳体与接头的可靠连接安装。

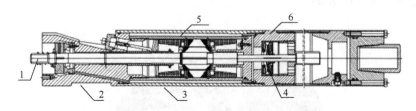

图 10-2 外套筒散热潜油电机

1-电机轴；2-电机上接头；3-外壳体；4-打油叶轮；5-电机定子；6-电机下接头

在油田采油过程中，与潜油离心泵配套使用的潜油泵电动机是常用的一种将电能转换成机械能的装置。潜油泵电动机的散热是靠电机转子转动产生的离心力迫使电机内部的电机油从电机轴上所开的径向孔中泵出，同时电机轴的中空内孔内形成的负压使电机油从电机轴的下轴孔进入，这样就形成了一个油路循环过程，即电机轴的下轴孔→转子和电机轴上各个径向孔→定转子之间的间隙→电机轴的下轴孔。

10.2 电机磁负荷的优化分布

结构细长的潜油电机在高温条件的油井下长期运行，必须解决其发热与冷却技术问题。除对电机采取特殊形式的散热结构外，合理优化其电磁负荷分布也至关重要，即根据电机结构和环境的具体情况来确定有利于热传递的电机定转子齿部、轭部磁通密度的分布以及定子绕组、转子导条电流密度的数值。

10.2.1 定子磁通密度的优化

目前各系列潜油电机在设计中，定子轭部磁通密度一般在 1.6T 以内，齿部磁通密度在 1.4~1.5T。潜油电机结构细长使得齿部尺寸较小，在长期运行过程中，齿部温升能达到 30K 左右，进一步提高齿部磁通密度的余地较小，由此导致的温升可能会使电机的整体温升进一步恶化。而定子轭部尺寸较大，且仅靠电机外壳，在油井的井液作用下温升较低，为 20K 左右，还有进一步提升的空间。因此在新型潜油电机设计中，优化电机磁负荷时可以在不改变齿部磁通密度的情况下考虑提高电机定子轭部磁通密度，适当将轭部磁通密度增大到 1.8T 左右，由此导致的定子轭部温升可以通过机壳在外部原油作用下散出去。根据式（6-26）可知，轭部磁通密度由 1.6T 提高到 1.8T 后，轭部铁耗将增大到原来的 1.27 倍，对于第 6 章所述样机，将由现在的 159.12W 增大到 202.08W。在其他条件不变的情况下，通过采用图 6-6 所建立的模型重新计算温度场，得到温度分布如图 10-3 所示，定子轭部温升仍是 20K 左右。

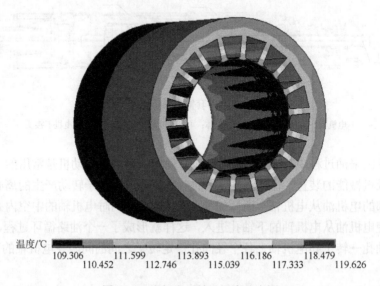

温度/℃
109.306　　　111.599　　　113.893　　　116.186　　　118.479
　　　110.452　　　112.746　　　115.039　　　117.333　　　119.626

图 10-3　电机定子铁心温度分布图

10.2.2　转子磁通密度的优化

目前结构的潜油电机转子本身较热，局部温升已达 35K，在不改变散热结构的前提下很难进一步提高其磁通密度。但在本章中所研制的潜油电机样机在电机底端加装了如图 10-1 所示的打油叶轮，可促进电机内充油的循环，改善散热效果。同时外壳外部增加了如图 10-2 所示的扶正轴承的孔与转轴内腔相通，可将高温内充油导出并通过井液散热的外套。实践表明，这一结构设计极大改善了潜油电机的温度分布，可将转子温升降低到 30K 以下，此时的温度分布如图 10-4 所示。

鉴于目前运行的潜油电机，其转子温升在 35K 时仍能确保长期可靠运行，在采用本章所设计的新结构后，由于散热情况的改善，便可进一步优化电机的转子轭部磁通密度。而转子齿部和导条的热量需双向散热分别通过气隙、定子到机壳和转子轭部转轴内部的油，若再增大转子齿磁通密度将会增大散热压力，而且转子齿部尺寸较小，磁通密度较高。现有潜油电机在转子齿部最窄处的点，磁通密度多达 2.1T，由于仅此处磁通密度较高，齿的上部和下部都在 1.7T 左右，在电机运行中是可以的。但这种情况下再增加转子齿磁通密度显然已经不合适。

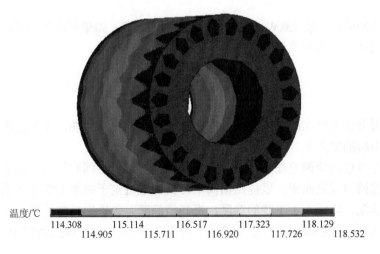

温度/℃
114.308　　115.114　　116.517　　117.323　　118.129
　　114.905　　115.711　　116.920　　117.726　　118.532

图 10-4　带打油叶轮新尺寸电机转子铁心温度分布图

　　而转子轭部磁通密度较低，一般是 1.3T 左右，采用新结构后随着转轴内腔油循环加强，使得转子轭部的散热条件大为改善，在此情况下可以适当增加转子轭部磁通密度，可提高到 1.5T。此时的温度分布如图 10-5 所示，仍与传统结构潜油电机时的情况一样，可见可以进行这样的优化。

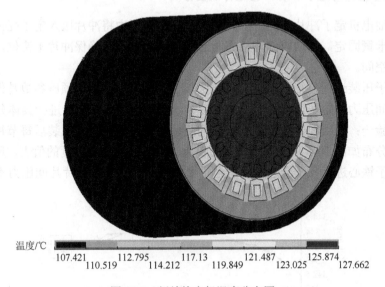

温度/℃
107.421　　112.795　　117.13　　121.487　　125.874
　　110.519　　114.212　　119.849　　123.025　　127.662

图 10-5　新结构电机温度分布图

　　综合以上优化结构，提高定转子磁负荷后，可以在现有尺寸下得到更高的输出功率，以样机为例，原来结构是 4 段，每段 10kW，总功率为 40kW，现在在满足温升的同时，每段 13kW，总功率可以达到 52kW。如果不增加功率，就可以减小铁心长度，节约有效材料用量。

10.3 电机制造工艺改进

新型潜油电机在制造过程中，为改善其散热并提高性能，必须改进工艺，提高潜油电机的槽满率。

首先通过试验调整在定子冲片叠压工程中的稳压时间和压力，定子槽内壁整齐，确保槽内有效面积，以提高槽满率。其次改进定子绕组下线工艺及工装与电磁线的匹配，降低人工下线的难度，提高槽满率，改善电机性能指标。使用上述两种方法，可以把潜油电机定子槽满率由现在的 59%～68%提高到 70%以上。

10.3.1 定子压装工艺的改进

由于潜油电机细而长的特殊结构形式，定子的制造主要以人工下线为主。限于目前的工艺水平，定子槽满率较低，主要是为了保证定子槽内壁整齐和定子绕组的槽内合理分布[101]。

1. 对现行的定子压装工艺进行试验分析

潜油电机定子冲片的固定方式，是通过一定压力将冲片压入定子壳体内，两端采用卡簧固定，利用内部冲片之间的压力与壳体固定确保冲片不错位，保证槽孔内部空间。

定子压装过程包括预压、剪片、压入三个主要过程，而预压参数是保证定子冲片片间压力和定子设计长度的关键参数，通过以下两个试验进行具体分析。

试验一：采用现行工艺对 143 系列两台定子进行预压。压装后每节每个定子节长度分布如图 10-6 所示。从图中可以看出，中间硅钢片长度的值大，反映出对整节定子铁心进行预压会造成同一台定子不同位置定子节冲片片间压力不等。

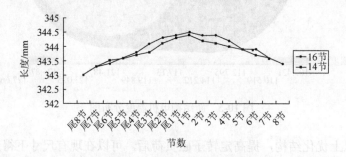

图 10-6 硅钢片长度变化趋势

试验二：对两台不同长度潜油电机定子施加相同压力值进行预压，每节硅钢片长度值如表 10-1 所示。

采用两个独立样本 T 检验，建立假设如下：

$$\begin{cases} H_0 : \mu_1 = \mu_2 \\ H_1 : \mu_1 \neq \mu_2 \\ \alpha = 0.05 \end{cases} \qquad (10\text{-}1)$$

式中，μ 为总体均值；α 为检验水准；H_0 为零假设；H_1 为备择假设。

由原始数据计算得到 $n_1 = 10$、$\sum X_1 = 3601.5$、$n_2 = 20$、$\sum X_2 = 7209.6$、$\sum X_2^2 = 2598917.98$。

表 10-1　每节硅钢片长度值　　　　　　（单位：mm）

编号	31kW	编号	62kW
1	360.0	1	360
2	360.1	2	360.7
3	360.0	3	361
4	360.2	4	360.2
5	360.4	5	360.1
6	360.4	6	360.3
7	360.2	7	360.5
8	360.1	8	360.8
9	360.0	9	360.7
10	360.1	10	360.5
—	—	11	360.4
—	—	12	360.6
—	—	13	360.5
—	—	14	360.2
—	—	15	360.3
—	—	16	360.6
—	—	17	360.6
—	—	18	360.9
—	—	19	360.5
—	—	20	360.2

$$\overline{X}_1 = \frac{\sum X_1}{n_1} = 360.15 \qquad (10\text{-}2)$$

$$\overline{X}_2 = \frac{\sum X_2}{n_2} = 360.48 \tag{10-3}$$

合并方差即

$$S_C^2 = \frac{\sum X_1^2 - \dfrac{\left(\sum X_1\right)^2}{n_1} + \sum X_2^2 - \dfrac{\left(\sum X_2\right)^2}{n_2}}{n_1 + n_2 - 2} \tag{10-4}$$

$$S_{\overline{X}_1 - \overline{X}_2} = \sqrt{S_C^2 \left(\frac{1}{n_1} + \frac{1}{n_2}\right)} \tag{10-5}$$

检验统计量为

$$t = \frac{\overline{X}_1 - \overline{X}_2}{S_{\overline{X}_1 - \overline{X}_2}} \tag{10-6}$$

自由度为

$$\upsilon = n_1 + n_2 - 2 \tag{10-7}$$

经计算得 $t = 3.59$，查统计学 T 检验表得 $t_{0.05/2.28} = 2.048$，由此可知 $t > t_{0.05/2.28}$，则 $p < 0.05$，拒绝 H_0，有统计学差异。

根据两台电机定子长度测试数据绘制箱线图，如图 10-7 所示，也可以看出，这两种电机定子每节硅钢片长度值分布差别较大，中值差别更大，即以 95% 置信度认为这两种潜油电机定子铁心长度均值有显著差别。

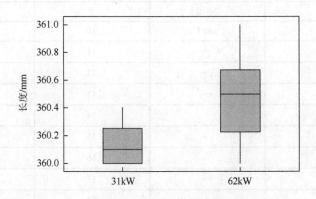

图 10-7　硅钢片长度箱线图

由以上两个试验可以明显看出，不仅同一台定子不同位置的硅钢片长度不同，不同长度的定子的硅钢片长度也是不同的，因此电机定子压力是不均匀的。不均匀压力会导致定子串片，槽孔内部空间减小不利于定子穿线，甚至会导致无法进行穿线而返工。

2. 工艺参数的确定

具体压装工艺的参数也是通过两个试验来验证获得的。

试验一：对同一台定子施加并保持一定的压力，连续测量不同时间每个定子节的长度。通过对不同系列不同功率的多台定子进行多次测量，发现定子在 3.5～4min 后硅钢片长度达到稳定，不再发生变化。

试验二：按照铁心设计叠装系数及定子节的设计长度重新进行叠片，施加不同的预压压力并保持 5min 稳压时间，测定不同定子的预压压力。

由以上两个试验可以明显看出，稳压时间是解决同一台定子不同位置的片间压力不同的关键工艺参数，预压压力值是解决不同定子的片间压力不同的关键参数。经过多轮试验，最终确定稳压时间，对不同系列的电机定子施加不同的定子压力值，同种系列不同功率电机定子施加不同的定子压力值，如表 10-2 所示。

表 10-2　定子铁心预压压力值　　　　　（单位：t）

电机规格	压力范围	铁心长度≤5m	铁心长度＞5m
YQY114P	20～25	20	25
YQY138	28～33	28	33
YQY143	30～35	30	35

10.3.2　定子绕组下线工艺及工装匹配的改进

对于潜油电机细长的结构，目前其定子绕组下线主要是人工通过替针带动铜线在槽内穿行，因而槽满率偏低，一般在 65%左右。若能将潜油电机的槽满率提高到普通三相感应电动机的等级，电机性能将有较大提升。因此，对定子绕组下线工艺及工装匹配的改进势在必行。

而目前制约槽满率的因素主要有槽内有效空间和电磁线槽内排布。槽内有效空间可以通过改进设计来提高，电磁线槽内合理排布不但可以使电磁线在送线过程中顺利通过，而且可以防止电磁线在穿线过程中损伤。因此，对定子绕组下线工艺及工装匹配的改进主要围绕这两个方面。

1. 槽内空间的提高

根据定子铁心槽口结构尺寸及工艺试验结果，在保证绝缘强度不变的情况下，采取如下两个措施：①将槽绝缘宽度由现在的 58mm 改为 50mm，电磁线嵌装后的槽绝缘搭接宽度减小到 8～9mm。②减小槽楔周长，YQY138、YQY143 型槽楔由原来的 2 层、周长 24mm 更改为周长为 16mm 的单层槽楔。

2. 对电磁线和替针进行优化

对电磁线和替针的优化主要通过提高电磁线的硬度和减小替针使用直径来实现。提高电磁线的硬度，由 HB56 提高到 HB62，防止穿线过程中电磁线弯曲。而减小替针使用直径，将过去每种规格的替针直径 A（$\varphi + 0.36\text{mm} \leqslant A < \varphi + 0.44\text{mm}$）更改为 B（$\varphi \leqslant A < \varphi + 0.05\text{mm}$），能够有效地防止槽绝缘随替针穿入或拉出而发生位移现象。此外，针对不同的电磁线匝数，在计算机上模拟嵌装，选用最合理的电磁线排列方式。图 10-8 为直径为 2.8mm×10 的定子槽内绕组的分布示意图。

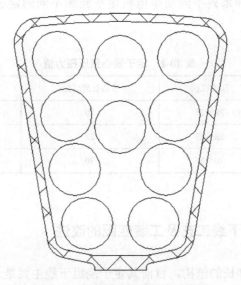

图 10-8　定子槽内绕组分布示意图

3. 规范下线过程的操作动作

嵌装时，必须要边拉出替针边跟进电磁线，替针与电磁线在顶替过程中始终处于接触状态；电磁线平直拉出；绕线时用手下压电磁线，保证电磁线与绕线机滚筒顶部等高。

通过一系列的试验研究，确定了合理的工艺参数和操作工艺，通过增大电机电磁线径、增大电机用铜量，电机槽满率得以提高。但提高的程度受电机定子内径影响，定子内径越大槽满率提高得越多，但总体在 3.5%以上。表 10-3 给出了 YQY143 系列电机绕组槽满率，表 10-4 给出了 YQY138 系列电机绕组槽满率。

表 10-3 YQY143 系列电机绕组槽满率

绕组规格	提高前	提高后	提高前	提高后	
电磁线线径/mm	$\varphi2.8$	$\varphi2.9$	$\varphi3.15$	$\varphi3.26$	$\varphi3.35$
槽绝缘宽×厚/(mm×mm)	58×0.3	52×0.3	58×0.3	50×0.3	
槽满率/%	67.00	70.47	66.15	69.24	72.73
槽满率提高/%	3.47		6.58		

表 10-4 YQY138 系列电机绕组槽满率

绕组规格	提高前	提高后	提高前	提高后	
电磁线线径/mm	$\varphi2.8$	$\varphi2.9$	$\varphi3.15$	$\varphi3.26$	$\varphi3.35$
槽绝缘宽×厚/(mm×mm)	58×0.15	52×0.15	58×0.15	50×0.15	
槽满率/%	64.72	68.48	63.80	67.42	70.80
槽满率提高/%	3.75		3.62		

10.4 油井井液流速的提高

潜油电机在运行中，由于各种损耗引起的电机温升增加，主要通过电机外壳油井的井液流动将热量散出去。我们可以通过合理选配电机外径、减小井的套管内径和增大井的排量来促进井液的流动以改善电机的散热。

在常规的潜油电泵装置中，潜油电泵一般位于射孔段的上部，这就使得产出的井液在流经电机表面冷却电机后进行泵吸入口。一般来说，电机表面井液流速的推荐值是 1ft/s（约 0.3m/s，1ft/s = 0.3048m/s）。电机表面流速的计算公式为[102]

$$V_\mathrm{m} = \frac{Q}{S_\mathrm{h}} = \frac{4Q}{\pi(D_\mathrm{t} - d_\mathrm{m})} \tag{10-8}$$

由式（10-8）可以看出，潜油电机的表面流速与三个变量有关，即井的排量 Q、井的套管内径 D_t、电机外径 d_m。因此，若要提高潜油电机的表面流速，可采取三种方法，即增大井的排量 Q、减小井的套管内径 D_t、增大电机外径 d_m。

10.4.1 合理选配电机外径

潜油电机有 4 个外径系列，即 95mm、114mm、143mm、188mm，可以按照油井产量和套管内径，选用适合的潜油电机外径系列。

在潜油电泵机组选配过程中，首先根据油井产量、油井条件，确定潜油电泵机组的扬程和排量，由此选定潜油离心泵的叶轮、导轮的型号、级数；然后参照该泵型叶轮、导轮的理论泵效率，计算出潜油离心泵的输入功率，再综合考虑油气分离器、保护器等的消耗功率以及一定的余量，最后确定潜油电机的输出功率，初选潜油电机的型号；同时根据潜油电泵机组的排量进行验证表面流速，最终确定潜油电机的最终型号。

由于电机的外径系列有限，在某些情况下，排量较小，即使选配了最大外径系列的电机，也难以满足电机表面流速的要求。

10.4.2　减小油井的套管内径

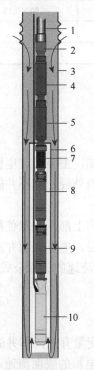

图 10-9　潜油电泵夹层
套管系统

1-油管；2-泵出口连接接头；3-套管；
4-上节潜油离心泵 Q15, 98 级；
5-下节潜油离心泵 Q15, 98 级；
6-夹层套管；7-98 系列吸入口；
8-98 系列上节保护器；
9-98 系列下节保护器；
10-114 系列潜油电机

油井的套管尺寸是无法随意更改的，但如果安装夹层套管，能够降低电机外环空面积，提高电机的表面流速。具体实施方案如下：改变潜油电泵机组的安装位置，降低至射孔段下方，通过固定潜油电泵机组上夹层套管，将潜油电机与套管之间的环空分为两个部分，强迫从射孔段吸出的井液向下，通过夹层套管与油井套管的环形空间，流经夹层套管的底部，向上通过潜油电机与夹层套管的环形空间，经过潜油电机、保护器，由泵吸入口进入潜油离心泵，如图 10-9 所示。

采取这种方案的前提条件是保证潜油电机与油井套管的环形空间足够大，必要时可通过减小潜油电机的外径系列来保证夹层套管的顺利选型。

夹层套管的设计关键如下：①夹层套管的固定位置在泵吸入口上方，夹层套管一般长于保护器和潜油电机的长度总和，保证夹层套管覆盖到潜油电机底部；②夹层套管必须保证可靠固定于潜油电泵吸入口上方；③当潜油电缆穿过夹层套管的固定装置时，保证可靠密封，防止夹层套管泄漏；④潜油电机尾部必须安装扶正器，保证潜油电机位于夹层套管的中部。

夹层套管解决电机表面井液流速的设计方案仅适用于直井、口袋井等。对于斜井，不但施工难度大，而且可靠性低。

10.4.3　增大油井的排量

由于潜油电泵机组的额定排量是与油井的采出液量相匹配的，若为保证潜油电机表面流速而直接提高潜油电泵机组的额定排量，会导致油井的液面下降过快，使得潜油离心泵吸入口的入口压力过低，潜油离心泵液量不足，最终导致潜油电泵机组欠载停机。可以考虑不改变整体潜油离心泵的额定排量，只采取一定措施，提高流经电机表面的液量以提高电机表面流速。

具体实施方案如下：在井液进入潜油离心泵的吸入口后，首先经过一台单独设计的泵，即旁通泵，这台泵的排量的设计选型，除了满足主泵的需求外，还需提供充分的流经电机表面的流速的液量，主泵与设备所需的原有设计相同。

这套装置包括旁通泵、旁通泵连接接头、旁通管、旁通管卡子、电缆护罩等 5 部分，如图 10-10 所示。

旁通泵依据用户的推荐进行设计选型，以用于提供足够的电机散热所必需的液量。叶轮、导轮的级数由旁通管中的压力降、旁通管的长度和井液的特性决定。

旁通泵连接接头位于旁通泵和主产能泵之间。它的作用是分配充足的液量通过旁通管到达电机底部，并且同时有足够的液量供给产能泵。

旁通管可以采用不同的直径、壁厚和材质以满足不同的应用范围，一般采用 316 不锈钢管，需要定制弯头以确保和整套装置的外轮廓保持紧密地安装。旁通管从旁通泵连接接头开始向下依次经过保护器、电机、压力传感器、潜油电机尾部扶正器和油管短接等。

旁通管卡子用于固定旁通管，一般是由碳钢制造的，可以提供满足不同装置的每一种应用的特殊需要。如果旁通管是需要连接而成的，那么必须使用电缆护罩来保护连接

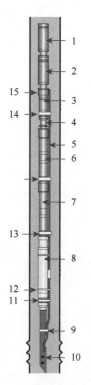

图 10-10　潜油电泵旁通泵
系统油电泵

1-上节潜油离心泵，Q15，98 级；
2-下节潜油离心泵，Q15，98 级；
3-旁通泵，N80，15 级；4-9 系列吸入口；
5-旁通管；6-98 系列上节保护器；
7-98 系列下节保护器；8-114 系列潜油
电机；9-电机尾部油管旁通管卡子；
10-电机尾部油管短接；11-电机旁通管卡
子；12-电缆护罩；13-保护器旁通管卡子；
14-泵旁通管卡子；15-旁通泵连接接头

点。旁通泵解决方案一般适用范围较广，施工难度也不大，但对于含垢井，适应能力较差。

　　电缆护罩与电缆一起通过绑带固定在油管外表面，防止电缆在下井过程中受到机械损伤，分为小扁护罩和大扁护罩两种。小扁护罩结构一般是槽钢结构，尺寸较小；大扁护罩有笼形结构和筒形结构两种。

参 考 文 献

[1] 徐永明, 孟大伟, 李国辉. 潜油电机机械损耗的分析与计算[J]. 电机与控制学报, 2004, 8(4): 370-372, 389-390.

[2] 孟大伟, 徐永明, 刘宇蕾, 等. 隔磁段对潜油电机漏抗影响的实验验证[J]. 电机与控制学报, 2007, 11(6): 625-627.

[3] 孟大伟, 徐永明, 温嘉斌, 等. 潜油电机设计方法改进研究[J]. 石油学报, 2007, 28(3): 127-130.

[4] Ahmed S, Toliyat H A. Coupled field analysis needs in the design of submersible electric motors[C]. 2007 IEEE Electric Ship Technologies Symposium, Arlington, 2007: 231-237.

[5] 徐永明, 孟大伟, 刘宇蕾, 等. 考虑分段处电磁影响的潜油电机端部漏抗[J]. 电机与控制学报, 2009, 13(6): 838-843.

[6] 徐永明, 孟大伟, 沙亮. 潜油电机设计方法研究及验证[J]. 电机与控制学报, 2012, 16(7): 72-76.

[7] 刘成. 大功率潜油电机的研制[D]. 哈尔滨: 哈尔滨理工大学, 2008.

[8] 杨洪涛, 李慧清, 倪小涛, 等. 耐高温潜油电泵的工艺性研究及应用[J]. 中国石油和化工标准与质量, 2020, 40(8): 248-250, 252.

[9] 李莹, 孟大伟, 徐永明. 逆变器供电的潜油电机的损耗分析[J]. 防爆电机, 2008, 43(1): 38-41.

[10] 王姗姗, 温嘉斌, 孔祥辉, 等. 基于 SVPWM 控制的潜油电机端过电压分析研究[J]. 防爆电机, 2009, 44(3): 26-29.

[11] Brinner T R, McCoy R H, Kopecky T. Induction versus permanent-magnet motors for electric submersible pump field and laboratory comparisons[J]. IEEE Transactions on Industry Applications, 2014, 50(1): 174-181.

[12] 尹姝昕. 不等齿宽低速潜油永磁电机设计及运行性能分析[D]. 沈阳: 沈阳工业大学, 2022.

[13] 杨帅. 组合式潜油螺杆泵永磁电机的结构设计和温度场分析[D]. 沈阳: 沈阳工业大学, 2014.

[14] Rabbi S F, Rahman M A. Equivalent circuit modeling of a hysteresis interior permanent magnet motor for electric submersible pumps[J]. IEEE Transactions on Magnetics, 2016, 52(7): 1-4.

[15] Yashin A, Khakimyanov M. Characteristics analysis of linear submersible electric motors for oil production[C]. Russian Workshop on Power Engineering and Automation of Metallurgy Industry, Magnitogorsk, 2020: 15-19.

[16] 纪树立, 甄东芳, 李志鹏, 等. 海上直线潜油电泵的开发及在渤海油田的应用[J]. 海洋石

油, 2019, 39(4): 19-22, 31.
[17] 张锋. 潜油圆筒形直线永磁电机工程样机及其控制系统研究[D]. 济南: 山东大学, 2010.
[18] 曹卉. 新型潜油式直线抽油机电机的设计及分析[D]. 哈尔滨: 哈尔滨理工大学, 2008.
[19] 温嘉斌, 康彦婷, 张春喜. 四极异步起动永磁同步潜油电机的电磁设计与起动性能仿真[J]. 防爆电机, 2011, 46(6): 1-4.
[20] 潘雅缤. 六极永磁潜油电机设计研究[D]. 哈尔滨: 哈尔滨理工大学, 2012.
[21] 孟大伟, 刘智慧, 徐永明, 等. 双分数槽集中绕组低速潜油电机的设计分析[J]. 电机与控制学报, 2014, 18(1): 44-49.
[22] 常志祥. 低速永磁潜油电机设计研究[D]. 沈阳: 沈阳工业大学, 2016.
[23] 崔俊国, 肖文生, 黄红胜, 等. 不同极槽配合潜油直驱永磁电机性能研究[J].微特电机, 2014, 42(11): 10-13, 24.
[24] 孟大伟, 刘瑜, 徐永明. 潜油电机转子三维温度场分析与计算[J]. 电机与控制学报, 2009, 13(3): 367-370, 376.
[25] 孟大伟, 刘宇蕾, 张庆军, 等. 潜油电机整体三维温度场耦合计算与分析[J].电机与控制学报, 2010, 14(1): 52-55.
[26] 杨洋. 潜油电机流体传热特性的实验研究[D]. 哈尔滨: 哈尔滨理工大学, 2012.
[27] 杨雪. 基于等效热网络法的潜油电机温度计算[D]. 哈尔滨: 哈尔滨理工大学, 2014.
[28] Xu Y M, Ai M M, Yang Y. Heat transfer characteristic research based on thermal network method in submersible motor[J]. International Transactions on Electrical Energy Systems, 2018, 28(3): e2507.
[29] Xu Y M, Ai M M, Yang Y. Research on heat transfer of submersible motor based on fluid network decoupling[J]. International Journal of Heat and Mass Transfer, 2019, 136: 213-222.
[30] 徐永明, 艾萌萌, 张妨. 潜油电机内循环油路对潜油电机传热的影响[J]. 电机与控制学报, 2019, 23(1): 80-88.
[31] 徐永明, 蒋治国, 艾萌萌. 潜油电动机隔磁段电磁-热-力耦合特性研究[J]. 电工技术学报, 2015, 30(15): 172-178.
[32] Xu Y M, Ai M M, Jiang Z G . Coupling characteristics research on the subsections of submersible motor[J]. IEEE Transactions on Applied Superconductivity, 2016, 26(7): 1-5.
[33] 冯桂宏, 丁宏龙, 刘忠奇, 等. 潜油永磁电机电磁振动特性分析[J]. 微电机, 2015, 48(7): 1-4, 34.
[34] 张炳义, 刘忠奇, 冯桂宏. 潜油螺杆泵直驱细长永磁电机转轴扭曲对电磁转矩影响分析[J]. 电机与控制学报, 2016, 20(2): 76-82.
[35] 冉晓贺. 潜油永磁电机三维温度场及转轴动力学特性研究[D]. 哈尔滨: 哈尔滨工业大学, 2018.
[36] 黄居言. 低速潜油永磁同步电机单边磁拉力及转轴挠度分析[D]. 沈阳: 沈阳工业大学, 2020.
[37] 陈世坤. 电机设计[M]. 2 版. 北京: 机械工业出版社, 2004: 50-62.
[38] 汤蕴璆, 史乃. 面向 21 世纪课程教材: 电机学[M]. 北京: 机械工业出版社, 2003: 114-119.
[39] 韩秀芝, 邓辉. 潜油电机机械损耗分析计算[J]. 机械工程师, 1998, (4): 38-39.

[40] 谭建成. 永磁无刷直流电机技术[M]. 北京: 机械工业出版社, 2011: 77-92.

[41] Dajaku G, Gerling D. A novel 24-slots/10-poles winding topology for electric machines[C]. 2011 IEEE International Electric Machines & Drives Conference, Niagara Falls, 2011: 65-70.

[42] 郁亚南, 黄守道, 成本权, 等. 绕组类型与极槽配合对永磁同步电动机性能的影响[J]. 微特电机, 2010, 38(2): 21-23.

[43] 唐任远. 现代永磁电机理论与设计[M]. 北京: 机械工业出版社, 2016: 216-233.

[44] 陈丽安, 张培铭. 免疫遗传算法在 MATLAB 环境中的实现[J]. 福州大学学报(自然科学版), 2004, 32(5): 554-559.

[45] 陈丽安, 张培铭, 缪希仁. 基于免疫遗传算法的智能化电磁电器全局优化设计[J]. 电工电能新技术, 2003, 22(1): 17-20, 38.

[46] 江将. 免疫遗传算法在变压器设计寻优方案中的研究[D]. 保定: 华北电力大学, 2008.

[47] Deb K. Multi-objective genetic algorithms: problem difficulties and construction of test problems[J]. Evolutionary Computation, 1999, 7(3): 205-230.

[48] 孟大伟, 周美兰. 模拟退火算法在电机设计中的应用[J]. 电机与控制学报, 2001, 5(3): 154-158, 162.

[49] 孟大伟, 张羽, 赵成. 粒子群算法在电机优化设计中的应用[J]. 防爆电机, 2011, 46(5): 1-3, 9.

[50] 陈庆峰. 基于多目标蚁群算法的三相异步电机优化设计[D]. 杭州: 浙江工业大学, 2012.

[51] 俞鑫昌. 电机, 电器优化设计[M]. 北京: 机械工业出版社, 1988: 49-55.

[52] 梁华. 稀土永磁同步电动机 CAD 软件开发及其优化设计方法研究[D]. 南京: 河海大学, 2003.

[53] 王德林, 王小艳. 无界域电磁场问题的有限元——本征函数展开结合解法[J]. 西安交通大学学报, 1997, 31(11): 117-123.

[54] 张瑞良, 孟大伟, 孟庆伟. 潜油电机端部漏抗的分析与计算[J]. 电机与控制学报, 2006, 10(1): 31-34.

[55] 孙玉田, 杨明. 电机动态有限元法中的运动问题[J]. 大电机技术, 1997, (6): 35-39.

[56] 孟庆伟, 孟大伟, 张瑞良. 潜油电机隔磁段涡流损耗的计算[J]. 电机与控制学报, 2006, 10(2): 143-146.

[57] 张晓庆. 116 潜油电机轴花键应力计算分析[J]. 装备制造技术, 2013, (4): 162-163.

[58] 夏亮. 单边磁拉力对电机转轴挠度影响的计算[J]. 防爆电机, 2009, 44(2): 49-50.

[59] 谢德馨. 三维涡流场的有限元分析[M]. 北京: 机械工业出版社, 2001: 14-25.

[60] 范广玲. 有限元法在潜油电机电磁场计算中的应用[D]. 长春: 吉林大学, 2006.

[61] 张红松, 胡仁喜, 康士廷, 等. ANSYS 13.0 有限元分析从入门到精通[M]. 2 版. 北京: 机械工业出版社, 2011: 205-206.

[62] 梅思杰, 邵永实, 刘军, 等. 潜油电泵技术(上册)[M]. 北京: 石油工业出版社, 2004: 170-207.

[63] 王福军. 计算流体动力学分析: CFD 软件原理与应用[M]. 北京: 清华大学出版社, 2004: 7-11.

[64] Ujiie R. 计算流体动力学(CFD)方法在电机通风冷却结构优化中的应用[J]. 国外大电机, 2006, (2): 25-30.

[65]　魏永田, 孟大伟, 温嘉斌. 电机内热交换[M]. 北京: 机械工业出版社, 1998: 311-312, 321-323.

[66]　Elin D G. Calculation of temperature distribution in the windings of induction motors[J]. Soviet Electrical Engineering, 1989, 60: 16-20.

[67]　Lee Y, Lee H B, Hahn S Y, et al. Temperature analysis of induction motor with distributed heat sources by finite element method[J]. IEEE Transactions on Magnetics, 1997, 33(2): 1718-1721.

[68]　章跃进. 旋转电机磁场计算数值解析结合法研究[M]. 上海: 上海大学出版社, 2009: 44-46.

[69]　夏正泽, 刘慧娟. 基于场路耦合法的异步牵引电机电磁场分析[J]. 微电机, 2009, 42(3): 21-23, 35.

[70]　Preis K, Biro O, Ticar I. FEM analysis of eddy current losses in nonlinear laminated iron cores[J]. IEEE Transactions on Magnetics, 2005, 41(5): 1412-1415.

[71]　徐永明. 潜油电机机械损耗及隔磁段电磁参数计算分析[D]. 哈尔滨: 哈尔滨理工大学, 2008.

[72]　咸哲龙, 梁旭彪. 汽轮发电机定子绕组附加损耗有限元计算研究[J]. 上海大中型电机, 2007, (2): 4-8, 46.

[73]　陶文铨. 数值传热学[M]. 2 版. 西安: 西安交通大学出版社, 2001: 483-484.

[74]　周封, 熊斌, 李伟力, 等. 大型电机定子三维流体场计算及其对温度场分布的影响[J]. 中国电机工程学报, 2005, 25(24): 128-132.

[75]　李俊卿, 马少丽, 李和明. 基于耦合物理场的汽轮发电机定子温度场的分析与计算[J]. 华北电力大学学报(自然科学版), 2008, 35(5): 6-10.

[76]　周俊杰, 徐国权, 张华俊. FLUENT 工程技术与实例分析[M]. 北京: 中国水利水电出版社, 2013: 14-16.

[77]　宋学官, 蔡林, 张华. ANSYS 流固耦合分析与工程实例[M]. 北京: 中国水利水电出版社, 2012: 4.

[78]　周梓荣, 彭浩舸, 曾曙林. 环形间隙中泄漏流量的影响因素研究[J]. 润滑与密封, 2005, 30(1): 7-9, 19.

[79]　杨世铭, 陶文铨. 传热学[M]. 4 版. 北京: 高等教育出版社, 2006: 41-46.

[80]　曹君慈, 李伟力, 程树康, 等. 复合笼条转子感应电动机温度场计算及相关性分析[J]. 中国电机工程学报, 2008, 28(30): 96-103.

[81]　戈宝军, 梁艳萍, 温嘉斌. 电机学[M]. 北京: 中国电力出版社, 2010: 9-12.

[82]　张圭年, 冯雍明. 电机杂散损耗的确定[J]. 中小型电机技术情报, 1980, 7(2): 49-53.

[83]　王荀, 邱阿瑞. 笼型异步电动机径向电磁力波的有限元计算[J]. 电工技术学报, 2012, 27(7): 109-117.

[84]　姚望. 永磁同步牵引电机热计算和冷却系统计算[D]. 沈阳: 沈阳工业大学, 2013: 5-6.

[85]　黄飞. 基于热网络法的行星减速器热分析[D]. 南京: 南京航空航天大学, 2011: 38-39.

[86]　王立国, 张凤娜, 吕辛, 等. 基于热力学参数摄动分析的潜油电机温度辨识[J]. 电工技术学报, 2011, 26(6): 7-11.

[87]　弗兰克 P. 英克鲁佩勒. 传热和传质基本原理[M]. 葛新石, 叶宏, 译. 北京: 化学工业出

版社, 2007: 60-74.

[88] 李明. 永磁交流伺服电动机损耗与温升的计算分析[D]. 沈阳: 沈阳工业大学, 2013: 19-20.

[89] Boglietti A, Cavagnino A, Staton D, et al. Evolution and modern approaches for thermal analysis of electrical machines[J]. IEEE Transactions on Industrial Electronics, 2009, 56(3): 871-882.

[90] Staton D A, Cavagnino A. Convection heat transfer and flow calculations suitable for electric machines thermal models[J]. IEEE Transactions on Industrial Electronics, 2008, 55(10): 3509-3516.

[91] 沈军, 马骏, 刘伟强. 一种接触热阻的数值计算方法[J]. 上海航天, 2002, 19(4): 33-36.

[92] 韩雪岩, 张华伟, 贾建国, 等. 基于等效热网络法的轴向磁通永磁电机热分析[J]. 微电机, 2016, 49(4): 6-10.

[93] 才家刚. 电机试验技术及设备手册[M]. 北京: 机械工业出版社, 2004: 422-426.

[94] Cheng X T, Liang X G. Heat transfer entropy resistance for the analyses of two-stream heat exchangers and two-stream heat exchanger networks[J]. Applied Thermal Engineering, 2013, 59(1-2): 87-93.

[95] 万树文. 合成气为核心的多联供多联产系统多目标评价研究[D]. 青岛: 青岛科技大学, 2012: 36-49.

[96] Jankowski T A, Prenger F C, Hill D D, et al. Development and validation of a thermal model for electric induction motors[J]. IEEE Transactions on Industrial Electronics, 2010, 57(12): 4043-4054.

[97] 中华人民共和国国家质量监督检验检疫总局, 中国国家标准化管理委员会. 潜油电泵机组[S]. GB/T 16750—2015. 北京: 中国标准出版社, 2015.

[98] 国家市场监督管理总局, 国家标准化管理委员会. 三相异步电动机试验方法[S]. GB/T 1032—2023. 北京: 中国标准出版社, 2023.

[99] 王建华. 电气工程师手册[M]. 3 版. 北京: 机械工业出版社, 2019: 537.

[100] 张春镐, 汤蕴璆, 陈新祥. 异步电机中的能流和功率传递[J]. 哈尔滨电工学院学报, 1987, 10(4): 313-327.

[101] 董振刚, 张铭钧, 张雄, 等. 潜油电泵合理选配工艺研究[J]. 石油学报, 2008, 29(1): 128-131.

[102] 李颖川. 采油工程[M]. 2 版. 北京: 石油工业出版社, 2009: 68-80.